21 世纪高等学校机械设计
制造及其自动化专业系列教材

工程测试技术基础

曾光奇　胡均安　主编

卢文祥　主审

U0248447

华中科技大学出版社
中国·武汉

内 容 提 要

本教材是"21世纪高等学校机械设计制造及其自动化专业系列教材"之一,是一部具有较大改革力度的教材。

全书共九章。前六章主要论述工程测试领域中从事测试工作所必须的基础知识,主要内容有:信号分析基础,测试装置的静,动态响应特性,工程中常用传感器的转换原理及应用,智能化传感器简介(包括智能传感器和模糊传感器),信号调理方法,记录及存储仪器等。第七章介绍了信号分析仪及微机测试系统。第八章介绍了虚拟仪器及工程应用。第九章介绍了常见的典型非电量参量的测量方法(包括振动测量及位移、速度、噪声、温度、压力等参量的测量)等。

书中基础理论部分沿测试流程主线论述,条理清晰,分析透彻;应用部分列举了大量实例,这些实例来自于科研及生产实践。尤其更具特色的是,书中较多和较好地吸取了当代新理论和新技术研究成果。因此,本书既能方便于教学和自学,也能供科研、设计和其他科技人员借鉴。

本教材可作为机械设计制造及其自动化专业和其他机械类、非机械类专业的教材,也可作为高职工科类教材,并可作为高等学校相关教师和从事测试、机械自动化及工业自动化工作的工程技术人员的参考书。

21 世纪高等学校
机械设计制造及其自动化专业系列教材
编审委员会

21世纪高等学校
机械设计制造及其自动化专业系列教材

发展是硬道理,而改革是关键。唐代大诗人刘禹锡写得多么好:"请君莫奏前朝曲,听唱新翻《杨柳枝》。"这是这位改革派的伟大心声。

1998年教育部颁布了新的普通高等学校专业目录。这是一大改革。为满足各高校开办"机械设计制造及其自动化"宽口径新专业教学的需要,华中科技大学出版社在世纪之交,千年之替,顺应时代潮流,努力推出了"机械设计制造及其自动化"专业系列教材。这套系列教材是在众多院士支持与指导下,由全国20余所院校数十位长期从事教学和教学改革工作的教师经多年辛勤劳动编写成的,它有特色,能满足机械类专业人才培养要求。

这套系列教材的特色在于,它紧密结合"机械类专业人才培养方案及教学内容体系改革的研究与实践"与"工程制图与机械基础系列课程教学内容和课程体系改革的研究与实践"两个重大教学改革项目,集中反映了华中科技大学和国内众多兄弟院校自实施教育部"高等教育面向21世纪教学内容和课程体系改革计划"以来,在改革机械类人才培养模式和课程内容体系方面所取得的成果。

这套系列教材,是完全按照两个重大教学改革项目的成果所提出的"机械设计制造及其自动化"宽口径专业培养方案中所设置的课程来编写的。这一培养方案的一个重要特点是:专业基础课按课群方式设置,即由力学系列课程,机械设计基础系列课程,计算机应用基础系列课程,电工、电子技术基础系列课程,机械制造技术基础系列课程,测控系列课程,经营管理系列课程等七大课群组成,有效地拓宽了专业口径和专业基础,体现了机械类专业人才培养模式的改革。

同时专业基础课按课群设置,也有利于加强课群内各门课程在内容上的衔接,有利于课程体系的进一步整合、优化及改革。专业基础课按七大课群设置,这得到了全国高校机械工程类专业教学指导委员会的充分赞同。

21世纪工程教育的一个基本特征就是"适应性",就是坚持邓小平同志指出的教育的"三个面向"的战略思想。能适应,才能创业。要能多方适应科学技术的突飞猛进和社会的不断进步,就得进一步明确指导思想,进一步合适地拓宽专业口径与专业基础,构造现代化的人才知识结构、能力结构和素质结构,就得因史制宜、因地制宜、因势制宜,努力实现培养模式的多样化,切忌"千篇一律"、"千人一脸",万紫千红方能有一个大好的春天。

这是一套具有较大改革力度的系列教材。教材的作者们认真贯彻了中央的教育方针与改革思想,体现出两个重大改革项目成果所提出的"以创新设计为核心,以机械技术与信息技术结合为龙头,以计算机辅助技术为主线,拓宽基础,强化实践"的总体改革思路,并本着整合、拓宽、更新和更加注重应用的原则,对课程的内容、体系进行了诸多重要改革,而且许多课程在开发电子教材方面也取得了长足进展。

按照减少学时、降低重心、拓宽面向、精选内容、更新知识的原则,对原机械专业三门主要专业课(机械制造工艺学、金属切削机床设计、金属切削原理与刀具)实行了整合和改造,编写出了供"机械设计及其自动化"宽口径专业学生学习的《机械制造技术基础》新教材。

改造了原电工技术、电子技术系列课程,将分散在几门课程中的强电知识整合为《机电传动控制》新课程,减少了重复,拓宽了基础,突出了"机电结合、电为机用"的特点。

使用自主版权软件改革传统工程制图内容体系,不仅实现了工程制图和计算机绘图内容的有机融合,也实现了制图课教学手段的现代化。

以设计为主线,重新规划了《机械设计》和《机械原理》课程体系结构,在内容上努力实现由注重学科的系统性向更加注重工程综合性的转化,在教学手段上全面引入多媒体技术,提升了课堂教学的效果和效率。

《金属材料及热处理》更名为《工程材料及应用》,除紧密结合现代科技成就,讲解金属材料的基本理论及应用外,还讲解了其他各类工程材料的有关知识。

《测试技术》更名为《工程测试与信息处理》,加强了与信息获取、传输、存储、处理及应用有关的内容,并率先在国内建成网上测试技术虚拟实验室。

《液压传动》与《气压传动》整合为《液压传动与气压传动》,精简了内容,强化了应用,并制作出了相应的电子教案。

《材料成形工艺基础》在精选传统金属成形工艺内容的基础上,较大幅度地增加了新材料、新工艺、新技术方面的知识。

编写出版了《现代设计方法》、《机构与机械零部件 CAD》、《柔性制造自动化概论》、《机电一体化控制技术与系统》及《机器人技术基础》等教材，反映了现代科技的新发展。

科学与工程既有联系又有区别。科学注重分析，工程注重综合。任何一项工程本身都是多学科的综合体。今天，工程技术专家的基本作用正是一种集成作用，工程技术专家的任务是构建整体。我们必须从我国国情出发，按照现代工程的特点和工程技术专家的基本作用来构建机械工程教育的内容和体系。

华中科技大学出版社依托全国高校机械工程类专业教学指导委员会、全国高校机械基础课程指导委员会，经过多年不懈的努力，使这套系列教材的出版达到了较高的质量水准。例如，目前已有 11 本被教育部批准为"面向 21 世纪课程教材"，有 5 本获得过国家级、省部级各种奖励，全套教材已被全国几十所高校采用，广泛受到教师和学生的欢迎。特别是其中一些教材(如《机械工程控制基础》、《数字控制机床》等)，经长期使用，多次修订，已成为同类教材中的精品。

现在这套系列教材已经正式出版 20 多本，涵盖了"机械设计制造及其自动化"专业的所有主要专业基础课程和部分专业方向选修课程，能够较好地满足教学上的需要。我们深信，这套系列教材的出版发行和广泛使用，将不仅有利于加强各兄弟院校在教学改革方面的交流与合作，而且对机械类专业人才培养质量的提高也会起到积极的促进作用。

当然，由于编者学术水平有限，改革探索经验不足，组织工作还有缺陷，何况，形势总在不断发展，现在还远不能说系列教材已经完善，相反，还需要在改革的实践中不断检验，不断修改、锤炼，不断完善，永无休期。"嘤其鸣矣，求其友声。"我们殷切期望同行专家及读者们不吝赐教，多加批评与指正。

江泽民同志在 2000 年 6 月我国两院院士大会上号召我们："创新，创新，再创新!"实践、探索、任重道远，只有努力开拓创新，才可能创造更美好的未来!

全国高校机械工程类专业教学指导委员会主任委员

中国科学院院士　　　　　杨叔子

华中科技大学教授

2000 年 11 月 2 日

前　言

　　1998年教育部颁布了新的普通高等学校专业目录,这是我国教育改革的重大举措之一。华中科技大学出版社在这世纪之交,顺应教育改革的时代潮流,为了满足各高校开办"机械设计制造及其自动化"宽口径新专业的需要,努力推出了"21世纪高等学校机械设计制造及其自动化专业系列教材"。这套系列教材是在众多院士的支持与指导下,由全国20多所高等院校数十位长期从事教学和教学改革工作的教师经过多年辛勤劳动编写而成。本书就是这套系列教材之一。

　　21世纪工程教育的一个基本特征就是"适应性",就是坚持邓小平同志指出的"三个面向"的教育思想。为了适应科学技术和社会、经济的发展,培养高质量的适应21世纪所需要的人才,本着整合、拓宽、更新和更加注重应用的原则,本书在内容、体系等方面进行了诸多重要的改革,因此,这是一部具有较大改革力度的教科书。

　　全书共九章。前六章着重测试流程主线基础理论的论述,主要内容有:信号分析基础,测试装置的静、动态响应特性,工程中常用传感器的转换原理及应用,智能化传感器简介(其中包括智能传感器和模糊传感器),信号调理方法,记录及存储仪器等;后三章主要突出应用,主要内容有:信号分析仪及微机测试系统,虚拟仪器及工程应用,典型非电量参量的测量方法(包括振动测量及位移、速度、噪声、温度、压力等参量的测量)等。

　　书中基础理论部分沿测试流程主线逐次论述,条理清晰,分析透彻;应用部分列举了大量实例,这些实例来自于科研及生产实践。尤其更具特色的是,书中较多及较好地吸取了当代的新理论和新技术研究成果。因此,本书既能方便于教学和自学,也能供科研、设计和其他工程技术人员借鉴。

　　本书可作为机械设计制造及其自动化专业的教材,也可作为其他机类和非机类专业的教材,也可作为高职院校的教科书,并可作为相关工程技术人员的参考书。

　　从教学和教学改革实践得知,各学校的教学计划,特别是在教学要求、课时数和课程安排次序等方面有一定的差异。因此,采用此书教学时,切忌"千篇一律"的模式,主张因史制宜、因势制宜,实现教学模式的多样化。因此,任课教师可根据本校的专业特点、学生层次、课时数多少和前修课程来适当地删减、调整和补充教学内容,以便适应各高校的教学实际需要。

　　参加本书编写工作的有:武汉科技学院曾光奇、丁忠民,湖北工学院胡均安、何涛、张道德、肖莉,华中科技大学郑定阳,上海应用技术学院张培芝,瑞典伊莱克斯公司亚洲分公司宋时涛等。本书由曾光奇教授和胡均安教授任主编,文胜友、张培芝、何涛、郑定阳任副主编。

本书由华中科技大学卢文祥教授主审。

在本书的编写过程中,得到了武汉科技学院、湖北工学院、华中科技大学及华中科技大学出版社的领导和同志们的大力支持,在此一并表示衷心的感谢。

当然,由于编者学术水平有限,改革探索经验不足,书中错误和缺点在所难免,殷切期望同行专家及读者们不吝赐教,多加批评与指正。

编者

2002 年 2 月

目　录

工程测试技术基础

工程测试技术基础

人类对客观世界的认识和改造活动,总是以测试工作为基础的。工程测试技术,就是利用现代测试手段对工程中的各种物理信号,特别是随时间变化的动态物理信号进行检测、试验、分析,并从中提取有用信息的一门新兴技术。其测量和分析的结果客观地描述了研究对象的状态、变化和特征,并为进一步改造和控制研究对象提供了可靠的依据。随着各相关学科的不断发展,测试理论在不断地发展,测试方法和手段也在不断地完善和提高,新的测试仪器和设备也在不断地研制和更新。测试技术达到的水平越高,就越能客观、准确地描述所研究的对象,对科学技术发展的推动作用也就越大。

(一)测试技术在现代工业生产中的作用

在各工业生产部门中,测试技术都是一项重要的基础技术,其作用是其他技术所不能替代的。

在早期工业生产中,由于生产效率低,自动化程度低,设备精度和加工精度要求低,因此对测试工作没有过高的要求,往往只是孤立地测量一些与时间无关的静态量。其测量方法、测量工具以及数据处理方法等都很简单。在现代工业生产中,随着生产效率、自动化程度、设备精度和加工精度要求的不断提高,随着各种机电一体化新产品、新设备的不断开发,提出了自动检测、自动控制、过程测量、状态监测和动态试验等方面的迫切要求,从而使现代测试技术得到了迅速发展和愈来愈广泛的应用。

在自动化生产过程中,对工艺流程、产品质量和设备运行状态的监测和控制是测试技术的重要应用之一。利用现代测试技术,可以实时检测生产过程中变化的工艺参数和产品质量指标,并据此对整个自动生产线进行调节和控制,使其达到最佳运行状态,生产出合格产品。例如,在图 0-1 所示的由计算机控制的自动化轧钢系统中,需要根据轧制力和板材厚度信息来调整轧辊的位置,以保证板材的轧制尺寸。由于轧制速度很高,采用传统的间断测量和手工控制方法已经不行了,必须采用连续测量方法(板厚测量还须采用非接触测量方式)。同时,测量的结果要转换成电信号送入到通信系统中进行处理,以便计算机能进行分析、计算并发出控制指令。在其他类似的计算机过程控制系统中,首先要解决的问题也是利用现代测试技术对物理信号进行检测与转换。

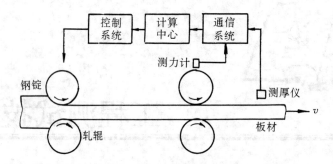

图 0-1　自动化轧钢系统

　　各种自动化机电设备在运行过程中都会受到力、热、摩擦和磨损等多种因素的影响,工作状态将不断地发生变化,有时还会出现故障。为了保证设备的正常工作,要求随时进行设备状态的监测,并对故障进行诊断,为此,需要用到许多现代测试手段。图 0-2 是某机床工作状态监测情况示意图。

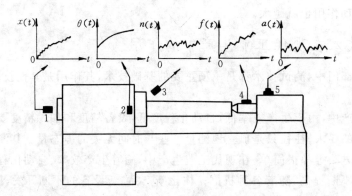

图 0-2　某机床工作状态监测系统

1—用电感式位移计测主轴系统热变形;2—用热电偶测主轴系统温升;

3—用电容式拾音器测噪声;4—用电阻应变式传感器测切削力;

5—用压电式加速度计测振动

　　随着各种机电产品的精度要求和工作性能的提高,产品设计方法正在从传统的静态设计方法向考虑了动态参数的设计方法转变。因此,在产品的设计和试制过程中,需要进行动态特性试验,以达到优化设计的目的。现代测试技术是进行动态特性试验的必要手段。

　　目前,对传统产业的改造工作正在各行各业中深入进行。其中,电子技术和机电一体化技术的应用在这项工作中起着重要作用。而机电一体化技术发展的必要条件之一,就是不断研究和开发各种先进的测试手段、传感装置和测试设备。

　　总之,现代工业生产面临着新技术发展的挑战,在生产能力大幅度提高的工业文明进程中,现代测试技术无疑会发挥愈来愈重要的作用。

(二)测试工作的范围及测试系统的组成

　　测试技术的应用非常广泛,几乎在所有行业中都有应用。测试工作又是一项非常复杂的工作,它是多种学科知识的综合运用。特别是现代测试技术,几乎应用了所有近代新技术和新理论,如半导体技术、激光技术、光纤技术、声控技术、遥感技术、自动化技术、计算机应用技术,以及数理统计、控制论、信息论等。从广义的角度来讲,测试工作的范围涉及到试验设计、模型理论、传感器、信号加工与处理、控制工程、系统辨识、参数估计等诸学科的内容;从狭义的角度来讲,是指对物理信号的检测、变换、传输、处理直至显示、记录或以电量输出测试结果的工作。本课程主要是从狭义的角度来介绍测试工作的基本过程和基本原理。

　　在机械工程中,测试的量主要是一些非电的物理量,如长度、位移、速度、加速度、频率、力、力矩、温度、压力、流量、振动、噪声等。用现代测试技术测量非电量的方法主要是电测法,即将非电量先转换为电量,然后用各种电测仪表和装置乃至电子计算机对电信号进行处理和分析。在电量中,有电能量和电参量之分。如电流、电压、电场强度和电功率属于电能量;而描述电路和波形的参数,如电阻、电容、电感、电频率、相位则属于电参量。由于电参量不具有能量,在测试过程中还需要将其进一步转换为电能量。电测方法具有许多其他测量方法所不具备的优点,如测量范围广、精度高、响应速度快,能自动、连续地测量,数据的传送、存储、记录、显示方便,可以实现远距离遥测遥控;还可以与计算机系统相连接,实现快速、多功能及智能化测量。

　　典型电测方法的测量过程如图 0-3 所示。

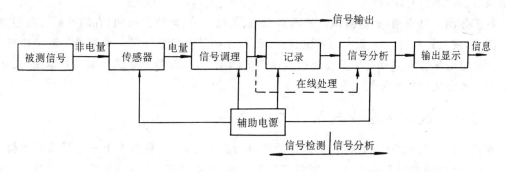

图 0-3　典型电测方法的测量过程

　　被测信号一般都是随时间变化的动态量,对测试过程中不随时间变化的静态量,由于其中往往混杂有动态的干扰噪声,一般也可以按动态量来测量。由于被测信号是被测对象特征信息的载体,并且信号本身的结构对选用测试装置有着重大影响,因此应当熟悉和了解各种信号的基本特征和分析方法。

传感器是测试系统的第一个环节,其主要作用是感知被测的非电量和将非电量转换为电量。传感器的种类很多,所能检测的非电量几乎无所不包。传感器的工作原理涉及到许多自然学科。从理论上讲,凡是具有确定因果关系的物理现象、化学现象、生物现象等,都能作为传感器的设计依据。

传感器输出的电信号需要经过信号调理电路进行加工、处理后,才能进一步输送到后续记录装置和分析仪器中。常见的调理方式有衰减、放大、转换、调制和解调、滤波、运算、数字化处理等。

调理电路输出的测量结果是被测信号的真实记录,为了显示被测量的变化过程,可以采用光线示波器、笔录仪、屏幕显示器、打字机等输出装置。此外,还可以用磁记录器来存储被测信号,以供反复使用。至此,测试系统已完成信号检测的任务。但是,要从这些客观记录的信号中找出反映被测对象的本质规律,还必须对信号进行分析,从中提取一些有用的信息,如信号的强度信息、频谱信息、相关信息、概率密度信息等。从这个意义上来讲,信号分析是测试系统中更为重要的一个环节。

信号分析设备种类繁多,有各种专用的分析仪,如频谱分析仪、相关分析仪、概率密度分析仪、传递函数分析仪等;也有可以作多项综合分析用的信号处理机和数字信号处理系统。计算机在现代信号分析设备中起着重要的作用,目前国内外一些先进的信号处理系统,都采用了专用或通用计算机,使信号的处理速度达到了"实时"。将调理电路输出的信号直接送到信号分析设备中进行处理,称之为在线处理。由于数字电路和计算机高速处理数据的能力,使在线测试和处理已成为可能,而且在工程测试和工业控制中得到愈来愈广泛的应用。

信号分析设备可以通过数据或图像的形式输出人们感兴趣的信息。常用的输出显示装置有示波器、显示屏、打印机等。

在实际测试过程中,根据测试目的不同,测试系统可繁、可简。例如,有的被测对象还需要进行激励,使其达到测试所要求的预定状态;而有的被测物理量只需一种简单的测量仪表,即可得到测量结果。本课程基本上按照以上典型的测试过程,对各个测试环节的基本原理、基本理论和基本方法作一些分析和介绍。

(三)测试科学在现代科学中的地位

现代科学认为,物质、能量、信息是物质世界的三大支柱,是科学史上三个最重要的概念。例如,对一个自动控制系统来说,物质使其具有形体,没有物质,就不会有这个系统的存在;能量使其具有力量,没有能量,系统就不能工作;信息则使系统具有"灵魂",没有信息,系统就不知应如何工作。物质、能量、信息是三位一体,相辅相成的,三者之中,驾驭全局的是信息。

与三大支柱相对应,现代科技形成了三大基本技术,即新材料技术、新能源技术和信息技术。信息技术是指可以扩展人的信息功能的技术,其主体内容是传感技术、通信技术和计算机技术。

　　传感技术是人的感官功能的扩展和延伸,包括信息的识别、检测、提取、变换等功能;通信技术是人的信息传输系统(神经系统)功能的扩展和延伸,包括信息的变换、处理、传递、存储以及某些控制和调节等功能;计算机技术是人的信息处理器官(大脑)功能的延伸,包括信息的存储、检索、处理、分析、产生决策、控制等功能。传感、通信和计算机技术构成了信息技术的核心,被称为"3C"技术,即 Collection(信息收集)、Communication(通信)和 Computer(计算机)。测试科学就是研究信息技术中的普遍规律,因此属于信息科学范畴。在科学研究中,现代测试技术具有自己独特的地位。

(四)本课程的特点和学习要求

　　本课程是一门专业基础课程,研究对象主要是机电工程中动态物理量的测试原理、方法及常用的测试装置。本课程涉及的知识面较宽,在学习本课程之前,应具有物理学、工程数学(概率论与随机过程、复变函数、积分变换)、电子学、微机原理、控制工程基础等学科的知识,以及某些相关的专业课知识。

　　通过本课程的学习,学生应掌握动态测试技术的基本知识,对动态量的测试过程应有一个完整的概念,为今后深层次的学习打下基础。本课程要掌握的要点如下:

　　(1)了解测试技术在现代工业生产、技术改造以及新产品研究开发中的重要作用;测试科学与信息科学的关系;非电量电测方法的典型测量过程。

　　(2)掌握信号的分类及其在时域和频域内的描述方法,建立明确的信号频谱概念;掌握信号的时域分析、相关分析和功率谱分析方法。

　　(3)掌握测试装置的静、动态特性的评价方法和不失真的测试条件;低阶系统动态特性的测定。

　　(4)了解常用传感器的工作原理、基本特性、使用范围;传感器的选用原则。

　　(5)掌握常用信号调理方法的原理及应用;了解数字信号分析、处理的基本概念。

　　(6)了解常用记录装置的工作原理及应用。

　　(7)通过对机电工程中常见参量测试方法的介绍,初步了解测试技术在工程中的应用。

　　本课程同时具有很强的实践性,应加强实验环节,培养学生独立进行科学实验的能力;学生在学习过程中应联系实际,注意了解本课程知识在其他专业课程和专业基础课程中的应用情况。

第一章

信号分析基础

被测物理量往往通过测量装置转变成电信号并加以记录。记录的信号是分析事物的依据，其中蕴藏着大量有用信息。信号分析的任务，就是从信号中提取各种信息。本章将在介绍信息与信号基本知识的基础上，着重介绍工程中常用的一些信号描述和信号分析方法。

1-1 信息与信号的基础知识

信息是对事物运动状态和方式的描述，是人们认识世界和改造世界所必须获取的东西。例如，为了变革某个事物，首先必须获得关于该事物的信息，然后通过所获得的信息进行分析和处理，从而得到对该事物必要的认识，产生相应的判断，才能着手变革这个事物。

信息论是信息科学的理论基础，是运用数理统计方法研究信息的获取、变换、传输与处理的一门新兴学科。广义信息论已广泛地渗透于各种科学领域。将信息论引入工程测试领域，对于促进工程技术的发展，拓宽和深入理解工程技术的各种问题，具有十分重要的意义。

信息与信号是互相联系的两个不同的概念。信号不等于信息，它是信息的载体；而信息则是信号所载的内容。所谓测试过程，就是检测信号，并从信号中获取信息的过程。也就是说，通过测试得到电信号，再经过对电信号的分析和处理，最后从这些信号中获取所需要的信息。所以，首先了解一些信号和信息的基础知识是十分必要的。

一、信息的定义

信息比较抽象，有关信息的概念及其数学模型的研究，还在不断深入；有关信息的定义，也是一个值得进一步探讨的问题。

信息的定义有多种，但其中经典的、有代表性的定义有两条。其一是控制论的创始人之一、美国数学家维纳(N. Wiener)指出："信息就是信息，不是物质也不是能量。"他的这个论断在信息与物质和能量之间划了一条界线。其二是另一位英国数学家、信息论的奠基人山农(C. E. Shannon)指出的：信息是"能够用来消除不定性的东西"。所谓不定性，就是"具有多种可能而难以确断"。熵是不定性程度的度量，熵的减少就是不定性的减少。山农的信息定义虽然得到了度量信息的方法，但是这个定义也有局限性，它只描述了信息的功能，并没有正面回答"信息是什么"的问题。后来,被波里昂(L. Brilloun)等人引申为"信息就是负熵",并且他们进一步提出:"信息是系统有序性和组织程度的度量"。

随着对信息认识的不断深入,信息的定义也被推广。事物运动的状态和方式具有不定性。人们不知道事物处在什么运动之中,也不知道事物会以什么方式来运动。而要消除这种不定性,唯一的办法就是要了解事物运动的具体状态和方式,也就是说,要得到信息。因此,广义的信息定义为:描述事物运动的状态和方式。这种广义的定义,统一了维纳、山农等人的定义,既能从概念上抓住信息的本质,又能为定量描述和度量提供可行的方法。

二、信息的性质

由信息的定义,可以概括出信息具有以下一些重要的性质:

(1)信息来源于物质运动,又不等同于物质;

(2)信息与能量息息相关,又互相异质,获得信息需要能量,控制能量又需要信息;

(3)信息可以识别,可以通过人的感官直接识别,也可以通过各种探测器间接识别;

(4)信息可以转换,可以从一种形态转换成另一种形态,如语言、文字、图像、图表等信号形式,可以转换成计算机代码及广播、电视等电信号,而电信号和代码又可以转换成语言、文字、图像等;

(5)信息可以存储,人用脑神经细胞存储信息(称作记忆);计算机用内存储器和外存储器存储信息;录音机、录像机用磁带存储信息等;

(6)信息可以传输,人与人之间的信息传输依靠语言、表情、动作,社会信息的传输借助报纸、杂志、广播,工程中的信息则可以借助机械、光、声、电等传输。

一般说来,信息是比较抽象的。虽然它很抽象,却可以被观察者(包括人、生物以及人造的仪器设备)所感知、检测、提取、识别、存储、传输、显示、分析、处理和利用,且为众多的观察者所共享。它是决策的依据,控制的基础和管理的保证。

三、信息科学

信息科学是以信息为主要研究对象,以信息的运动规律和应用方法为主要研究内容,以计算机为主要研究工具,以扩展人类的信息功能(特别是智力功能)为主要研究目标的综合性科学。

信息科学的研究范畴为:进一步探讨信息的本质;建立信息的完整描述和度量的方法;研究信息是如何产生,如何检测、提取、变换、传输、存储、处理、识别等规律和关系;揭示利用信息进行控制,实现组织最优系统的一般原理及方法。这个范畴包括了认识和利用两个方面的问题,其主体是信息论、控制论和系统论,以及由它们派生出来的人工智能。其中,信息论主要涉及信息的认识问题,控制论和系统论主要涉及信息的利用问题。显然,认识是基础,利用是目的,两者之间的有机结合就成为一门完整的科学。

信息科学还发展了一套独特的方法论,即以信息论为背景的信息分析综合法;以控制论为背景的功能模拟法;以系统论为背景的系统整体优化法。它们互相联系组成了有机的整体——信息科学方法论。

四、信息技术

按照对信息和信息科学的理解,可以认为,凡是能够扩展人的信息功能的技术,都是信息技术。信息技术中比较典型的代表,是传感器技术、通信技术和计算机技术。它们大体上相当于人的感觉器官、神经系统和思维器官。传感或信息收集技术、通信技术及计算机技术,是信息技术的核心。

五、信息的描述

通常对于信息论有三种理论:①狭义信息论,主要研究信息的测度、信道容量以及信源和信道编码理论等;②一般信息论,主要研究通信问题,但也包括噪声理论,信号滤波与预测,信号调制与信号处理等;③广义信息论,不仅包括上述内容,而且还包括与信息有关的领域,如心理学、遗传学、神经生理学、语言学,甚至包括社会学中有关信息的问题。

山农的贡献在于,运用概率论与数理统计学的方法,对信息给予了数学描述和从定量的角度去度量。从而使信息论作为一门科学建立起来。自 1948 年山农理论发表后,信息论被认为是二次世界大战后的一门新兴科学。

随着科学技术的发展,源于通信工程的信息论,已经广泛地渗透到其他科学技术领域中,超越了狭义的通信工程的范畴,形成为广义信息论。广义信息论中的通信系统是泛指所有信息流通的系统,如生物有机体的神经系统、人类社会的管理系统、工程物理系统等等。广义信息论中的信息来源,即信源,就是所研究的客观事物,其输出是随机性的,是不确定性的。这种不确定性是客观存在的,一旦信源的输出经过变换、传输、处理而被人们所理解,就消除了不确定性,获得了信息。如果事先已经知道信源的输出,那么就无信息可言。因此,山农信息理论的基本假设是信源的输出为随机变量,即随机信息量。其大小用被消除的不确定性的多少来衡量。而事物不确定性的大小,可以用概率分布来描述。

六、信息技术在工程测试中的应用

工程测试是为了获取有关研究对象的状态、运动和特征方面的信息。从信息论的观点出发,深入理解工程测试中的有关问题,对工程测试有很大的促进作用。20 世纪 60 年代以来,信息论及信息技术逐步引入到测试技术领域。例如:用信息论中广义通信系统来分析、解释测试系统;传感器被认为是信息检测与转换的装置;用熵的概念,作为评价被测对象不确定性的尺度;用山农信道容量理论来分析测试系统的最佳信息传输条件;在信息处理中,采用时序建模方法的最大熵谱分析,以及用维纳滤波,等等。实践表明,在工程测试领域中,运用信息论、信息技术来认识、分析、处理问题是卓有成效的。

七、信息与信号

　　信号是信息的载体，是物质，具备能量；信息是信号所载的内容，不等于物质，不具备能量。同一个信息，可以用不同的信号来运载。例如，街道上的红灯，是用灯光信号来运载和表示交通的指挥信息的；而同样的信息也可以通过交通警的手势这样的信号来表示。甚至，这个信息还可以通过口令这种声音来表示。反过来，同一种信号也可以运载不同的信息。由此可见，信息和信号并不是同一概念。

　　信息是客观存在或运动状态的特征，它总是通过某些物理量的形式表现出来，这些物理量就是信号。从信号的获取、变换、加工处理、传输、显示、记录和控制等方面来看，以电量形式表示的电信号最为方便。所以本书所指测得的信号，一般为随时间而变化的电量——电信号。

　　被研究对象的信息量是非常丰富的。测试工作总是根据一定的目的和要求，获取有限的、观察者感兴趣的某些特定的信息。例如，研究单自由度的质量-弹簧系统，感兴趣的是该系统的固有频率和阻尼比，所以，可以通过系统中的质量块的位移-时间历程信号来提取信息，而对系统运动中弹簧的微观表现信息则可以舍去。测试工作总是要用最简捷的方法获取和研究与任务相联系的、最有用的、表征对象特性的有关信息，而不是企图获取该事物的全部信息。这样，就要求善于从信号中提取有用的信息。

　　为了存储、传输、读取或反馈有用信息，常常需要把信号作必要的变换，使得信息从信源点尽可能真实地传输到信宿。整个过程要求既不失真，也不受干扰。严格地说，就是要在外界严重干扰的情况下，能够提取和辨识出信号中所包含的有用信息。

1-2　信号分类

　　信号按其变化规律可分类如下：

```
                              ┌ 谐波信号
                  ┌ 周期信号 ┤
                  │          └ 一般周期信号
         ┌ 确定性信号 ┤
         │        │          ┌ 准周期信号
         │        └ 非周期信号 ┤
信号 ┤                        └ 一般非周期信号
         │                    ┌ 各态历经信号
         │        ┌ 平稳随机信号 ┤
         └ 非确定性信号 ┤        └ 非各态历经信号
                  └ 非平稳随机信号
```

　　可以用数学关系式或图表精确描述的信号称为确定性信号；反之，不能用数学关系式或图表精确描述的信号称为非确定性信号或随机信号。在同样测量条件下重复测量，确定性信号的测量结果在一定误差范围内保持不变，而非确定性信号的测量结果每次都不相同，工程上常以此来判断一个信号是确定性还是非确定性信号。

在确定性信号中,每隔一定时间 T 重复取值的信号称为周期信号。周期信号满足下述关系式:

$$x(t) = x(t + nT) \tag{1-1}$$

周期信号周期 T 的整倍数 nT 仍然是其周期。若无特别声明,周期信号的周期 T 均指其最小周期。

在周期信号中,按正弦或余弦规律变化的信号称为谐波信号。谐波信号是最简单、最重要的一类周期信号。

谐波信号的一般表达式为

$$x(t) = X\cos(\omega t + \varphi) \tag{1-2}$$

式中,X 称为谐波信号的幅值;ω 称为谐波信号的圆频率;φ 称为谐波信号的初相位。谐波信号的周期 T 与圆频率 ω 的关系为

$$\omega T = 2\pi \quad \text{或} \quad \omega = \frac{2\pi}{T}, \quad T = \frac{2\pi}{\omega} \tag{1-3}$$

周期的倒数称为频率,记为 f,即

$$f = \frac{1}{T} = \frac{\omega}{2\pi} \tag{1-4}$$

式(1-4)表达了谐波信号的周期、频率、圆频率三者之间的关系。频率 f 的含义为每秒内波形重复 f 次;圆频率 ω 的含义为每秒内旋转矢量转过的弧度为 ω(谐波信号可看成是某一旋转矢量在横轴上的投影,旋转矢量旋转 2π 弧度对应谐波信号的一个周期)。

非谐波的周期信号是一般的周期信号,例如周期方波、周期三角波、周期锯齿波等等。

1-3 周期信号的特征

一、周期信号的频谱特征

谐波信号是最简单、最基本的周期信号。那么,一般的非谐波周期信号能否化成一些简单的谐波信号的叠加呢?回答是肯定的。其数学工具就是傅里叶级数。下面不加证明地给出傅里叶级数定理。

傅里叶级数定理 以 T 为周期的函数 $x(t)$,如果在 $[-T/2, T/2]$ 上满足狄利克雷条件,即函数在 $[-T/2, T/2]$ 上满足:①连续或只有有限个第一类间断点(即左、右极限均存在但不相等的间断点);②只有有限个极值点,那么在 $[-T/2, T/2]$ 上就可以展开成傅里叶级数。在 $x(t)$ 的连续点处,级数的三角形式为

$$x(t) = \frac{a_0}{2} + \sum_{n=1}^{\infty} (a_n\cos n\omega_0 t + b_n\sin n\omega_0 t) \tag{1-5}$$

其中，
$$\omega_0 = \frac{2\pi}{T}, \quad a_0 = \frac{2}{T}\int_{-T/2}^{T/2}x(t)\mathrm{d}t$$

$$a_n = \frac{2}{T}\int_{-T/2}^{T/2}x(t)\cos n\omega_0 t\mathrm{d}t, \quad b_n = \frac{2}{T}\int_{-T/2}^{T/2}x(t)\sin n\omega_0 t\mathrm{d}t$$

式中，$a_0/2$ 称为直流分量；ω_0 称为基频；$n\omega_0$ 称为 n 阶频率；a_n 称为余弦分量的幅值；b_n 称为正弦分量的幅值。

由三角变换，式(1-5)可以简化为
$$x(t) = \frac{a_0}{2} + \sum_{n=1}^{\infty}A_n\cos(n\omega_0 t + \varphi_n) \tag{1-6}$$

其中，
$$A_n = \sqrt{a_n^2 + b_n^2}, \quad \varphi_n = -\arctan\frac{b_n}{a_n}$$

式(1-6)清楚地表明，非谐波周期信号是由两个乃至无穷多个不同频率的谐波信号叠加而成，各谐波成分所占的比重并不相同，工程上常用两种图形加以描述。以频率 ω 为横坐标，幅值 A_n 为纵坐标所作的图称为幅值谱图，它揭示了各频率成分幅值所占的比重。以频率 ω 为横坐标，相位 φ_n 为纵坐标所作的图称为相位谱图，它揭示了各频率成分的初相位情况。由于频率取值是离散的，所以周期信号的幅值谱和相位谱都是离散谱。频谱是构成信号 $x(t)$ 的各频率分量的集合，它完整地表示了信号的频率结构，即信号由哪些谐波组成，各谐波分量的幅值大小和初始相位，从而揭示了信号的频率信息。

例 1-1 求图 1-1(a)所示周期方波的傅里叶级数展开式，绘出其幅值谱与相位谱图。

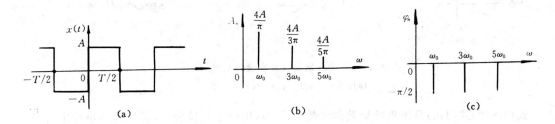

图 1-1 周期方波及其幅值谱与相位谱
(a)时域图； (b)幅值谱图； (c)相位谱图

解 $x(t)$ 在一个周期内的表达式为
$$x(t) = \begin{cases} -A & (-T/2 < t < 0) \\ A & (0 < t < T/2) \end{cases}$$

代入式(1-5)，得
$$a_0 = \frac{2}{T}\int_{-T/2}^{T/2}x(t)\mathrm{d}t = 0 \quad (x(t) \text{ 为奇函数,在对称区间上积分等于零})$$

$$a_n = \frac{2}{T} \int_{-T/2}^{T/2} x(t)\cos n\omega_0 t\mathrm{d}t = 0 \quad (x(t)\cos n\omega_0 t \text{ 为奇函数,同上})$$

$$b_n = \frac{2}{T} \int_{-T/2}^{T/2} x(t)\sin n\omega_0 t\mathrm{d}t = \frac{4}{T} \int_{0}^{T/2} x(t)\sin n\omega_0 t\mathrm{d}t \quad (x(t)\sin n\omega_0 t \text{ 为偶函数})$$

$$= \begin{cases} \dfrac{4A}{n\pi} & (n=1,3,5,\cdots) \\ 0 & (n=2,4,6,\cdots) \end{cases}$$

周期方波的傅里叶级数展开式为

$$x(t) = \frac{4A}{\pi}\sin\omega_0 t + \frac{4A}{3\pi}\sin 3\omega_0 t + \frac{4A}{5\pi}\sin 5\omega_0 t + \cdots$$

$$= \frac{4A}{\pi}\cos\left(\omega_0 t - \frac{\pi}{2}\right) + \frac{4A}{3\pi}\cos\left(3\omega_0 t - \frac{\pi}{2}\right) + \frac{4A}{5\pi}\cos\left(5\omega_0 t - \frac{\pi}{2}\right) + \cdots$$

由上式可作出周期方波的幅值谱与相位谱图,分别如图 1-1(b) 和 (c) 所示。幅值谱只包含基波和奇次谐波的频率分量,随着频率的提高,谐波的幅值以 $1/n$ 的规律收敛。其 1,3,5 次谐波逐次叠加后的图形如图 1-2 所示。很清楚,傅里叶级数是对周期信号的谐波分解。

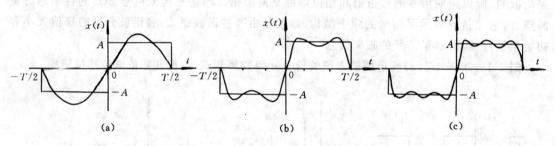

图 1-2 1,3,5 次谐波逐次叠加后的图形
(a)1 次; (b)1,3 次; (c)1,3,5 次

式 (1-5) 和式 (1-6) 是傅里叶级数的实数形式。利用以下欧拉公式,可以进一步导出傅里叶级数的复数形式。由于

$$\cos\varphi = \frac{\mathrm{e}^{j\varphi} + \mathrm{e}^{-j\varphi}}{2}, \quad \sin\varphi = \frac{\mathrm{e}^{j\varphi} - \mathrm{e}^{-j\varphi}}{2j} = \frac{-j\mathrm{e}^{j\varphi} + j\mathrm{e}^{-j\varphi}}{2}$$

则式 (1-5) 可改写为

$$x(t) = \frac{a_0}{2} + \sum_{n=1}^{\infty}\left[a_n\frac{\mathrm{e}^{jn\omega_0 t} + \mathrm{e}^{-jn\omega_0 t}}{2} + b_n\frac{-j\mathrm{e}^{jn\omega_0 t} + j\mathrm{e}^{-jn\omega_0 t}}{2}\right]$$

$$= \frac{a_0}{2} + \sum_{n=1}^{\infty}\left[\frac{a_n - jb_n}{2}\mathrm{e}^{jn\omega_0 t} + \frac{a_n + jb_n}{2}\mathrm{e}^{-jn\omega_0 t}\right]$$

令 $c_0 = \dfrac{a_0}{2}$,$c_n = \dfrac{a_n - jb_n}{2}$,$c_{-n} = \dfrac{a_n + jb_n}{2}$,则上式可简写成

$$x(t) = c_0 + \sum_{n=1}^{\infty} \left[c_n \mathrm{e}^{jn\omega_0 t} + c_{-n} \mathrm{e}^{-jn\omega_0 t} \right] \quad 或 \quad x(t) = \sum_{n=-\infty}^{\infty} c_n \mathrm{e}^{jn\omega_0 t} \tag{1-7}$$

其中，

$$c_0 = \frac{a_0}{2} = \frac{1}{T} \int_{-T/2}^{T/2} x(t) \mathrm{d}t$$

$$c_n = \frac{a_n - jb_n}{2} = \frac{1}{2} \left[\frac{2}{T} \int_{-T/2}^{T/2} x(t) \cos n\omega_0 t \mathrm{d}t - j \frac{2}{T} \int_{-T/2}^{T/2} x(t) \sin n\omega_0 t \mathrm{d}t \right]$$

$$= \frac{1}{T} \int_{-T/2}^{T/2} x(t) \mathrm{e}^{-jn\omega_0 t} \mathrm{d}t \quad (n = 1, 2, 3, \cdots)$$

$$c_{-n} = \frac{a_n + jb_n}{2} = \frac{1}{2} \left[\frac{2}{T} \int_{-T/2}^{T/2} x(t) \cos n\omega_0 t \mathrm{d}t + j \frac{2}{T} \int_{-T/2}^{T/2} x(t) \sin n\omega_0 t \mathrm{d}t \right]$$

$$= \frac{1}{T} \int_{-T/2}^{T/2} x(t) \mathrm{e}^{jn\omega_0 t} \mathrm{d}t \quad (n = 1, 2, 3, \cdots)$$

以上三式可合写成一个式子：

$$c_n = \frac{1}{T} \int_{-T/2}^{T/2} x(t) \mathrm{e}^{-jn\omega_0 t} \mathrm{d}t \quad (n = 0, \pm 1, \pm 2, \cdots) \tag{1-8}$$

式(1-7)与式(1-8)就是傅里叶级数的复指数形式。

c_n 与 c_{-n}($n=1,2,3,\cdots$)为共轭关系，即 $c_n = \overline{c_{-n}}$，因此，$|c_n| = |c_{-n}|$，$\angle c_n = -\angle c_{-n}$。显然还有

$$|c_n| = |c_{-n}| = \frac{\sqrt{a_n^2 + b_n^2}}{2} = \frac{1}{2} A_n$$

$$\angle c_n = -\angle c_{-n} = \arctan \frac{b_n}{a_n} = \varphi_n$$

以上两式揭示了复指数形式与三角形式系数之间的关系。

为了说明 $|c_n|$ 与 $\angle c_n$ 的含义，可将式(1-7)进一步写成：

$$x(t) = \sum_{n=-\infty}^{\infty} |c_n| \mathrm{e}^{j\angle c_n} \mathrm{e}^{jn\omega_0 t} = \sum_{n=-\infty}^{\infty} |c_n| \mathrm{e}^{j(n\omega_0 t + \angle c_n)}$$

$$= \sum_{n=-\infty}^{\infty} |c_n| \cos(n\omega_0 t + \angle c_n) + j \sum_{n=-\infty}^{\infty} |c_n| \sin(n\omega_0 t + \angle c_n) \tag{1-9}$$

由于 $|c_{-n}| \sin(-n\omega_0 t + \angle c_{-n}) = |c_n| \sin(-n\omega_0 t - \angle c_n) = -|c_n| \sin(n\omega_0 t + \angle c_n)$

所以式(1-9)中右边的第二项等于零，从而有

$$x(t) = \sum_{n=-\infty}^{\infty} |c_n| \cos(n\omega_0 t + \angle c_n) \tag{1-10}$$

从式(1-10)可见，$|c_n|$ 为谐波分量的幅值；$\angle c_n$ 为谐波分量的初相位。以频率为横坐标，$|c_n|$ 为纵坐标所作的图称为(双边)幅值谱，它同样表达了各频率成分所占的比重。以频率为横坐标，相位 $\angle c_n$ 为纵坐标所作的图称为(双边)相位谱，它表达了各频率成分的初相位情况。(双边)幅值谱是对称谱，(双边)相位谱是反对称谱。以频率为横坐标，c_n 的实部 c_{nR} 为纵坐标所作的图称

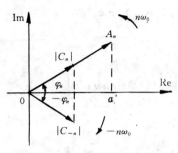

图 1-3　负频率的说明

为实频图;以频率为横坐标,c_n 的虚部 c_{nI} 为纵坐标所作的图称为虚频图。实频图是对称图形,虚频图是反对称图形。

在双边幅值谱和双边相位谱以及实频图和虚频图中,横坐标即圆频率 ω 取值是从 $-\infty$ 到 $+\infty$,这一点与单边谱不同。出现负频率似乎不好理解,实际上角速度按其旋转方向可以有正、有负,一个向量的实部可以看成是两个旋转方向相反的向量在其实轴上的投影之和,如图 1-3 所示。图中:

$$\overline{oa} = A_n \cos(n\omega_0 t + \varphi_n)$$
$$= |c_n| \cos(n\omega_0 t + \varphi_n) + |c_{-n}| \cos(-n\omega_0 t - \varphi_n)$$

负频率的出现,完全是数学上的表达方式,无任何实际物理意义。

例 1-2　画出余弦、正弦函数的单边、双边、实部、虚部频谱图。

解　由欧拉公式有

$$\cos\omega t = \frac{1}{2}(\mathrm{e}^{-j\omega t} + \mathrm{e}^{j\omega t}), \quad \sin\omega t = j\frac{1}{2}(\mathrm{e}^{-j\omega t} - \mathrm{e}^{j\omega t})$$

对余弦函数有

$$c_{-1} = \frac{1}{2}, \quad c_1 = \frac{1}{2}$$

对正弦函数有

$$c_{-1} = \frac{1}{2}j, \quad c_1 = -\frac{1}{2}j$$

故余弦函数只有实频谱图,与纵轴对称;正弦函数只有虚频谱图,与纵轴反对称。图 1-4 是这两个函数的频谱图。

周期信号的频谱具有离散性,且各阶谐波的频率均为基频 ω_0 的整倍数,这是周期信号的频谱特征。

二、周期信号的强度特征

周期信号的强度常用峰值、绝对均值、有效值和平均功率来表示。

峰值 x_F 是信号可能出现的最大瞬时幅值,即

$$x_F = |x(t)|_{\max} \tag{1-11}$$

对信号的峰值应有足够的估计,以便确定测试系统的量程范围,避免产生削波现象,以真实反映被测信号的最大值。

周期信号的均值为

$$\mu_x = \frac{1}{T}\int_0^T x(t)\mathrm{d}t \tag{1-12}$$

它是信号的常值分量。周期信号全波整流后的均值就是信号的绝对均值 $\mu_{|x|}$,即

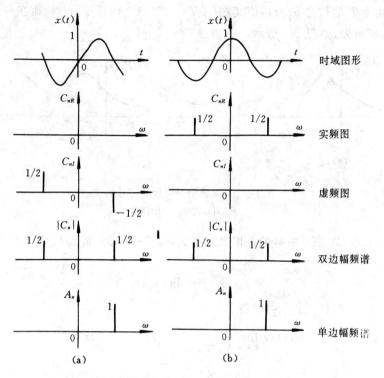

图 1-4　正、余弦函数的频谱图

(a)正弦函数；　(b)余弦函数

$$\mu_{|x|} = \frac{1}{T}\int_0^T |x(t)|\mathrm{d}t \tag{1-13}$$

有效值是信号的均方根值 x_{rms}，即

$$x_{rms} = \sqrt{\frac{1}{T}\int_0^T x^2(t)\mathrm{d}t} \tag{1-14}$$

有效值的平方（均方值）就是信号的平均功率 P_{av}，即

$$P_{av} = \frac{1}{T}\int_0^T x^2(t)\mathrm{d}t = x_{rms}^2 \tag{1-15}$$

应当注意,周期信号的均值、绝对均值、有效值和峰值之间的关系与波形有关。

1-4　非周期信号的特征

一、非周期信号的频谱特征

非周期信号 $x(t)$ 可以看成是由某个周期信号 $x_T(t)$ 当 $T \rightarrow \infty$ 时转化而来的。为了说明这一点,作周期为 T 的信号 $x_T(t)$,使其在 $(-T/2,T/2)$ 之内等于 $x(t)$,而在 $(-T/2,T/2)$ 之外按周期 T 延拓出去,如图 1-5 所示。

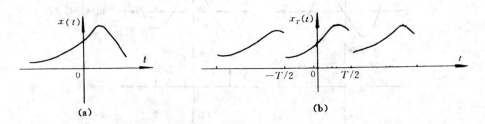

图 1-5　非周期信号与周期信号的关系
(a)非周期信号;　(b)周期信号

　　T 越大,$x_T(t)$ 与 $x(t)$ 相等的范围也就越大,当 $T \to \infty$ 时,周期信号 $x_T(t)$ 便转化为非周期信号 $x(t)$,即

$$x(t) = \lim_{T \to \infty} x_T(t) \tag{1-16}$$

把式(1-7)与式(1-8)代入式(1-16)得

$$x(t) = \lim_{T \to \infty} \frac{1}{T} \sum_{n=-\infty}^{\infty} \left[\int_{-T/2}^{T/2} x(\tau) \mathrm{e}^{-jn\omega_0\tau} \mathrm{d}\tau \right] \mathrm{e}^{jn\omega_0 t}$$

$$= \lim_{T \to \infty} \frac{1}{T} \sum_{n=-\infty}^{\infty} \left[\int_{-\infty}^{\infty} x(\tau) \mathrm{e}^{-jn\omega_0\tau} \mathrm{d}\tau \right] \mathrm{e}^{jn\omega_0 t}$$

由于 $\dfrac{1}{T} = \dfrac{\omega_0}{2\pi}$,代入上式得

$$x(t) = \lim_{\omega_0 \to 0} \frac{1}{2\pi} \sum_{n=-\infty}^{\infty} \left[\int_{-\infty}^{\infty} x(\tau) \mathrm{e}^{-jn\omega_0\tau} \mathrm{d}\tau \right] \mathrm{e}^{jn\omega_0 t} \omega_0 \tag{1-17}$$

令

$$X(\omega) = \int_{-\infty}^{\infty} x(t) \mathrm{e}^{-j\omega t} \mathrm{d}t \tag{1-18}$$

则式(1-17)可改写成

$$x(t) = \lim_{\omega_0 \to 0} \frac{1}{2\pi} \sum_{n=-\infty}^{\infty} \left[X(\omega) \mathrm{e}^{j\omega t} \right]_{\omega = n\omega_0} \cdot \omega_0$$

上式右端可以看成是 $\dfrac{1}{2\pi} X(\omega) \mathrm{e}^{j\omega t}$ 在 $(-\infty,\infty)$ 上对 ω 的积分,即

$$x(t) = \frac{1}{2\pi} \int_{-\infty}^{\infty} X(\omega) \mathrm{e}^{j\omega t} \mathrm{d}\omega \tag{1-19}$$

将式(1-18)代入式(1-19)得

$$x(t) = \frac{1}{2\pi} \int_{-\infty}^{\infty} \left[\int_{-\infty}^{\infty} x(\tau) \mathrm{e}^{-j\omega\tau} \mathrm{d}\tau \right] \mathrm{e}^{j\omega t} \mathrm{d}\omega$$

　　若把 $\omega = 2\pi f$ 代入上式,则有

$$x(t) = \int_{-\infty}^{\infty} \left[\int_{-\infty}^{\infty} x(\tau) \mathrm{e}^{-j2\pi f\tau} \mathrm{d}\tau \right] \mathrm{e}^{j2\pi ft} \mathrm{d}f$$

上式称为信号 $x(t)$ 的傅里叶积分公式。现在不加证明地给出下面的傅里叶积分定理。

傅里叶积分定理　若 $x(t)$ 在 $(-\infty, \infty)$ 上满足下列条件：$1°x(t)$ 在任一有限区间上满足

狄利克雷条件；$2°\ x(t)$ 在无限区间 $(-\infty, \infty)$ 上绝对可积，即积分 $\int_{-\infty}^{\infty} |x(t)| \mathrm{d}t$ 收敛，则有

$$x(t) = \int_{-\infty}^{\infty} \left[\int_{-\infty}^{\infty} x(\tau) \mathrm{e}^{-j2\pi f\tau} \mathrm{d}\tau \right] \mathrm{e}^{j2\pi ft} \mathrm{d}f \tag{1-20}$$

成立。（左端的 $x(t)$ 在它的间断点 t 处，应以 $(x(t+0)+x(t-0))/2$ 来代替）

在式 (1-20) 中，令

$$X(f) = \int_{-\infty}^{\infty} x(t) \mathrm{e}^{-j2\pi ft} \mathrm{d}t \tag{1-21}$$

则式 (1-20) 可写成

$$x(t) = \int_{-\infty}^{\infty} X(f) \mathrm{e}^{j2\pi ft} \mathrm{d}f \tag{1-22}$$

观察式 (1-21) 与式 (1-22)，不难看出它们构成了一种变换对，即

$$x(t) \xrightarrow[\text{式}(1-22)]{\text{式}(1-21)} X(f)$$

这一变换对称为傅里叶变换对。式 (1-21) 称为 $x(t)$ 的傅里叶变换，并记为

$$X(f) = \mathscr{F}[x(t)]$$

$X(f)$ 叫做 $x(t)$ 的傅里叶像函数。

式 (1-22) 称为 $x(t)$ 的傅里叶逆变换，并记为

$$x(t) = \mathscr{F}^{-1}[X(f)]$$

$x(t)$ 称为 $X(f)$ 的傅里叶像原函数（像与像原就像一面镜子一样，故此得名）。

一般 $X(f)$ 是实变量 f 的复函数，可以写成

$$X(f) = \int_{-\infty}^{\infty} x(t) \cos 2\pi ft \mathrm{d}t - j \int_{-\infty}^{\infty} x(t) \sin 2\pi ft \mathrm{d}t$$

$$= \mathrm{Re}X(f) + j\mathrm{Im}X(f) = |X(f)| \mathrm{e}^{j\angle X(f)}$$

其中，

$$\mathrm{Re}X(f) = \int_{-\infty}^{\infty} x(t) \cos 2\pi ft \mathrm{d}t \tag{1-23}$$

是 $X(f)$ 的实部，由于 $\mathrm{Re}X(f) = \mathrm{Re}X(-f)$，所以 $\mathrm{Re}X(f)$ 是频率 f 的偶函数；

$$\mathrm{Im}X(f) = -\int_{-\infty}^{\infty} x(t) \sin 2\pi ft \mathrm{d}t \tag{1-24}$$

是 $X(f)$ 的虚部，由于 $\mathrm{Im}X(f) = -\mathrm{Im}X(-f)$，所以 $\mathrm{Im}X(f)$ 是 f 的奇函数；

$$|X(f)| = \sqrt{\mathrm{Re}^2 X(f) + \mathrm{Im}^2 X(f)} \tag{1-25}$$

是 $X(f)$ 的模，由于 $|X(f)| = |X(-f)|$，所以 $|X(f)|$ 是 f 的偶函数；

$$\angle X(f) = \arctan \frac{\mathrm{Im} X(f)}{\mathrm{Re} X(f)} \qquad (1\text{-}26)$$

是 $X(f)$ 的相位,由于 $\angle X(f) = -\angle X(-f)$,所以 $\angle X(f)$ 是 f 的奇函数。

总而言之,傅里叶变换 $X(f)$ 具有实偶虚奇(实部为偶函数,虚部为奇函数),模偶相奇(模为偶函数,相位为奇函数)的特征。

为了说明 $X(f)$ 的含义,把式(1-22)进一步写成:

$$x(t) = \int_{-\infty}^{\infty} |X(f)| \mathrm{e}^{j\angle X(f)} \cdot \mathrm{e}^{j2\pi ft} \mathrm{d}f$$

$$= \int_{-\infty}^{\infty} |X(f)| \cos(2\pi ft + \angle X(f)) \mathrm{d}f + j\int_{-\infty}^{\infty} |X(f)| \sin(2\pi ft + \angle X(f)) \mathrm{d}f$$

由于 $|X(-f)| \sin(-2\pi ft + \angle X(-f)) = -|X(f)| \sin(2\pi ft + \angle X(f))$,故上式右端第二项积分为零,从而有

$$x(t) = \int_{-\infty}^{\infty} |X(f)| \cos(2\pi ft + \angle X(f)) \mathrm{d}f \qquad (1\text{-}27)$$

式(1-27)清楚地表明了 $|X(f)|$ 与 $\angle X(f)$ 的物理含义,即 $|X(f)| \mathrm{d}f$ 是谐波信号的幅值,$|X(f)|$ 是谐波信号的幅值在频率 f 上的分布,即单位频宽上的幅值,称为幅值谱密度,常简称为幅值谱;$\angle X(f)$ 是谐波信号的初相位。两者均是连续谱,$X(f)$ 常称为频谱函数。

式(1-27)同时也说明,非周期信号仍然可以分解成谐波信号的叠加。与周期信号分解的不同之处在于,各谐波信号的频率是连续分布的,而不是离散的。这再一次表明:谐波信号是最基本的信号。

例 1-3 求矩形窗函数 $w_R(t)$ 的频谱函数,并绘出其图形。

解 矩形窗函数 $w_R(t)$ 的定义为

$$w_R(t) = \begin{cases} 1 & (|t| < \tau/2) \\ 0 & (|t| > \tau/2) \end{cases} \qquad (1\text{-}28)$$

其频谱函数为

$$W_R(f) = \int_{-\infty}^{\infty} w_R(t) \mathrm{e}^{-j2\pi ft} \mathrm{d}t = \int_{-\tau/2}^{\tau/2} \mathrm{e}^{-j2\pi ft} \mathrm{d}t$$

$$= \frac{1}{\pi f} \sin \pi f\tau = \tau \frac{\sin \pi f\tau}{\pi f\tau} = \tau \mathrm{sinc}(\pi f\tau) \qquad (1\text{-}29)$$

在上式中定义 $\mathrm{sinc}(x) \triangleq (\sin x)/x$,该函数在信号分析中很有用。矩形窗函数的频谱如图 1-6 所示。

图 1-6 表明了矩形窗函数的谐波成分分布情况。但请读者注意,由傅里叶变换得到的幅值谱实为幅值谱密度。

二、傅里叶变换的主要性质

傅里叶变换有许多重要性质,了解它们,可以帮助我们掌握信号的时域与频域之间的对应

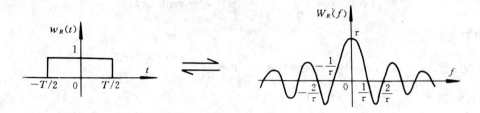

图 1-6 矩形窗函数及其频谱

关系及转换规律,更快速地求得信号的频谱函数。

1. 奇偶虚实性质

实函数 $x(t)$ 的傅里叶变换 $X(f)$ 的实部 $\mathrm{Re}X(f)$ 为偶函数,虚部 $\mathrm{Im}X(f)$ 为奇函数。$X(f)$ 的模 $|X(f)|$ 为偶函数,相位 $\angle X(f)$ 为奇函数。

如果 $x(t)$ 为偶函数,则 $\mathrm{Im}X(f)=0$,$X(f)$ 将是实偶函数,即 $X(f)=\mathrm{Re}X(f)$。

如果 $x(t)$ 为奇函数,则 $\mathrm{Re}X(f)=0$,$X(f)$ 将是虚奇函数,即 $X(f)=j\mathrm{Im}X(f)$。

了解这个性质可以减少不必要的变换计算。

2. 线性叠加性质

傅里叶变换是一种线性运算,满足线性叠加性质。

若
$$x_1(t) \rightleftharpoons X_1(f), \quad x_2(t) \rightleftharpoons X_2(f)$$

则
$$c_1 x_1(t) + c_2 x_2(t) \rightleftharpoons c_1 X_1(f) + c_2 X_2(f) \quad (c_1, c_2 \text{ 为常数})$$

3. 对称性质

若
$$x(t) \rightleftharpoons X(f)$$

则
$$X(t) \rightleftharpoons x(-f)$$

证
$$x(t) = \int_{-\infty}^{\infty} X(f)\mathrm{e}^{j2\pi ft}\mathrm{d}f$$

以 $-t$ 替代 t,则有

$$x(-t) = \int_{-\infty}^{\infty} X(f)\mathrm{e}^{-j2\pi ft}\mathrm{d}f$$

将 t 与 f 互换,则上式变为

$$x(-f) = \int_{-\infty}^{\infty} X(t)\mathrm{e}^{-j2\pi ft}\mathrm{d}t = \mathscr{F}[X(t)]$$

所以
$$X(t) \rightleftharpoons x(-f)$$

应用这个性质,可以避开复杂的积分运算,利用已知的傅里叶变换对,获得相应对称的变换对。

例 1-4 求 $x(t)=\mathrm{sinc}(t)=(\sin t)/t$ 的傅里叶变换。

解 已知变换对

$$w_R(t) = \begin{cases} 1 & (|t| < \tau/2) \\ 0 & (|t| > \tau/2) \end{cases} \Longleftrightarrow \tau\mathrm{sinc}(\pi f\tau)$$

由对称性质有

$$\tau\mathrm{sinc}(\pi t\tau) \Longleftrightarrow w_R(-f) = \begin{cases} 1 & (|f| < \tau/2) \\ 0 & (|f| > \tau/2) \end{cases}$$

令 $\tau = 1/\pi$，则

$$\frac{1}{\pi}\mathrm{sinc}(t) \Longleftrightarrow w_R(-f) = \begin{cases} 1 & \left(|f| < \dfrac{1}{2\pi}\right) \\ 0 & \left(|f| > \dfrac{1}{2\pi}\right) \end{cases}$$

$$\mathrm{sinc}(t) \Longleftrightarrow \pi w_R(-f) = \begin{cases} \pi & \left(|f| < \dfrac{1}{2\pi}\right) \\ 0 & \left(|f| > \dfrac{1}{2\pi}\right) \end{cases}$$

$\mathrm{sinc}(t)$ 的频谱如图 1-7 所示。

比较图 1-6 与图 1-7，可以体会对称性质的含义。

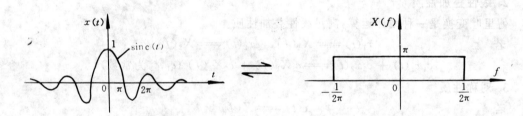

图 1-7　$\mathrm{sinc}(t)$ 及其频谱

4. 时间尺度改变性质

在时间信号 $x(t)$ 的幅值不变的条件下，若 $x(t) \Longleftrightarrow X(f)$，则

$$x(kt) \Longleftrightarrow \frac{1}{k}X\left(\frac{f}{k}\right) \quad (k > 0)$$

证　$\mathscr{F}[x(kt)] = \int_{-\infty}^{\infty} x(kt)\mathrm{e}^{-j2\pi ft}\mathrm{d}t$

作变量代换 $u = kt, t = \dfrac{1}{k}u, \mathrm{d}t = \dfrac{1}{k}\mathrm{d}u$，则

$$\mathscr{F}[x(kt)] = \frac{1}{k}\int_{-\infty}^{\infty} x(u)\mathrm{e}^{-j2\pi(f/k)u}\mathrm{d}u = \frac{1}{k}X\left(\frac{f}{k}\right)$$

当时间尺度压缩（$k > 1$）时，频谱的频带加宽，幅值减小；当时间尺度扩展（$k < 1$）时，其频谱变窄，幅值增大。

图 1-8 以矩形窗函数为例，表明时间尺度变化对应的频域图形的变化情况。

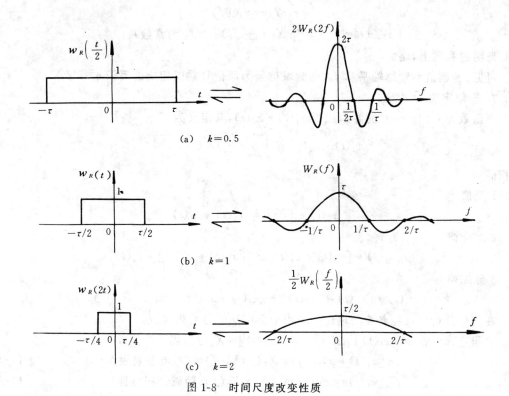

图 1-8 时间尺度改变性质

时间尺度改变性质在工程中常常得到应用。例如,在记录爆炸信号及瞬态冲击信号时,为了便于计算机采集数据及降低对后续处理设备通频带上限的要求,可采用记录磁带快录慢放的方法改变时间尺度。

5. 时移性质

若
$$x(t) \rightleftharpoons X(f)$$

则
$$x(t \pm t_0) \rightleftharpoons e^{\pm j2\pi f t_0} X(f) \quad (t_0 \text{ 为常数})$$

证
$$\mathscr{F}[x(t \pm t_0)] = \int_{-\infty}^{\infty} x(t \pm t_0) e^{-j2\pi ft} dt$$

令 $u = t \pm t_0, t = u \mp t_0, dt = du$,上式变为

$$\mathscr{F}[x(t \pm t_0)] = \int_{-\infty}^{\infty} x(u) e^{-j2\pi f(u \mp t_0)} du$$

$$= e^{\pm j2\pi f t_0} \int_{-\infty}^{\infty} x(u) e^{-j2\pi fu} du = e^{\pm j2\pi f t_0} X(f)$$

此性质表明,在时域中信号沿时间轴平移一个常值 t_0 时,频谱函数将乘上因子 $e^{\pm j2\pi f t_0}$,仅改变相位谱,而不改变幅值谱。

6. 频移性质

若　　　　　　　　　　　　$x(t) \Longleftrightarrow X(f)$

则　　　　　　　　$x(t)\mathrm{e}^{\pm j2\pi f_0 t} \Longleftrightarrow X(f \pm f_0)$　　（f_0 为常数）

证明过程同上,略。

可见,若频谱沿频率轴平移 f_0,则时域信号为原信号乘以相应的因子 $\mathrm{e}^{\mp j2\pi f_0 t}$。

7. 卷积定理

两函数 $x_1(t)$ 与 $x_2(t)$ 的卷积记为 $x_1(t) * x_2(t)$,其定义为

$$x_1(t) * x_2(t) \triangleq \int_{-\infty}^{\infty} x_1(\tau) x_2(t - \tau) \mathrm{d}\tau \tag{1-30}$$

卷积满足:

1° 交换律

$$x_1(t) * x_2(t) = x_2(t) * x_1(t)$$

2° 结合律

$$x_1(t) * [x_2(t) * x_3(t)] = [x_1(t) * x_2(t)] * x_3(t)$$

3° 分配律

$$x_1(t) * [x_2(t) + x_3(t)] = x_1(t) * x_2(t) + x_1(t) * x_3(t)$$

在信号分析以及经典控制理论中应用十分广泛的是卷积定理。

卷积定理　若 $\mathscr{F}[x_1(t)] = X_1(f)$,$\mathscr{F}[x_2(t)] = X_2(f)$,则

$$\mathscr{F}[x_1(t) * x_2(t)] = X_1(f)X_2(f) \text{（时域卷积特性）} \tag{1-31}$$

$$\mathscr{F}[x_1(t)x_2(t)] = X_1(f) * X_2(f) \text{（频域卷积特性）} \tag{1-32}$$

证　先证时域卷积定理:

$$\mathscr{F}[x_1(t) * x_2(t)] = \int_{-\infty}^{\infty} \left[\int_{-\infty}^{\infty} x_1(\tau) x_2(t - \tau) \mathrm{d}\tau \right] \mathrm{e}^{-j2\pi ft} \mathrm{d}t$$

$$= \int_{-\infty}^{\infty} x_1(\tau) \left[\int_{-\infty}^{\infty} x_2(t - \tau) \mathrm{e}^{-j2\pi ft} \mathrm{d}t \right] \mathrm{d}\tau \quad \text{（交换积分次序）}$$

$$= \int_{-\infty}^{\infty} x_1(\tau) \mathrm{e}^{-j2\pi f\tau} X_2(f) \mathrm{d}\tau \quad \text{（利用时移性质）}$$

$$= X_1(f)X_2(f)$$

由对称性不难得到频域卷积定理。

8. 微分性质

若 $x(t) \Longleftrightarrow X(f)$,且当 $|t| \to \infty$ 时,$x(t) = 0$,则

$$\mathscr{F}[x'(t)] = j2\pi f X(f) \tag{1-33}$$

证　　　　　　$x(t) = \int_{-\infty}^{\infty} X(f)\mathrm{e}^{j2\pi ft} \mathrm{d}f$

两边对 t 求导得

$$\frac{\mathrm{d}x(t)}{\mathrm{d}t} = \int_{-\infty}^{\infty} j2\pi f X(f) \mathrm{e}^{j2\pi ft} \mathrm{d}f = \mathscr{F}^{-1}[j2\pi f X(f)]$$

即
$$\mathscr{F}\left[\frac{\mathrm{d}x(t)}{\mathrm{d}t}\right] = j2\pi f X(f)$$

推论
$$\mathscr{F}\left[\frac{\mathrm{d}^n x(t)}{\mathrm{d}t^n}\right] = (j2\pi f)^n X(f) \tag{1-34}$$

9. 积分性质

若 $\mathscr{F}[x(t)] = X(f)$

则
$$\mathscr{F}\left[\int_{-\infty}^{t} x(t)\mathrm{d}t\right] = \frac{1}{j2\pi f}X(f) \tag{1-35}$$

证 令 $g(t) = \int_{-\infty}^{t} x(t)\mathrm{d}t$，有 $g'(t) = x(t)$，两边取傅里叶变换得

$$j2\pi f G(f) = X(f), \quad G(f) = \frac{1}{j2\pi f}X(f)$$

推论
$$\mathscr{F}\left[\underbrace{\int_{-\infty}^{t} \cdots \int_{-\infty}^{t}}_{n次} x(t)\mathrm{d}t\right] = \frac{1}{(j2\pi f)^n}X(f) \tag{1-36}$$

在振动测试中，如果测得振动系统的位移、速度或加速度中任一参数，应用微分、积分性质就可以获得其他参数的频谱。

三、单位脉冲函数(δ 函数)及其频谱

1. δ 函数的定义

δ 函数是一种广义函数，它的定义为

$$\delta(t) = \begin{cases} \infty & (t = 0) \\ 0 & (t \neq 0) \end{cases} \quad \text{（取值定义）} \tag{1-37}$$

$$\int_{-\infty}^{\infty} \delta(t)\mathrm{d}t = 1 \quad \text{（面积定义）} \tag{1-38}$$

式(1-37)与式(1-38)联合起来构成 δ 函数的定义。(在普通函数中，仅在一个点上取不为零数值的函数其面积等于零)

2. δ 函数的物理背景说明

图1-9 所示为锤头冲击钢板的情况，其冲击力为 $f(t)$。设锤头与钢板间的冲击接触时间为 ε，则当 $t < 0$ 或 $t > \varepsilon$ 时，$f(t) = 0$，$f(t)$ 仅在 $0 < t < \varepsilon$ 内的短时间内存在，其表达式为

$$f(t) = ma = m \cdot \frac{v - 0}{\varepsilon} = \frac{mv}{\varepsilon}$$

设 $mv = 1$(单位动量)，则有

$$f(t) = \begin{cases} 1/\varepsilon & (0 < t < \varepsilon) \\ 0 & (t < 0 \text{ 或 } t > \varepsilon) \end{cases} \tag{1-39}$$

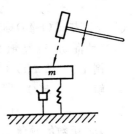

图1-9 冲激力的描述

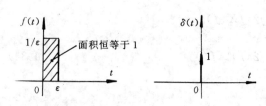

图 1-10　冲击力 $f(t)$ 与 δ 函数

显然，$f(t)$ 的面积（即冲量）恒等于动量的改变，即

$$\int_{-\infty}^{\infty} f(t)\mathrm{d}t = 1 \tag{1-40}$$

若锤头和钢板均为绝对刚体，则 $\varepsilon \to 0$，式(1-39)与式(1-40)即为 δ 函数的定义式，说明绝对刚体间的冲击力 $f(t)$ 为 δ 函数。

$f(t)$ 与 $\delta(t)$ 的图形如图 1-10 所示，其中 δ 函数图中标注的数值 1 表示其积分值。

3. δ 函数的性质

1）乘积性质

$x(t)$ 为任一连续信号，则有

$$x(t)\delta(t) = x(0)\delta(t) \tag{1-41}$$

$$x(t)\delta(t - t_0) = x(t_0)\delta(t - t_0) \tag{1-42}$$

计算等式左、右两边的取值和面积值，很容易验证上述二式。

2）筛选性质

$$\int_{-\infty}^{\infty} x(t)\delta(t)\mathrm{d}t = x(0) \tag{1-43}$$

$$\int_{-\infty}^{\infty} x(t)\delta(t - t_0)\mathrm{d}t = x(t_0) \tag{1-44}$$

式(1-43)与式(1-44)称为 δ 函数的筛选性质，也称采样性质，用得较多。有些书中将式(1-44)作为 δ 函数的定义式。

3）卷积性质

$$x(t) * \delta(t) = x(t) \tag{1-45}$$

$$x(t) * \delta(t - t_0) = x(t - t_0) \tag{1-46}$$

证　$$x(t) * \delta(t - t_0) = \int_{-\infty}^{\infty} x(\tau)\delta(t - \tau - t_0)\mathrm{d}\tau = x(\tau)\big|_{\tau = t - t_0}$$
$$= x(t - t_0)$$

式(1-45)与式(1-46)称为 δ 函数的卷积性质。卷积性质表明，函数 $x(t)$ 和脉冲函数的卷积的结果，就是将 $x(t)$ 在 t 轴上平移到脉冲发生处。可见，与 δ 函数作卷积运算，就是进行图形搬迁。

例 1-5　求 $x(t) * [\delta(t+T) + \delta(t-T)]$，其中 $x(t)$ 如图 1-11 所示。

解　$$x(t) * [\delta(t+T) + \delta(t-T)] = x(t) * \delta(t+T) + x(t) * \delta(t-T)$$
$$= x(t+T) + x(t-T)$$

4. δ 函数的频谱

将 $\delta(t)$ 进行傅里叶变换

$$\Delta(f) = \int_{-\infty}^{\infty} \delta(t)\mathrm{e}^{-j2\pi ft}\mathrm{d}t = \mathrm{e}^0 = 1 \tag{1-47}$$

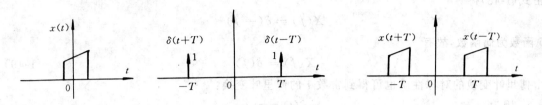

图 1-11　δ 函数的卷积性质

式(1-47)为 δ 函数的频谱,如图 1-12 所示。从图中可知,时域的脉冲函数具有无限宽广的频

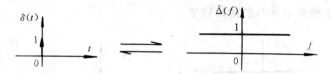

图 1-12　δ 函数及其频谱

谱,而且在所有的频段上都是等强度的。δ 函数的这一频谱特征具有广泛的工程应用价值。如用试验的方法求某一振动系统的固有频率时,常对系统进行各种不同频率的激励(激励的幅值不变),并通过传感器获得系统对不同频率激励的响应。若外激励频率恰好等于系统的固有频率,则响应幅值最大,由此获知系统固有频率。但这种试验方法每改变一次激励频率,就需测试一次,效率很低;而采用脉冲信号输入(例如锤击),只需一次试验,即可获得系统的固有频率,效率较高。日常生活中,敲击西瓜(即脉冲输入,相当于各种频率的谐波信号一次输入进去),听其回声(即西瓜对各种不同频率谐波信号的响应),就可判断西瓜的状态(生或熟)。

对式(1-47)求逆变换得

$$\delta(t) = \int_{-\infty}^{\infty} e^{j2\pi ft} \mathrm{d}f \tag{1-48}$$

对于不满足绝对可积条件的函数,例如常数、复指数函数、正弦函数、余弦函数等,在进行傅里叶变换时,需用到式(1-48),其具体求解过程参见常用信号的傅里叶变换。

四、常用信号的频谱函数

1. 矩形窗函数及其频谱(见例 1-3)

2. δ 函数及其频谱(见式(1-47))

3. 常数函数 $x(t)=1$ 的频谱

由傅里叶变换的定义有

$$X(f) = \int_{-\infty}^{\infty} x(t) e^{-j2\pi ft} \mathrm{d}t = \int_{-\infty}^{\infty} e^{-j2\pi ft} \mathrm{d}t$$

由式(1-48)得

$$X(f) = \delta(-f)$$

δ 函数为偶函数,故有

$$X(f) = \delta(f) \tag{1-49}$$

由傅里叶变换的对称性质也可得到常数 1 的傅里叶变换:

因为 $\qquad\qquad\qquad\qquad\qquad \delta(t) \Longleftrightarrow 1$

所以 $\qquad\qquad\qquad\qquad 1 \Longleftrightarrow \delta(-f) = \delta(f)$

其频谱如图 1-13 所示。常数 1 的傅里叶变换 $\delta(f)$ 为其幅值谱密度,说明仅含有直流成分,其幅值在频率轴上的分布密度为无穷大,但直流成分的幅值仍为有限值 1。很明显,若不引入 δ 函数,则无法描述这种集中分布的函数特征。

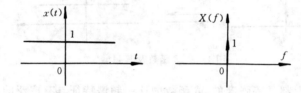

图 1-13　常数及其频谱

4. 复指数函数 $x(t) = \mathrm{e}^{j2\pi f_0 t}$ 的频谱

由傅里叶变换的定义有

$$X(f) = \int_{-\infty}^{\infty} x(t)\mathrm{e}^{-j2\pi ft}\mathrm{d}t = \int_{-\infty}^{\infty} \mathrm{e}^{j2\pi f_0 t}\mathrm{e}^{-j2\pi ft}\mathrm{d}t$$

$$= \int_{-\infty}^{\infty} \mathrm{e}^{-j2\pi(f-f_0)t}\mathrm{d}t$$

根据式(1-48),上式变为

$$X(f) = \delta(f - f_0) \tag{1-50}$$

由傅里叶变换的频移性质也可得到复指数函数的频谱:

因为 $\qquad\qquad\qquad\qquad\qquad 1 \Longleftrightarrow \delta(f)$

所以 $\qquad\qquad\qquad\qquad \mathrm{e}^{j2\pi f_0 t} \times 1 \Longleftrightarrow \delta(f - f_0)$

5. 正弦函数的频谱

由欧拉公式有

$$x(t) = \sin 2\pi f_0 t = j\frac{1}{2}(\mathrm{e}^{-j2\pi f_0 t} - \mathrm{e}^{j2\pi f_0 t})$$

根据式(1-50)得

$$X(f) = j\frac{1}{2}[\delta(f + f_0) - \delta(f - f_0)] \tag{1-51}$$

6. 余弦函数的频谱

由欧拉公式有

$$x(t) = \cos 2\pi f_0 t = \frac{1}{2}(e^{-j2\pi f_0 t} + e^{j2\pi f_0 t})$$

根据式(1-50)得

$$X(f) = \frac{1}{2}[\delta(f + f_0) + \delta(f - f_0)] \tag{1-52}$$

正、余弦函数的频谱如图1-14所示。

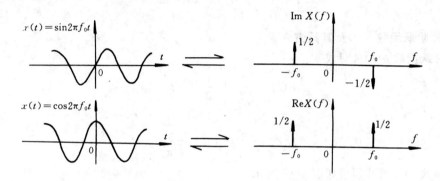

图1-14　正、余弦函数及其频谱

　　正、余弦函数的傅里叶变换均为δ函数(在$\pm f_0$处为无穷大)。这是因为,正、余弦函数只含有单一的频率成分f_0,其幅值为1,幅值沿频率轴的分布密度即为δ函数。

7. 符号函数 sgn(t)及其频谱函数

符号函数 sgn(t)的定义式为

$$\mathrm{sgn}(t) = \begin{cases} -1 & (t < 0) \\ 1 & (t > 0) \end{cases} \tag{1-53}$$

不难看出,$\mathrm{sgn}(t) = u(t) - u(-t) = \lim\limits_{\lambda \to 0} e^{-\lambda|t|}[u(t) - u(-t)]$　$(\lambda > 0)$其频谱函数 SGN(f)为

$$\begin{aligned} \mathrm{SGN}(f) &= \lim_{\lambda \to 0} \int_{-\infty}^{\infty} e^{-\lambda|t|}[u(t) - u(-t)]e^{-j2\pi ft}\mathrm{d}t \\ &= \lim_{\lambda \to 0}\left[\int_{-\infty}^{0} e^{\lambda t}(-1)e^{-j2\pi ft}\mathrm{d}t + \int_{0}^{\infty} e^{-\lambda t}(1)e^{-j2\pi ft}\mathrm{d}t\right] \\ &= \frac{1}{j2\pi f} + \frac{1}{j2\pi f} = \frac{1}{j\pi f} \end{aligned}$$

所以

$$\mathrm{sgn}(t) \Longrightarrow \frac{1}{j\pi f} \tag{1-54}$$

符号函数 sgn(t)及其频谱如图1-15所示。

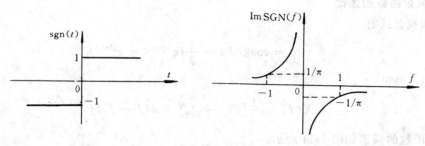

图 1-15　符号函数及其频谱

8. 单位阶跃函数 $u(t)$ 及其频谱

单位阶跃函数 $u(t)$ 可写成

$$u(t) = \frac{1}{2} + \frac{1}{2}\text{sgn}(t)$$

由此可得

$$U(f) = \frac{1}{2}\delta(f) + \frac{1}{j2\pi f} \tag{1-55}$$

单位阶跃函数 $u(t)$ 及其频谱如图 1-16 所示。

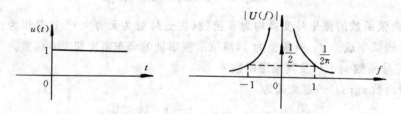

图 1-16　单位阶跃函数及其频谱

9. 一般周期信号的傅里叶变换

一般周期信号 $x(t)$ 既可展成傅里叶级数来表示其频谱特征，即

$$x(t) = \sum_{n=-\infty}^{\infty} c_n e^{jn2\pi f_0 t}$$

也可对 $x(t)$ 求傅里叶变换

$$X(f) = \sum_{n=-\infty}^{\infty} c_n \delta(f - nf_0) \tag{1-56}$$

其频谱的一般图形如图 1-17 所示，为离散谱，含有 δ 函数。

10. 周期单位脉冲序列 $g(t)$ 及其频谱

周期单位脉冲序列 $g(t)$ 的表达式为

$$g(t) = \sum_{n=-\infty}^{\infty} \delta(t - nT_s) \qquad (1\text{-}57)$$

为套用式(1-56)，先求 f_0 及 c_n：

$$f_0 = \frac{1}{T_s} = f_s$$

$$c_n = \frac{1}{T_s} \int_{-T_s/2}^{T_s/2} g(t) \mathrm{e}^{-j2\pi nf_0 t} \mathrm{d}t$$

$$= \frac{1}{T_s} \int_{-T_s/2}^{T_s/2} \delta(t) \mathrm{e}^{-j2\pi nf_0 t} \mathrm{d}t = \frac{1}{T_s}$$

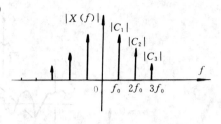

图 1-17　一般周期函数的傅里叶变换谱

所以

$$G(f) = \sum_{n=-\infty}^{\infty} \frac{1}{T_s} \delta(f - nf_s) \qquad (1\text{-}58)$$

周期单位脉冲序列 $g(t)$ 及其频谱如图 1-18 所示。

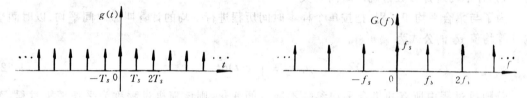

图 1-18　周期单位脉冲序列及其频谱

1-5　随机信号的特征

一、随机信号分类

在 1-2 节信号分类中，已对随机信号进行了分类，现说明如下。

随机信号是非确定性信号，不具有重复性，任何一次测量的结果只代表可能结果之一，但其值的变动仍服从某一统计规律。对随机信号所作的各次长时间观测记录称为样本函数，记作 $x_i(t)$，如图 1-19 所示。全部样本函数的集合就是随机过程，记作 $\{x(t)\}$，即

$$\{x(t)\} = \{x_1(t), x_2(t), x_3(t), \cdots, x_i(t), \cdots\} \qquad (1\text{-}59)$$

随机过程的各种统计平均值（均值、方差、均方值、均方根值和概率密度函数等）是按集合平均来计算的。集合平均是指在集合 $\{x(t)\}$ 中，在某一指定时刻 t_0 时，对所有样本函数的观测值（称为随机变量集合）

$$\{x_1(t_0), x_2(t_0), x_3(t_0), \cdots, x_i(t_0), \cdots\} \qquad (1\text{-}60)$$

取平均。例如，均值 μ_x 的计算公式为

$$\mu_x = \frac{x_1(t_0) + x_2(t_0) + \cdots + x_n(t_0)}{n} \qquad (1\text{-}61)$$

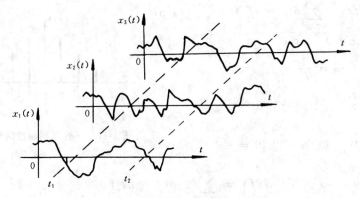

图 1-19　随机过程与样本函数

可见,集合平均统计参数与观测时间有关。

　　为了与集合平均相区别,把按单个样本时间历程进行平均的计算叫做时间平均。以时间平均计算均值 μ_x 的公式为

$$\mu_x = \frac{1}{T} \int_0^T x(t) \mathrm{d}t \tag{1-62}$$

　　若随机过程中所有的集合平均参数不随时间变化,则该随机过程称为平稳随机过程;否则,称为非平稳随机过程。例如,机器在启动与制动阶段的振动信号为非平稳随机信号,机器在平稳运行时的振动信号为平稳随机信号。

　　以均值参数为例,对平稳随机信号有

$$\mu_x(t_1) = \frac{x_1(t_1) + x_2(t_1) + \cdots + x_n(t_1)}{n}$$

$$\mu_x(t_2) = \frac{x_1(t_2) + x_2(t_2) + \cdots + x_n(t_2)}{n}$$

$$\mu_x(t_1) = \mu_x(t_2) = \mu_x$$

对非平稳随机信号则有

$$\mu_x(t_1) \neq \mu_x(t_2)$$

$\mu_x(t)$ 是 t 的函数。

　　在平稳随机过程中,若任一单个样本函数的时间平均统计特征参数等于该过程的集合平均统计特征参数,则这样的平稳随机过程叫做各态历经随机过程。以均值为例,对各态历经随机信号有

$$\mu_x = \frac{x_1(t) + x_2(t) + \cdots + x_n(t)}{n} = \frac{1}{T} \int_0^T x(t) \mathrm{d}t$$

　　　　（集合平均公式）　　　　　　　　（时间平均公式）

可见,对各态历经过程,可以免去对随机物理现象的大量观测,只须对一次观测的样本进行分

析就可以了。

工程上所遇到的随机信号多具有各态历经性，有些虽不是很严格的各态历经过程，但也可以近似地作为各态历经过程来处理。以下若无特殊说明，均指各态历经信号。

二、随机信号的主要特征参数

描述各态历经随机信号的主要特征参数有：

1. 均值、方差、均方值和均方根值

1）均值 μ_x

各态历经信号的均值为

$$\mu_x = \lim_{T \to \infty} \frac{1}{T} \int_0^T x(t) \mathrm{d}t \tag{1-63}$$

式中，$x(t)$ 为样本函数；T 为观测时间。

均值表示信号的常值分量。均值 μ_x 的样本估计为

$$\hat{\mu}_x = \frac{1}{T} \int_0^T x(t) \mathrm{d}t \quad (T \text{ 足够大})$$

2）方差 σ_x^2

方差 σ_x^2 描述随机信号的波动程度，它是由 $x(t)$ 与 μ_x 差值的平方再取平均得到的，即

$$\sigma_x^2 = \lim_{T \to \infty} \frac{1}{T} \int_0^T [x(t) - \mu_x]^2 \mathrm{d}t \tag{1-64}$$

方差的正平方根叫标准差 σ_x，是随机数据分析的重要参数。方差 σ_x^2 的样本估计为

$$\hat{\sigma}_x^2 = \frac{1}{T} \int_0^T [x(t) - \hat{\mu}_x]^2 \mathrm{d}t \quad (T \text{ 足够大})$$

3）均方值 ψ_x^2

均方值 ψ_x^2 描述随机信号的强度，它是 $x(t)$ 平方的均值，即

$$\psi_x^2 = \lim_{T \to \infty} \frac{1}{T} \int_0^T x^2(t) \mathrm{d}t \tag{1-65}$$

均方值 ψ_x^2 的样本估计为

$$\hat{\psi}_x^2 = \frac{1}{T} \int_0^T x^2(t) \mathrm{d}t \quad (T \text{ 足够大})$$

均值、方差和均方值三者之间有下述关系：

$$\sigma_x^2 = \psi_x^2 - \mu_x^2 \tag{1-66}$$

当 $\mu_x = 0$ 时，$\sigma_x^2 = \psi_x^2$。

4）均方根值 x_{rms}

均方根值是均方值的平方根，即

$$x_{rms} = \sqrt{\lim_{T \to \infty} \frac{1}{T} \int_0^T x^2(t) \mathrm{d}t} \tag{1-67}$$

均方根值 x_{rms} 的样本估计为

$$\hat{x}_{rms} = \sqrt{\frac{1}{T}\int_0^T x^2(t)\mathrm{d}t} \quad (T \text{ 足够大})$$

2. 概率密度函数

随机信号的概率密度函数 $p(x)$ 用来描述信号幅值的分布规律，其定义为

$$p(x) = \lim_{\Delta x \to 0}\frac{P[x < x(t) \leqslant x + \Delta x]}{\Delta x} \tag{1-68}$$

近似计算公式为

$$p(x) \approx \frac{P[x < x(t) \leqslant x + \Delta x]}{\Delta x} \quad (\Delta x \text{ 足够小})$$

概率密度函数表示信号 $x(t)$ 的幅值落在单位幅值区间内的概率。图 1-20 所示为某随机过程的一个样本函数，在观察时间 T 内，$x(t)$ 的幅值落在 $(x, x+\Delta x)$ 区间内的时间为

$$T_x = \Delta t_1 + \Delta t_2 + \cdots + \Delta t_n = \sum_{i=1}^n \Delta t_i$$

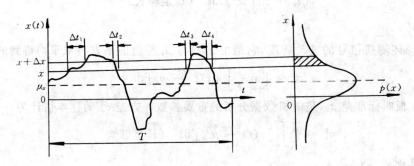

图 1-20　概率密度函数的计算

比值 T_x/T 就是幅值落在 $(x, x+\Delta x)$ 区间内的概率，即

$$P[x < x(t) \leqslant x + \Delta x] \approx T_x/T \quad (T \text{ 足够大}) \tag{1-69}$$

例 1-6　求具有随机初相位 φ 的正弦信号 $x(t) = X\sin(\omega t + \varphi)$ 的概率密度函数 $p(x)$。

解　可以证明具有随机初相位 φ 的正弦信号 $x(t)$ 是各态历经信号。取任一样本函数均可求其概率密度函数。下面以取 $\varphi=0$ 的样本函数为例进行求解。

由于 $X\sin\omega t$ 为一周期信号，取观测时间等于其周期 T。从图 1-21 中可见 $T_x = 2\Delta t$，则

$$p(x) = \lim_{\Delta x \to 0}\frac{1}{\Delta x}\cdot\frac{2\Delta t}{T} = \frac{2}{T}\lim_{\Delta t \to 0}\frac{1}{\Delta x/\Delta t} = \frac{2}{T}\cdot\frac{1}{x'(t)}$$

$$= \frac{2}{T}\cdot\frac{1}{\omega X\cos\omega t} = \frac{2}{2\pi}\cdot\frac{1}{\sqrt{X^2 - (X\sin\omega t)^2}} = \frac{1}{\pi}\cdot\frac{1}{\sqrt{X^2 - x^2}}$$

完整地写为

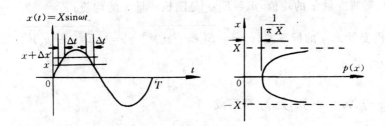

图 1-21 正弦信号的概率密度函数

$$p(x) = \begin{cases} \dfrac{1}{\pi} \dfrac{1}{\sqrt{X^2 - x^2}} & (|x| < X) \\ 0 & (|x| > X) \end{cases} \tag{1-70}$$

其图形如图 1-21 所示。

3. 自相关函数

1)相关的概念

相关是指两个随机变量 x 与 y 之间在统计意义下的线性关系,即 $y = kx + b$。例如,人的体重 y 和人的身高 x 之间虽不是严格符合 $y = kx + b$ 这样的线性函数关系,但是通过大量的统计可以发现,身高高一些的人(x 大)其体重也常常要重一些(y 也大),这两个随机变量之间有一定的线性关系。而人的身高 x 与人爱好集邮的程度 y 之间却基本上没有线性关系,即身高高一些的人不一定更爱集邮,如图 1-22 所示。

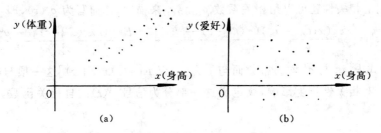

图 1-22 x、y 变量的相关性

(a)相关; (b)不相关

2)相关系数 ρ_{xy}

为了定量地说明随机变量 x 与 y 之间的相关程度,在概率论与数理统计中常用相关系数 ρ_{xy} 表示,其定义式为

$$\rho_{xy} = \frac{E\big[(x - \mu_x)(y - \mu_y)\big]}{\sigma_x \sigma_y} \tag{1-71}$$

式中,E 表示数学期望(即平均值);

$\mu_x = E[x]$ 是随机变量 x 的均值，$\mu_y = E[y]$ 是随机变量 y 的均值；

σ_x、σ_y 是随机变量 x、y 的标准差，$\sigma_x = \sqrt{E[(x-\mu_x)^2]}$，$\sigma_y = \sqrt{E[(y-\mu_y)^2]}$。

相关系数满足

$$-1 \leqslant \rho_{xy} \leqslant 1 \tag{1-72}$$

证　令 $u = x - \mu_x$，$v = y - \mu_y$，则 ρ_{xy} 可写成

$$\rho_{xy} = \frac{E[uv]}{\sqrt{E[u^2]E[v^2]}}$$

由于

$$E[(\lambda u - v)^2] \geqslant 0 \qquad (\lambda \text{ 为任意实数})$$

即

$$\lambda^2 E[u^2] - 2\lambda E[uv] + E[v^2] \geqslant 0$$

这是一个关于 λ 的二次式，其判别式

$$\triangle = b^2 - 4ac = 4(E[uv])^2 - 4E[u^2]E[v^2] \leqslant 0$$

即

$$(E[uv])^2 \leqslant E[u^2]E[v^2]$$

$$|E[uv]| \leqslant \sqrt{E[u^2]E[v^2]}$$

所以

$$-1 \leqslant \rho_{xy} \leqslant 1$$

若 x 与 y 之间严格满足 $y = kx + b$ 的线性函数关系，则 $\rho_{xy} = 1$（若 $k > 0$），或 $\rho_{xy} = -1$（或 $k < 0$）；若 x 与 y 之间完全无关，则 $\rho_{xy} = 0$。

3）自相关函数的定义

设 $\{x(t)\}$ 是各态历经随机过程，$x(t)$ 是其中的一个样本，$x(t+\tau)$ 是 $x(t)$ 时移 τ 后的样本，这两个样本之间的相关性就可以用相关系数 $\rho_{x(t)x(t+\tau)}$ 来描述，常简写为 $\rho_x(\tau)$，即

$$\rho_x(\tau) = \frac{E[(x(t) - \mu_x)(x(t+\tau) - \mu_x)]}{\sigma_x^2} = \frac{E[x(t)x(t+\tau)] - \mu_x^2}{\sigma_x^2} \tag{1-73}$$

在 $\rho_x(\tau)$ 的表达式中，μ_x^2 与 σ_x^2 均为常数而与 τ 无关；仅 $E[x(t)x(t+\tau)]$ 这一项与时移 τ 有关，由于 τ 的变化会对相关性产生影响，故定义这一部分为信号 $x(t)$ 的自相关函数，记为 $R_x(\tau)$，即

$$R_x(\tau) = E[x(t)x(t+\tau)] \tag{1-74}$$

式（1-73）变为

$$\rho_x(\tau) = \frac{R_x(\tau) - \mu_x^2}{\sigma_x^2} \tag{1-75}$$

式（1-74）按时间平均计算的公式为

$$R_x(\tau) = \lim_{T \to \infty} \frac{1}{2T} \int_{-T}^{T} x(t)x(t+\tau)\mathrm{d}t \tag{1-76}$$

4）自相关函数的性质

（1）$R_x(0) = \psi_x^2$（信号的均方值）。

证　　　　　　$R_x(0) = E[x(t)x(t+0)] = E[x^2(t)] = \lim_{T \to \infty} \frac{1}{2T} \int_{-T}^{T} x^2(t)\mathrm{d}t = \psi_x^2$

（2）自相关函数为偶函数，即 $R_x(\tau) = R_x(-\tau)$。

证　　　　　　　　　　　　$R_x(\tau) = E[x(t)x(t+\tau)]$

由于平稳随机信号的统计平均参数与时间无关，故有

$$R_x(\tau) = E[x(t-\tau)x(t+\tau-\tau)] = E[x(t-\tau)x(t)]$$
$$= E[x(t)x(t-\tau)] = R_x(-\tau)$$

（3）$R_x(\tau)$ 在 $\tau = 0$ 处取最大值，即 $R_x(0) \geqslant R_x(\tau)$。

证　　　　　　　　　　$E[(x(t) - x(t+\tau))^2] \geqslant 0$

$$E[x^2(t)] - 2E[x(t)x(t+\tau)] + E[x^2(t+\tau)] \geqslant 0$$

因为　　　　　　　　　　$2R_x(0) - 2R_x(\tau) \geqslant 0$

所以　　　　　　　　　　$R_x(0) \geqslant R_x(\tau)$

上式的物理涵义是，$x(t)$ 与其本身（$\tau = 0$）完全相关，此时，$R_x(0) = \sigma_x^2 + \mu_x^2$，$\rho_x(0) = 1$，而随着 τ 的增加，相关性会减弱。以天气情况为例，10 点钟（即 t 时刻）晴天，则 10 点 1 分钟（$t+\tau_1$ 时刻，$\tau_1 = 1$ 分钟）仍为晴天的可能性比几天后 10 点钟（$t+\tau_2$ 时刻，$\tau_2 =$ 几天）仍为晴天的可能性要大。

（4）若 $x(t)$ 为周期信号，周期为 T，则其自相关函数 $R_x(\tau)$ 也为同一周期的周期函数，即 $R_x(\tau) = R_x(\tau + T)$。

证　　　$R_x(\tau) = E[x(t)x(t+\tau)] = E[x(t)x(t+\tau+T)] = R_x(\tau + T)$

这一性质常称为频率保持性。

例 1-7　求具有随机初相位 φ 的正弦函数 $x(t) = X\sin(\omega t + \varphi)$ 的自相关函数。

解　由于 $x(t)$ 是各态历经信号，可用其任一样本函数 $x(t) = X\sin(\omega t + \varphi)$ 沿时间轴平均。又由于它是一个周期函数，可用一个周期内的平均值代替整个时间轴上的平均值。

$$R_x(\tau) = \lim_{T \to \infty} \frac{1}{2T} \int_{-T}^{T} x(t)x(t+\tau)\mathrm{d}t = \frac{1}{T} \int_0^T X^2 \sin(\omega t + \varphi) \cdot \sin[\omega(t+\tau) + \varphi]\mathrm{d}t$$

$$= \frac{X^2}{2T} \int_0^T \cos(\omega\tau)\mathrm{d}t - \frac{X^2}{2T} \int_0^T \cos(2\omega t + \omega\tau + 2\varphi)\mathrm{d}t$$

上式右端的第二项积分为零，故有

$$R_x(\tau) = \frac{1}{2} X^2 \cos\omega\tau \tag{1-77}$$

可见正弦函数的自相关函数是一个余弦函数（偶函数），在 $\tau = 0$ 处具有最大值。它保留了原信号的幅值信息和频率信息，但丢失了原信号的初始相位信息。

（5）若 $x(t)$ 为一完全随机信号，不含任何周期成分，则 $\lim_{\tau \to \infty} R_x(\tau) = \mu_x^2$（即 τ 很大后，$R_x(\tau)$ 趋于常数，不再呈波动状态）。

证   对于完全随机的信号,当 τ 足够大后,$x(t)$ 与 $x(t+\tau)$ 基本上无关,故 $\lim\limits_{\tau\to\infty}\rho_x(\tau)=0$,由 $\rho_x(\tau)$ 的表达式

$$\rho_x(\tau) = \frac{R_x(\tau) - \mu_x^2}{\sigma_x^2}$$

可知

$$\lim_{\tau\to\infty}R_x(\tau) = \mu_x^2$$

典型信号的自相关函数如图 1-23 所示。

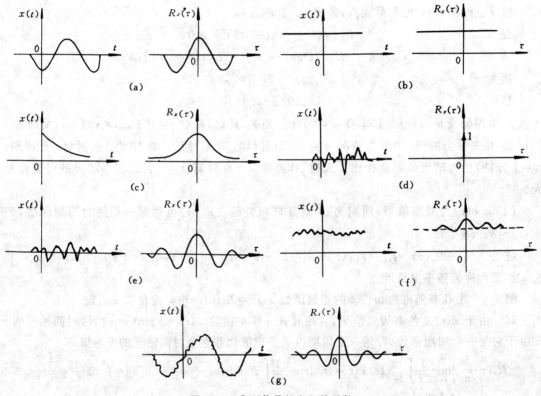

图 1-23　典型信号的自相关函数

(a)正弦;　(b)直流;　(c)指数;　(d)白噪声;

(e)限带白噪声;　(f)直流+白噪声;　(g)正弦+白噪声

图 1-24 是某一机械加工表面粗糙度的波形图,经自相关分析后所得到的自相关图呈现周期性,表明造成粗糙度的原因中含有某种周期因素,从自相关图可以确定该周期因素的频率,从而可以进一步分析其起因。

自相关函数主要用于揭示信号是否含有周期成分。

4. 互相关函数

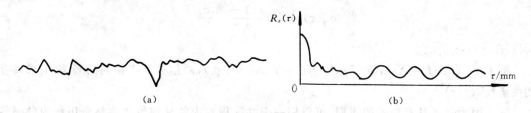

图 1-24 表面粗糙度与自相关函数

(a)粗糙度; (b)自相关函数

1)定义

设 $\{x(t)\}$ 与 $\{y(t)\}$ 为两个各态历经随机过程,$x(t)$ 与 $y(t+\tau)$ 为两个随机样本,其相关性用相关系数 $\rho_{x(t)y(t+\tau)}$ 来描述,常简记为 $\rho_{xy}(\tau)$,即

$$\rho_{xy}(\tau) = \frac{E[(x(t) - \mu_x)(y(t + \tau) - \mu_y)]}{\sigma_x \sigma_y} = \frac{E[x(t)y(t + \tau)] - \mu_x \mu_y}{\sigma_x \sigma_y} \quad (1\text{-}78)$$

在 $P_{xy}(\tau)$ 的表达式中,与 τ 有关的仅是 $E[x(t)y(t+\tau)]$ 这一项,故将其定义为 $x(t)$ 与 $y(t)$ 的互相关函数,并记为 $R_{xy}(\tau)$,即

$$R_{xy}(\tau) = E[x(t)y(t + \tau)] \quad (1\text{-}79)$$

此时式(1-78)变为

$$\rho_{xy}(\tau) = \frac{R_{xy}(\tau) - \mu_x \mu_y}{\sigma_x \sigma_y} \quad (1\text{-}80)$$

对于各态历经信号,用时间平均代替集合平均,式(1-79)可写成

$$R_{xy}(\tau) = \lim_{T \to \infty} \frac{1}{2T} \int_{-T}^{T} x(t)y(t + \tau) \mathrm{d}t \quad (1\text{-}81)$$

2)互相关函数的性质

(1)一般来说互相关函数既不是奇函数,也不是偶函数,但满足 $R_{xy}(\tau) = R_{yx}(-\tau)$。

证 $R_{xy}(\tau) = E[x(t)y(t+\tau)] = E[x(t-\tau)y(t+\tau-\tau)]$ (由平稳信号所得)

$= E[y(t)x(t-\tau)] = R_{yx}(-\tau)$

(2)若 $y(t) = x(t-\tau_0)$,即 $y(t)$ 是 $x(t)$ 延迟 τ_0 后的波形,则 $R_{xy}(\tau_0) \geqslant R_{xy}(\tau)$。

证 $R_{xy}(\tau) = E[x(t)y(t+\tau)] = E[x(t)x(t-\tau_0+\tau)] = R_x(\tau-\tau_0)$

由于 $R_x(\tau)$ 在 $\tau = 0$ 处取最大值,故知在 $\tau = \tau_0$ 时 $R_{xy}(\tau)$ 取最大值,即

$$R_{xy}(\tau_0) \geqslant R_{xy}(\tau)$$

性质(2)说明,若 $x(t)$、$y(t)$ 分别为输入和输出信号,则两信号的互相关函数取最大值的时间 τ_0,即为该主传输通道的滞后时间。

(3)若 $x(t)$ 与 $y(t)$ 完全无关,则 $\lim_{\tau \to \infty} R_{xy}(\tau) = \mu_x \mu_y$。

证 因为 $x(t)$ 与 $y(t)$ 完全无关,则当 $\tau \to \infty$ 时,$\rho_{xy}(\tau) \to 0$,而

$$\rho_{xy}(\tau) = \frac{R_{xy}(\tau) - \mu_x\mu_y}{\sigma_x\sigma_y}$$

所以，$R_{xy}(\tau) \rightarrow \mu_x\mu_y$。

例 1-8　设 $x(t) = X\sin(\omega t + \varphi_x)$，$y(t) = Y\sin(\omega t + \varphi_y)$，两信号具有相同的频率 ω，求其互相关函数 $R_{xy}(\tau)$。

解　因为信号具有相同的周期，可以用一个共同周期内的平均值代替整个历程内的平均值，故

$$R_{xy}(\tau) = \frac{1}{T}\int_0^T X\sin(\omega t + \varphi_x) \cdot Y\sin[\omega(t + \tau) + \varphi_y]dt$$

$$= \frac{XY}{2T}\int_0^T \cos(\omega\tau + \varphi_y - \varphi_x)dt - \frac{XY}{2T}\int_0^T \cos[2\omega t + \omega\tau + \varphi_x + \varphi_y]dt$$

上式右端第二项的积分为零，故

$$R_{xy}(\tau) = \frac{XY}{2}\cos(\omega\tau + \varphi_y - \varphi_x) \tag{1-82}$$

由此例可见，两个均值为零且具有相同频率的周期信号，其互相关函数中保留了这两个信号的圆频率 ω、对应的幅值 X 和 Y 以及相位差值 φ 的信息。

例 1-9　若两个正弦信号的频率不相等，即 $x(t) = X\sin(\omega_x t + \varphi_x)$，$y(t) = Y\sin(\omega_y t + \varphi_y)$，求其互相关函数 $R_{xy}(\tau)$。

解　根据正（余）弦函数的正交性，可知

$$R_{xy}(\tau) = \lim_{T \to \infty}\frac{1}{2T}\int_{-T}^T x(t)y(t + \tau)dt = 0 \tag{1-83}$$

即不同频率的正弦信号不相关。

5. 应用举例

互相关函数的上述性质，使得它在工程上有许多重要的应用价值：在噪声背景下提取有用信息的一个非常有效的手段，举例如下。

(1)图 1-25 中有一不平衡转子引起机器振动，为了寻找不平衡质量 m 及偏心半径 e（总称不平衡量 me），通过拾振器获得信号 $y(t)$。$y(t)$ 中含有不平衡质量引起的谐波振动 $y_1(t)$，也含有周围其他机器通过地基传递过来的的振动 $y_2(t)$，即

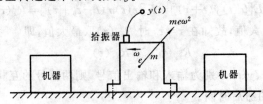

图 1-25　不平衡转子引起机器振动

$$y(t) = y_1(t) + y_2(t)$$

这里 $y_2(t)$ 为干扰噪声。根据线性系统的频率保持性,只有和被测机器转子旋转频率 ω 相同的成分才可能是不平衡质量引起的振动,其他不同频率成分均为干扰。因此,只要将所测信号 $y(t)$ 与 $\sin\omega t$ 进行互相关处理,就可以消除噪声干扰的影响,得到由不平衡质量引起的振动幅值和相位差信息。

(2)图 1-26 为埋在地下的输油管,输油管由于长期使用而在位置 K 处漏油。

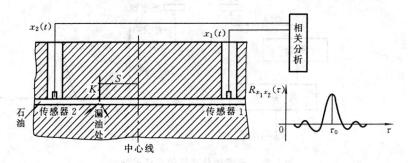

图 1-26　确定输油管裂损位置

漏损处 K 为一振动源,向管道两侧传播声音。在两侧打一通道,分别放置传感器 1 和 2,因为放传感器的两点距漏损处的距离不等,则漏油音响传至两传感器就有时差 τ_0,将检测的 $x_1(t)$ 与 $x_2(t)$ 信号进行互相关处理,$R_{x_1x_2}(\tau)$ 将在 τ_0 处取最大值,由此可确定漏损处的位置:

$$S = \frac{1}{2}v\tau_0$$

式中,S 为两传感器的中点至漏损处的距离;v 为音响通过管道的传播速度。

(3)图 1-27 是测定热轧钢带运动速度的示意图。

钢带表面的反射光经透镜聚焦在相距为 d 的两个光电池上。反射光强度的波动信号,顺次通过两个光电池转换为电信号并进行相关处理。设钢带上某点在两个测点之间经过所需的时间为 τ_0,当可调延时 τ 调至 τ_0 时,互相关函数取最大值。由此得钢带的运动速度:

$$v = d/\tau_0$$

6. 自功率谱密度函数

1)定义

设均值为零的平稳随机信号 $x(t)$ 的自相关函数为 $R_x(\tau)$,且 $R_x(\tau\to\infty)=0$,则定义其傅里叶变换为 $x(t)$ 的自功率谱密度函数,并记为 $S_x(f)$,即

$$S_x(f) = \int_{-\infty}^{\infty} R_x(\tau)\mathrm{e}^{-j2\pi f\tau}\mathrm{d}\tau \tag{1-84}$$

自功率谱密度函数 $S_x(f)$ 常简称为自谱。对式(1-84)取逆变换,得

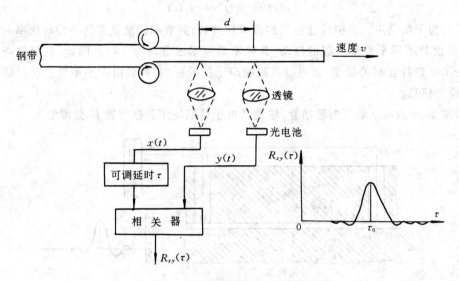

图 1-27　钢带运动速度的非接触测量

$$R_x(\tau) = \int_{-\infty}^{\infty} S_x(f) e^{j2\pi f\tau} df \qquad (1-85)$$

由于 $S_x(f)$ 和 $R_x(\tau)$ 之间是傅里叶变换对的关系,两者是一一对应的,故两者含有完全相同的信息。因为 $R_x(\tau)$ 为实偶函数,$S_x(f)$ 也必为实偶函数。

2)物理意义

在式(1-85)中,令 $\tau=0$ 有

$$R_x(0) = \int_{-\infty}^{\infty} S_x(f) df$$

即

$$\lim_{T\to\infty} \frac{1}{2T}\int_{-T}^{T} x^2(t) dt = \int_{-\infty}^{\infty} S_x(f) df \qquad (1-86)$$

如果 $x(t)$ 是一个电压信号的时间历程,则把这个信号加到 1Ω 的电阻上,其瞬时功率为

$$p(t) = x^2(t)/R = x^2(t) \qquad (1-87)$$

瞬时功率的积分就是信号的总能量。因此式(1-86)左端可看作是信号的平均功率 P_{av}。既然 $S_x(f)$ 曲线(下方)和频率轴所包围的面积就是信号的平均功率,则 $S_x(f)$ 就表示信号的平均功率沿频率轴的分布密度,故称 $S_x(f)$ 为自功率谱密度函数。

3)自谱与幅值谱的关系

(1)帕斯瓦尔定理:

若 $x(t)$ 为一能量有限信号,即 $\int_{-\infty}^{\infty} x^2(t) dt < \infty$,则

$$\int_{-\infty}^{\infty} x^2(t) dt = \int_{-\infty}^{\infty} |X(f)|^2 df \qquad (1-88)$$

式(1-88)称为能量等式,表示在时域中计算的信号总能量等于在频域中计算的信号总能量。

　　证　由频率卷积定理有

$$x(t)x(t) \Longrightarrow X(f) * X(f)$$

即

$$\int_{-\infty}^{\infty} x^2(t)\mathrm{e}^{-j2\pi ft}\mathrm{d}t = \int_{-\infty}^{\infty} X(q)X(f-q)\mathrm{d}q$$

令 $f=0$,得

$$\int_{-\infty}^{\infty} x^2(t)\mathrm{d}t = \int_{-\infty}^{\infty} X(q)X(-q)\mathrm{d}q$$

因为 $X(-q)=\overline{X(q)}$(共轭关系),所以有

$$\int_{-\infty}^{\infty} x^2(t)\mathrm{d}t = \int_{-\infty}^{\infty} |X(f)|^2\mathrm{d}f$$

　　(2)自谱 $S'_x(f)$ 与幅值谱 $|X(f)|$ 的关系:

　　比较式(1-86)与式(1-88)得

$$S_x(f) = \lim_{T\to\infty} \frac{1}{2T}|X(f)|^2 \tag{1-89}$$

即自谱是幅值谱的平方。图 1-28 画出了信号 $x(t)$ 的幅值谱和自谱,由于自谱是幅值谱的平方,故自谱的谱峰比幅值谱的更陡峭。这对于识别信号中的周期成分及提高频率分辨力很有用。因此,在实际信号的谱分析中,自谱比幅值谱应用得更广。

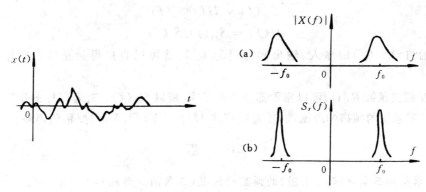

图 1-28　幅值谱与自谱
(a)幅值谱;　(b)自谱

4)应用举例

(1)分析随机信号的频谱结构;

(2)求线性系统的幅频特性 $|H(f)|$。

对于一个线性系统,若输入为 $x(t)$,输出为 $y(t)$,则系统的频率响应函数为 $H(f)$(参见第二章测试装置的基本特性),则

$$Y(f) = H(f)X(f) \tag{1-90}$$

不难证明,输入 $x(t)$、输出 $y(t)$ 的自谱与 $H(f)$ 有如下的关系:

$$S_y(f) = |H(f)|^2 S_x(f) \tag{1-91}$$

$$|H(f)| = \sqrt{S_y(f)/S_x(f)} \tag{1-92}$$

因此,通过输入、输出自谱的分析,就能得出系统的幅频特性 $|H(f)|$。由于自相关丢失了信号的相位信息,因此,自谱也丢失了相位信息。

7. 互功率谱密度函数

1)定义

对信号 $x(t)$ 与 $y(t)$ 的互相关函数 $R_{xy}(\tau)$,当满足 $R_{xy}(\tau \rightarrow \infty) = 0$ 的条件时,进行傅里叶变换,并记为 $S'_{xy}(f)$,将其定义为 $x(t)$ 与 $y(t)$ 的互功率谱密度函数,即

$$S_{xy}(f) = \int_{-\infty}^{\infty} R_{xy}(\tau) e^{-j2\pi f\tau} d\tau \tag{1-93}$$

互功率谱密度函数 $S'_{xy}(f)$ 也常简称为互谱。对式(1-93)取逆变换,得

$$R_{xy}(\tau) = \int_{-\infty}^{\infty} S_{xy}(f) e^{j2\pi f\tau} df \tag{1-94}$$

2)应用

对于理想的单输入、单输出线性系统,可证明有如下关系:

$$S_{xy}(f) = H(f)S_x(f) \tag{1-95}$$

$$H(f) = S_{xy}(f)/S_x(f) \tag{1-96}$$

故由输入的自谱 $S_x(f)$ 的输入、输出和互谱 $S_{xy}(f)$,就可以直接得到系统的频率响应函数 $H(f)$。

由于互相关函数 $R_{xy}(\tau)$ 可以剔除部分干扰噪声,所以 $S_{xy}(f)$ 也有着同样的作用。因此,用式(1-96)计算系统的频率响应函数,比直接用式 $H(f) = Y(f)/X(f)$ 要精确得多。

习　题

1-1　求周期三角波(题 1-1 图)的傅里叶级数(三角函数形式和复指数函数形式),并画出频谱图。

1-2　求周期信号 $x(t)$(题 1-2 图)的傅里叶级数。(提示:$x(t)$ 可看成为周期方波 $x_1(t)$ 与三角波 $x_2(t)$ 的叠加而成)

1-3　求正弦信号 $x(t) = X\sin\omega t$ 的绝对均值 $\mu_{|x|}$ 和均方根值 x_{rms}。

1-4　求指数函数 $x(t) = Ae^{-at}(a>0, t \geqslant 0)$ 的频谱函数,并绘出其幅值谱与相位谱。

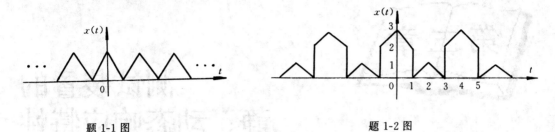

題 1-1 图　　　　　　　　　　　　　　　題 1-2 图

1-5　求被截断的余弦函数 $x(t)$ 的傅里叶变换，$x(t)$ 的表达式为

$$x(t) = \begin{cases} \cos\omega_0 t & (|t| < T/2) \\ 0 & (|t| \geqslant T/2) \end{cases}$$

（提示：设 $x(t) = w_R(t) \cdot \cos\omega_0 t$，$w_R(t)$ 为窗函数，然后用卷积定理）

1-6　求指数衰减振荡信号 $x(t) = e^{-at}\sin\omega_0 t$ 的频谱函数。

1-7　已知信号 $x(t)$ 的傅里叶变换为 $X(f)$，求 $x(t)\cos 2\pi f_0 t$ 的傅里叶变换。

1-8　求函数 $x(t) = \dfrac{1}{2}\left[\delta(t+a) + \delta(t-a) + \delta\left(t+\dfrac{a}{2}\right) + \delta\left(t-\dfrac{a}{2}\right)\right]$ 的傅里叶变换。

1-9　求题 1-9 图所示三角形脉冲的频谱函数。

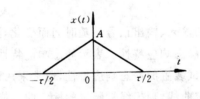

題 1-9 图

1-10　求初始相位为随机变量的余弦函数 $x(t) = X\cos(\omega t + \varphi)$ 的自相关函数。

1-11　求图示周期三角波的概率密度函数 $p(x)$。

1-12　求图示周期方波的概率密度函数 $p(x)$。

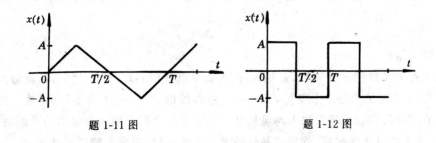

題 1-11 图　　　　　　　　　　　　　題 1-12 图

测试装置的静、动态响应特性

测试装置是执行测试任务的仪器和设备的总称。当测试的目的、要求不同时,所用的测试装置差别很大。简单的温度测试装置只需一个液柱式温度计,但较完整的动刚度测试系统,则仪器多且复杂。本章所指的测试装置可以小到传感器,大到整个测试系统。

测试装置的特性直接影响到测试结果的正确性。因此,在测试之前,应对所选用测试装置的基本特性有足够的了解。

本章主要讨论测试装置的静态响应特性和动态响应特性。

2-1 测试装置的静态响应特性

如果测量时,测试装置的输入、输出信号不随时间而变化,则称为静态测量。静态测量时,装置表现出的响应特性称为静态响应特性。表示静态响应特性的参数,主要有灵敏度、非线性度和回程误差。为了评定测试装置的静态响应特性,通常采用静态测量的方法求取输入-输出关系曲线;作为该装置的标定曲线。理想线性装置的标定曲线应该是直线,但由于各种原因,实际测试装置的标定曲线并非如此。因此,一般还要按最小二乘法原理求出标定曲线的拟合直线。

一、灵敏度

当测试装置的输入 x 有一增量 Δx(图 2-1),引起输出 y 发生相应的变化 Δy 时,则定义

$$S = \frac{\Delta y}{\Delta x} \tag{2-1}$$

为该装置的灵敏度。

线性装置的灵敏度 S 为常数,是输入-输出关系直线的斜率,斜率越大,其灵敏度就越高。非线性装置的灵敏度 S 是一个变量,即 x-y 关系曲线的斜率,输入量不同,灵敏度就不同,通常用拟合直线的斜率表示装置的平均灵敏度。灵敏度的量纲由输入和输出的量纲决定。应该注意的是,装置的灵敏度越高,就越容易受外界干扰的影响,即装置的稳定性越差。

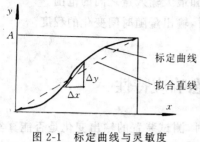

图 2-1　标定曲线与灵敏度

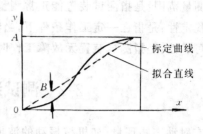

图 2-2　标定曲线与非线性度

二、非线性度

标定曲线与拟合直线的偏离程度就是非线性度。若在标称(全量程)输出范围 A 内,标定曲线偏离拟合直线的最大偏差为 B,则定义非线性度为(如图 2-2 所示)

$$非线性度 = \frac{B}{A} \times 100\% \qquad (2-2)$$

可见,非线性度的大小与拟合直线的拟合方法有关。除了最小二乘法外,还有其他一些拟合方法。

三、回程误差

实际测试装置在输入量由小增大和由大减小的测试过程中,对应于同一个输入量往往有不同的输出量。在同样的测试条件下,若在全量程输出范围内,对于同一个输入量所得到的两个数值不同的输出量之间差值最大者为 h_{max},则定义回程误差为(如图 2-3 所示)

$$回程误差 = \frac{h_{max}}{A} \times 100\% \qquad (2-3)$$

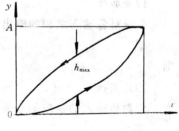

图 2-3　回程误差

回程误差是由迟滞现象产生的,即由于装置内部的弹性元件、磁性元件的滞后特性以及机械部分的摩擦、间隙、灰尘积塞等原因造成的。

四、静态响应特性的其他描述

描述测试装置的静态响应特性还有其他一些术语,现分述如下:

精度:是与评价测试装置产生的测量误差大小有关的指标。

灵敏阈:又称为死区,用来衡量测量起始点不灵敏的程度。

分辨力:是指能引起输出量发生变化时输入量的最小变化量,表明测试装置分辨输入量微小变化的能力。

测量范围:是指测试装置能正常测量最小输入量和最大输入量之间的范围。

稳定性:是指在一定工作条件下,当输入量不变时,输出量随时间变化的程度。

可靠性:是指测试装置无故障工作时间的长短。

2-2　测试装置的动态响应特性

在对动态物理量(如机械振动的波形)进行测试时,测试装置的输出变化是否能真实地反映输入变化,则取决于测试装置的动态响应特性。系统的动态响应特性一般通过描述系统的微分方程、传递函数、频率响应函数等数学模型来进行研究。

一、传递函数

1. 线性定常系统及其主要性质

测试装置用于动态测量时,输入 $x(t)$ 与输出 $y(t)$ 均随时间变化,一般可用下述线性微分方程来描述:

$$a_n y^{(n)}(t) + a_{n-1} y^{(n-1)}(t) + \cdots + a_1 y'(t) + a_0 y(t)$$
$$= b_m x^{(m)}(t) + b_{m-1} x^{(m-1)}(t) + \cdots + b_1 x'(t) + b_0 x(t) \tag{2-4}$$

当 $a_0, a_1, \cdots, a_n$ 和 $b_0, b_1, \cdots, b_m$ 均为常数时,式(2-4)描述的测试装置称为线性定常系统。一般测试装置都是线性定常系统。

线性定常系统有下列重要性质:

1)叠加性

系统对各输入之和的输出等于各单个输入所得输出之和,即

若 $\qquad\qquad\qquad x_1(t) \longrightarrow y_1(t), \quad x_2(t) \longrightarrow y_2(t)$

则 $\qquad\qquad\qquad x_1(t) \pm x_2(t) \longrightarrow y_1(t) \pm y_2(t) \tag{2-5}$

2)比例性

常数倍输入的输出等于原输入所得输出的常数倍,即

若 $\qquad\qquad\qquad x(t) \longrightarrow y(t)$

则 $\qquad\qquad\qquad ax(t) \longrightarrow ay(t) \quad (a \text{ 为常数}) \tag{2-6}$

3)微分性

系统对原输入微分的响应等于原输出的微分,即

若 $\qquad\qquad\qquad x(t) \longrightarrow y(t)$

则 $\qquad\qquad\qquad x'(t) \longrightarrow y'(t) \tag{2-7}$

4)积分性

当初始条件为零时,系统对原输入积分的响应等于原输出的积分,即

若 $\qquad\qquad\qquad x(t) \longrightarrow y(t)$

则
$$\int_0^t x(t)\mathrm{d}t \longrightarrow \int_0^t y(t)\mathrm{d}t \qquad (2\text{-}8)$$

5)频率保持性

若输入为某一频率的谐波信号,则线性定常系统(测试装置)的稳态输出将为同一频率的谐波信号,即

若
$$x(t) = X\cos(\omega t + \varphi_x)$$

则
$$y(t) = Y\cos(\omega t + \varphi_y) \qquad (2\text{-}9)$$

证 设 $x(t) \longrightarrow y(t)$

则
$$\omega^2 x(t) \longrightarrow \omega^2 y(t) \quad \text{(根据比例性)}$$

$$x''(t) \longrightarrow y''(t) \quad \text{(根据微分性)}$$

$$[x''(t) + \omega^2 x(t)] \longrightarrow [y''(t) + \omega^2 y(t)] \quad \text{(根据叠加性)}$$

又由于 $x(t) = X\cos(\omega t + \varphi_x)$,所以有

$$x''(t) = -\omega^2 X\cos(\omega t + \varphi_x) = -\omega^2 x(t)$$

即
$$x''(t) + \omega^2 x(t) = 0$$

相应的输出为

$$y''(t) + \omega^2 y(t) = 0$$

则其唯一解为

$$y(t) = Y\cos(\omega t + \varphi_y)$$

频率保持性在动态测量中具有十分重要的作用。例如,在稳态正弦激振试验时,响应信号中只有与激励频率相同的成分才是由该激励引起的振动,而其他频率成分皆为干扰噪声,应予以剔除。

2. 传递函数

在微分方程(2-4)中含有描述测试装置动态响应特性的信息,但直接考察微分方程的特性比较困难。由于拉普拉斯变换是一种线性变换,故对微分方程(2-4)两边取拉普拉斯变换不会丢失原方程中所含的任何信息,由此引出传递函数的概念。

对微分方程(2-4)两边取拉普拉斯变换,得

$$(a_n s^n + a_{n-1}s^{n-1} + \cdots + a_1 s + a_0)Y(s) = (b_m s^m + b_{m-1}s^{m-1} + \cdots + b_1 s + b_0)X(s)$$

$$(2\text{-}10)$$

将输出量 $y(t)$ 的拉普拉斯变换 $Y(s)$ 与输入量 $x(t)$ 的拉普拉斯变换 $X(s)$ 之比 $Y(s)/X(s)$ 定义为系统的传递函数,并记为 $H(s)$,即

$$H(s) = \frac{Y(s)}{X(s)} = \frac{b_m s^m + b_{m-1}s^{m-1} + \cdots + b_1 s + b_0}{a_n s^n + a_{n-1}s^{n-1} + \cdots + a_1 s + a_0} \qquad (2\text{-}11)$$

传递函数(2-11)与微分方程(2-4)两者完全等价,可以相互转化。考察传递函数(2-11)所具有的基本特性,比考察微分方程(2-4)的基本特性要容易得多。这是因为传递函数(2-11)是

一个代数有理分式函数,其特性容易识别与研究。

式(2-11)中分母 s 的幂次 n 表示系统的阶次,如 $n=1$ 或 2,分别称为一阶系统或二阶系统。传递函数有以下几个特点:

(1)$H(s)$ 和输入 $x(t)$ 的具体表达式无关。

传递函数 $H(s)$ 用于描述系统本身固有的特性,与 $x(t)$ 的表达式无关。$x(t)$ 不同时,$y(t)$ 的表达式也不同,但二者拉普拉斯变换的比值始终保持为 $H(s)$。

(2)不同的物理系统可以有相同的传递函数。

各种具体的物理系统,只要具有相同的微分方程,其传递函数也就相同,即同一个传递函数可表示不同的物理系统。例如,液柱温度计和简单的 RC 低通滤波器同是一阶系统,具有相同的传递函数;动圈式电表、振动子、弹簧-质量-阻尼系统和 RLC 振荡电路都是二阶系统,具有相同的传递函数。

(3)传递函数与微分方程等价。

由于拉普拉斯变换是一一对应变换,不丢失任何信息,故传递函数与微分方程等价。

二、常见测试装置的传递函数

1. 一阶系统

(1)图 2-4 所示为一液柱式温度计。

设 $x(t)$ 表示被测温度,$y(t)$ 表示示值温度,C 表示温度计温包的热容量,R 表示传导介质的热阻,则由热力学可建立下列方程:

$$\frac{x(t)-y(t)}{R}=C\frac{\mathrm{d}y(t)}{\mathrm{d}t}$$

即

$$RCy'(t)+y(t)=x(t) \tag{2-12}$$

令 $\tau=RC$,并对上式两边取拉普拉斯变换,得

$$\tau sY(s)+Y(s)=X(s)$$

由此可得其传递函数为

$$H(s)=\frac{Y(s)}{X(s)}=\frac{1}{\tau s+1} \tag{2-13}$$

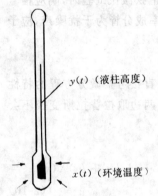

图 2-4   液柱式温度计

（其中图中标注：$y(t)$（液柱高度）、$x(t)$（环境温度））

(2)图 2-5 所示为一简单 RC 低通滤波电路。$x(t)$ 为加在 RC 串联电路上的总电压,$y(t)$ 为电容 C 两端的电压。由克希霍夫电压定律,有

$$V_R(t)+y(t)=x(t)$$

式中,$V_R(t)=Ri(t)$ 为电阻两端的压降;$i(t)=Cy'(t)$。

由此得

$$RCy'(t) + y(t) = x(t) \qquad (2\text{-}14)$$

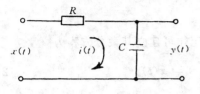

图 2-5　简单 RC 低通滤波电路　　　　图 2-6　质量可忽略不计的
单自由度振动系统

令 $\tau = RC$，并对上式两边取拉普拉斯变换，得

$$H(s) = \frac{Y(s)}{X(s)} = \frac{1}{\tau s + 1} \qquad (2\text{-}15)$$

比较式(2-13)与式(2-15)可见，液柱式温度计与简单 RC 低通滤波电路具有形式完全相同的传递函数，都属于一阶系统。

(3)图 2-6 所示为质量可忽略不计的单自由度振动系统，用牛顿定律建立微分方程，同样可得形如式(2-13)形式的传递函数。

2. 二阶系统

(1)在笔式记录仪和光线示波器的动圈式振子中，固定的永久磁铁所形成的磁场和通电线圈所形成的动圈磁场相互作用，产生电磁转矩使线圈偏转，如图 2-7 所示。由动量矩定理可建立该系统的运动方程为

$$J\frac{\mathrm{d}^2\theta}{\mathrm{d}t^2} + c\frac{\mathrm{d}\theta}{\mathrm{d}t} + k_\theta\theta(t) = k_i i(t) \qquad (2\text{-}16)$$

式中，$i(t)$ 为输入动圈的电流信号；$\theta(t)$ 为振子(动圈)的角位移输出信号；J 为转动部分的转动惯量；c 为阻尼系数；k_θ 为游丝的扭转刚度；k_i 为电磁转矩系数，与动圈绕组在气隙中的有效面积、匝数和磁感应强度等有关。

对式(2-16)两边取拉普拉斯变换后，可求得

$$
\begin{aligned}
H(s) &= \frac{\Theta(s)}{I(s)} = \frac{k_i}{Js^2 + cs + k_\theta}\\[6pt]
&= \frac{k_i/J}{s^2 + sc/J + k_\theta/J}\\[6pt]
&= s'\,\frac{\omega_n^2}{s^2 + 2\zeta\omega_n s + \omega_n^2} \qquad (2\text{-}17)
\end{aligned}
$$

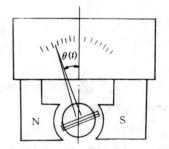

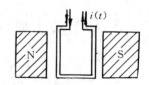

图 2-7　动圈式仪表振子的
工作原理

式中，$\omega_n = \sqrt{k_\theta / J}$ 为系统的固有频率；$\zeta = c/(2\sqrt{k_\theta J})$ 为系统的阻尼比；$S' = k_i/k_\theta$ 为系统的灵敏度。

由式(2-17)可见，动圈式振子是二阶系统。

(2)图 2-8 所示为典型的 m-c-k 系统。由牛顿第二定律可建立其微分方程为

$$m\frac{\mathrm{d}^2 y(t)}{\mathrm{d}t^2} + c\frac{\mathrm{d}y(t)}{\mathrm{d}t} + ky(t) = x(t) \tag{2-18}$$

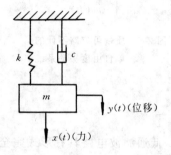

图 2-8　m-c-k 系统

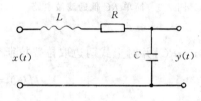

图 2-9　RLC 振荡电路

两边取拉普拉斯变换后可求得

$$H(s) = \frac{Y(s)}{X(s)} = \frac{1}{ms^2 + cs + k}$$

$$= s\frac{\omega_n^2}{s^2 + 2\zeta\omega_n s + \omega_n^2} \tag{2-19}$$

式中，$\omega_n = \sqrt{k/m}$ 为振动系统的固有频率；$\zeta = c/(2\sqrt{mk})$ 为振动系统的阻尼比；$s = 1/k$ 为振动系统的灵敏度。

(3)图 2-9 所示为 RLC 振荡电路。由克希霍夫定律建立其微分方程，然后两边取拉普拉斯变换，可求得形如式(2-17)形式的传递函数，该振荡电路亦为二阶系统。

三、环节的串联和并联

1. 串联

图 2-10 所示为由两传递函数分别为 $H_1(s)$ 与 $H_2(s)$ 的环节串联而成的(测试)系统。

串联系统的传递函数为

$$H(s) = \frac{Y(s)}{X(s)} = \frac{Z(s)}{X(s)} \cdot \frac{Y(s)}{Z(s)} = H_1(s)H_2(s) \tag{2-20}$$

一般地，对由 n 个环节串联而成的系统，有

$$H(s) = \prod_{i=1}^{n} H_i(s) \tag{2-21}$$

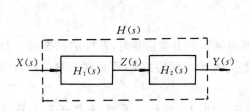

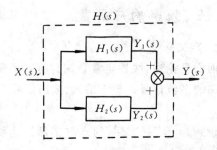

图 2-10　两个环节的串联　　　　　　　　图 2-11　两个环节的并联

2. 并联

图 2-11 所示为由两传递函数分别为 $H_1(s)$ 与 $H_2(s)$ 的环节并联而成的(测试)系统。

并联系统的传递函数为

$$H(s) = \frac{Y(s)}{X(s)} = \frac{Y_1(s) + Y_2(s)}{X(s)}$$

$$= H_1(s) + H_2(s) \tag{2-22}$$

一般地,对由 n 个环节并联而成的系统,有

$$H(s) = \sum_{i=1}^{n} H_i(s) \tag{2-23}$$

四、高阶系统的传递函数

高阶系统的传递函数的一般形式为

$$H(s) = \frac{b_m s^m + b_{m-1} s^{m-1} + \cdots + b_1 s + b_0}{a_n s^n + a_{n-1} s^{n-1} + \cdots + a_1 s + a_0} \tag{2-24}$$

一般测试装置都是稳定系统,分母多项式的次数 n 恒大于分子多项式的次数 m,即 $n>m$,且 $H(s)$ 的分母多项式的所有根均具有负实部。设

$$a_n s^n + a_{n-1} s^{n-1} + \cdots + a_1 s + a_0 = a_n \prod_{i=1}^{r} (s - p_i) \prod_{i=1}^{(n-r)/2} (s^2 + 2\zeta_i \omega_{ni} s + \omega_{ni}^2)$$

则式(2-24)可改写为(按部分分式展开)

$$H(s) = \sum_{i=1}^{r} \frac{q_i}{s - p_i} + \sum_{i=1}^{(n-r)/2} \frac{\alpha_i s + \beta_i}{s^2 + 2\zeta_i \omega_{ni} s + \omega_{ni}^2} \tag{2-25}$$

式(2-25)表明,高阶系统总可以看成是若干个一阶、二阶系统的并联。所以,研究一阶、二阶系统的基本特性就显得十分重要。

五、频率响应函数

1. 定义

前面已论述,线性定常系统具有频率保持性,即当输入为谐波信号时,系统的稳态输出为同频率的谐波信号。至于输入、输出信号两者的幅值与相位之间的关系,可由频率响应函数确定。

设 $x(t) = X \mathrm{e}^{j(\omega t + \varphi_x)}$(约定取实部),由线性定常系统的频率保持性可知,系统的稳态输出 $y(t)$ 的表达式必为 $y(t) = Y \mathrm{e}^{j(\omega t + \varphi_y)}$。将 $x(t)$ 与 $y(t)$ 的表达式代入微分方程(2-4)中并整理后,可得

$$[a_n(j\omega)^n + a_{n-1}(j\omega)^{n-1} + \cdots + a_1(j\omega) + a_0]Y\mathrm{e}^{j(\omega t + \varphi_y)}$$
$$= [b_m(j\omega)^m + b_{m-1}(j\omega)^{m-1} + \cdots + b_1(j\omega) + b_0]X\mathrm{e}^{j(\omega t + \varphi_x)}$$

上式可改写为

$$\frac{Y}{X}\mathrm{e}^{j(\varphi_y - \varphi_x)} = \frac{b_m(j\omega)^m + b_{m-1}(j\omega)^{m-1} + \cdots + b_1(j\omega) + b_0}{a_n(j\omega)^n + a_{n-1}(j\omega)^{n-1} + \cdots + a_1(j\omega) + a_0} \tag{2-26}$$

式(2-26)定义为系统的频率响应函数。不难看出,频率响应函数就是在传递函数 $H(s)$ 中将 s 换为 $j\omega$ 而得。因此,频率响应函数常记为 $H(j\omega)$,有时也简写成 $H(\omega)$,即

$$H(j\omega) = \frac{b_m(j\omega)^m + \cdots + b_0}{a_n(j\omega)^n + \cdots + a_0} \tag{2-27}$$

2. 频率响应函数的意义

从式(2-26)可见:

$$|H(j\omega)| = \frac{Y}{X} \tag{2-28}$$

$$\angle H(j\omega) = \varphi_y - \varphi_x \tag{2-29}$$

式(2-28)说明,频率响应函数的模为谐波输出的幅值与谐波输入的幅值之比;式(2-29)说明,频率响应函数的相位为谐波输出的相位与谐波输入的相位之差。因为频率响应函数描述了谐波输入与谐波输出之间幅值与相位的变化(频率保持不变),因此频率响应函数也常被称为谐波传递函数。

如将 $H(j\omega)$ 的实部和虚部分开,并记作

$$H(j\omega) = P(\omega) + jQ(\omega) \tag{2-30}$$

其中 $P(\omega)$ 和 $Q(\omega)$ 都是 ω 的实函数。以频率 ω 为横坐标,以 $P(\omega)$ 和 $Q(\omega)$ 为纵坐标所绘的图形分别称为系统的实频特性图与虚频特性图。

又若将 $H(j\omega)$ 写成

$$H(j\omega) = A(\omega)\mathrm{e}^{j\varphi(\omega)} \tag{2-31}$$

其中,
$$A(\omega) = |H(j\omega)| = \sqrt{P^2(\omega) + Q^2(\omega)} \tag{2-32}$$

$$\varphi(\omega) = \angle H(j\omega) = \arctan\frac{Q(\omega)}{P(\omega)} \tag{2-33}$$

式(2-32)称为系统的幅频特性,以 ω 为横坐标,以 $A(\omega)$ 为纵坐标所绘的图形称为系统的幅频特性图;式(2-33)称为系统的相频特性,以 ω 为横坐标,以 $\varphi(\omega)$ 为纵坐标所绘的图形称为系统的相频特性图。

3. 常见测试装置的频率响应函数

1)一阶系统

一阶系统传递函数的标准形式为(设灵敏度 $S=1$)

$$H(s) = \frac{1}{\tau s + 1}$$

令 $s = j\omega$,得一阶系统的频率响应函数为

$$H(j\omega) = \frac{1}{\tau j\omega + 1}$$

其幅频和相频特性分别为

$$A(\omega) = |H(j\omega)| = \frac{1}{\sqrt{1 + (\tau\omega)^2}} \tag{2-34}$$

$$\varphi(\omega) = \angle H(j\omega) = -\arctan(\tau\omega) \tag{2-35}$$

按式(2-34)及式(2-35)所绘的一阶系统的幅频特性和相频特性曲线如图 2-12 所示。

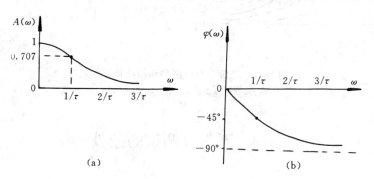

图 2-12　一阶系统的幅频和相频特性曲线

(a)幅频特性曲线；　(b)相频特性曲线

从图 2-12 可以看出,一阶系统的幅频特性曲线中 $A(\omega)$ 和 $\varphi(\omega)$ 随着频率 ω 的增加而单调减小,衰减很快,故一阶系统具有低通滤波的特性。

2)二阶系统

二阶系统传递函数的标准形式为(设灵敏度 $S=1$)

$$H(s) = \frac{\omega_n^2}{s^2 + 2\zeta\omega_n s + \omega_n^2}$$

令 $s = j\omega$ 代入上式并整理后,得二阶系统的频率响应函数为

$$H(j\omega) = \frac{1}{1 - (\omega/\omega_n)^2 + 2j\zeta\omega/\omega_n}$$

其幅频特性和相频特性分别为

$$A(\omega) = |H(j\omega)| = \frac{1}{\sqrt{[1 - (\omega/\omega_n)^2]^2 + 4\zeta^2(\omega/\omega_n)^2}} \tag{2-36}$$

$$\varphi(\omega) = \angle H(j\omega) = -\arctan\frac{2\zeta\omega/\omega_n}{1 - (\omega/\omega_n)^2} \tag{2-37}$$

按式(2-36)及式(2-37)所画的二阶系统的幅频特性和相频特性曲线如图 2-13 所示。曲线的形状依 ζ 的取值不同而异。

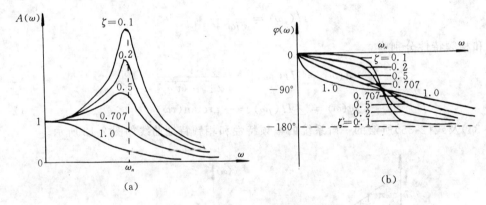

图 2-13　二阶系统的幅频和相频特性曲线

(a)幅频特性曲线；　(b)相频特性曲线

2-3　不失真测试的条件

一、定义

设测试装置的输入 $x(t)$ 与输出 $y(t)$ 满足方程

$$y(t) = A_0 x(t - t_0) \tag{2-38}$$

式中,A_0 和 t_0 均为常量,则称此测试装置为不失真测试装置。可见,对于不失真测试装置,输出与输入相比较,只是幅值放大了 A_0 倍,时间延迟了 t_0 而已,其波形完全相似。

对式(2-38)两边取拉普拉斯变换,得

$$Y(s) = A_0 e^{-st_0} X(s)$$

于是得不失真测试装置的传递函数为

$$H(s) = \frac{Y(s)}{X(s)} = A_0 e^{-t_0 s} \tag{2-39}$$

频率响应函数为

$$H(j\omega) = A_0 e^{-jt_0 \omega} \tag{2-40}$$

其幅频与相频特性分别为

$$A(\omega) = |H(j\omega)| = A_0 \qquad （常数） \tag{2-41}$$

$$\varphi(\omega) = \angle H(j\omega) = -t_0 \omega \qquad （直线） \tag{2-42}$$

可见,要实现不失真测试,测试装置的幅频特性应为常数,相频特性应为直线(线性)。$A(\omega)$不等于常量引起的失真称为幅值失真,$\varphi(\omega)$与ω之间的非线性关系引起的失真称为相位失真。

二、测试装置的不失真测试的频率范围

实际测试装置在$\omega \in (0, \infty)$的整个频率轴上并不满足式(2-41)与式(2-42)两个不失真测试的条件,但在一定频段上却可视为近似满足,下面将加以讨论。

1. 一阶装置不失真测试的频率范围

从一阶装置的幅频、相频特性曲线图 2-12(b)中可看出,当$\omega = 1/\tau$时,$A(\omega)$已衰减了近30%,故实际不失真测试的频率范围为$\omega \in (0, \omega_{max})$,且$\omega_{max} < 1/\tau$。显而易见,一阶装置的时间常数$\tau$愈小,不失真测试的频率范围愈宽。

2. 二阶装置不失真测试的频率范围

计算表明,当二阶装置的阻尼比$\zeta = 0.7$时,在$\omega \in (0, 0.58\omega_n)$的频率范围内,幅频特性$A(\omega)$的变化不超过 5%,同时相频特性$\varphi(\omega)$也接近于直线,产生的相位失真也很小。从不失真测试的角度看,二阶装置的固有频率ω_n愈大,则不失真测试的频率范围愈宽。但ω_n增大,往往是靠加大系统的刚度k来实现的($\omega_n = \sqrt{k/m}$),系统的灵敏度$S \propto 1/k$(参见式(2-19)中的S的表达式),所以ω_n增大会导致测试装置的灵敏度下降。故选用时,只要固有频率足够用即可,不要一味追求高固有频率。

2-4 测试装置对典型输入信号的响应

一、单位脉冲输入及其响应

若输入为单位脉冲信号,即$x(t) = \delta(t)$,则$X(s) = 1$,此时$Y(s) = H(s)X(s) = H(s)$,故有

$$y(t) = L^{-1}[Y(s)] = L^{-1}[H(s)] = h(t) \tag{2-43}$$

可见,单位脉冲响应函数为系统传递函数的拉普拉斯逆变换,记为$h(t)$。

1. 一阶装置的脉冲响应函数

一阶装置传递函数(标准形式)为

$$H(s) = \frac{1}{\tau s + 1}$$

容易求得

$$h(t) = \frac{1}{\tau} e^{-t/\tau} \tag{2-44}$$

其图形如图 2-14 所示。

2. 二阶装置的脉冲响应函数

二阶装置传递函数（标准形式）为

$$H(s) = \frac{\omega_n^2}{s^2 + 2\xi \omega_n s + \omega_n^2}$$

对上式取拉普拉斯逆变换得

$$h(t) = \frac{\omega_n}{\sqrt{1 - \zeta^2}} e^{-\zeta \omega_n t} \sin(\sqrt{1 - \zeta^2} \omega_n t) \quad (\zeta < 1) \tag{2-45}$$

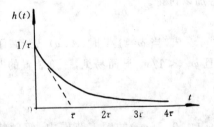

图 2-14　一阶装置的脉冲响应图形

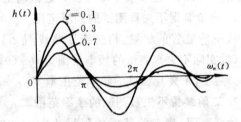

图 2-15　二阶装置的脉冲响应图形

其图形如图 2-15 所示。

二、单位阶跃输入及其响应

若输入为单位阶跃信号，即 $x(t) = u(t)$，则 $X(s) = \dfrac{1}{s}$，此时 $Y(s) = H(s)X(s) = \dfrac{1}{s} H(s)$，故有

$$y(t) = L^{-1}[Y(s)] = L^{-1}\left[\frac{1}{s} H(s)\right] \tag{2-46}$$

1. 一阶装置的阶跃响应

$$y(t) = L^{-1}\left[\frac{1}{s} \cdot \frac{1}{\tau s + 1}\right] = 1 - e^{-t/\tau} \tag{2-47}$$

其图形如图 2-16 所示。从图中可见，在 $t = \tau$ 时，$y(t) = 0.632$；$t = 4\tau$ 时，$y(t) = 0.982$；$t = 5\tau$ 时，$y(t) = 0.993$。理论上系统的响应只在 t 趋向于无穷大时才达到稳态值。但实际上当 $t = 4\tau$ 时，其输出与稳态输出的误差已小于 2%，可以认为系统已达到稳态。一阶装置的时间常数 τ 愈

小,达到稳态的时间愈短。

2. 二阶装置的阶跃响应

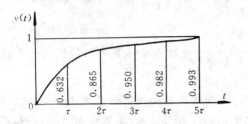

图 2-16 一阶装置的阶跃响应

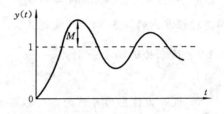

图 2-17 欠阻尼二阶装置的阶跃响应

$$y(t) = L^{-1}\left[\frac{1}{s} \cdot \frac{\omega_n^2}{s^2 + 2\zeta\omega_n s + \omega_n^2}\right]$$

$$= 1 - \frac{e^{-\zeta\omega_n t}}{\sqrt{1-\zeta^2}}\sin(\sqrt{1-\zeta^2}\omega_n t + \varphi) \tag{2-48}$$

其中,$\varphi = \arctan(\sqrt{1-\zeta^2}/\zeta)$。$y(t)$ 的波形如图 2-17 所示。对式(2-48)求极大值,可得最大超调量 M 和阻尼比 ζ 的关系式,即

$$M = e^{-\zeta\pi/\sqrt{1-\zeta^2}} \tag{2-49}$$

或

$$\zeta = \sqrt{\frac{1}{(\pi/\ln M)^2 + 1}} \tag{2-50}$$

因此,通过实验测得 M 后,便可按上式算得阻尼比 ζ。

习　题

2-1　进行某次动态压力测量时,所采用的压电式力传感器的灵敏度为 90.9nC/MPa,将它与增益(灵敏度)为 0.005V/nC 的电荷放大器相连,而电荷放大器的输出接到一台笔式记录仪上,记录仪的灵敏度为 20mm/V。试计算这个测量系统的灵敏度。又当压力变化为 3.5MPa 时,记录笔在记录纸上的偏移量是多少?

2-2　用一个时间常数为 0.35 秒的一阶装置去测量周期分别为 1 秒、2 秒和 5 秒的正弦信号,问幅值衰减将各是多少?

2-3　求周期信号 $x(t) = 0.5\cos 10t + 0.2\cos(100t - 45°)$ 通过传递函数 $H(s) = \dfrac{1}{0.005s+1}$ 的装置后所得到的稳态响应。

2-4　一温度计,其时间常数为 $\tau = 7$ 秒。若将其从 20℃ 的空气中突然插入到 80℃ 的热水中,问经过 15 秒后该温度计指示的温度为多少?

2-5　试说明二阶装置的阻尼比 ζ 多采用 $\zeta = 0.6 \sim 0.7$ 的原因。

2-6　将信号 $x(t) = \cos\omega t$ 输入到一个传递函数为 $H(s) = \dfrac{1}{\tau s + 1}$ 的一阶装置后,试求其包括瞬态过程在内的输出 $y(t)$ 的表达式。

2-7　试求传递函数分别为 $\dfrac{1.5}{3.5s + 0.5}$ 和 $\dfrac{41\omega_n^2}{s^2 + 1.4\omega_n s + \omega_n^2}$ 的两个环节串联后组成的系统的总灵敏度。

2-8　设一力传感器可作为二阶振荡系统处理。已知传感器的固有频率为 800Hz,阻尼比 $\zeta = 0.14$。问使用该传感器进行频率为 400Hz 正弦变化的外力测试时,其振幅比 $A(\omega)$ 和相角差 $\varphi(\omega)$ 各为多少?又若该装置的阻尼比可改为 $\zeta = 0.7$,则 $A(\omega)$ 和 $\varphi(\omega)$ 又将如何变化?

2-9　试判断下述结论的正误。

(1)在线性不变系统中,当初始条件为零时,系统输出量与输入量之比的拉普拉斯变换称为该系统的传递函数;

(2)当输入信号 $x(t)$ 一定时,系统的输出 $y(t)$ 将完全取决于传递函数 $H(s)$,而与系统的物理模型无关;

(3)传递函数相同的各种装置,其动态特性均相同;

(4)测试装置的灵敏度愈高,其测量范围就愈大;

(5)一线性系统不满足"不失真测试"条件,若用它传输一个 1000Hz 的单一频率的正弦信号,则必然导致输出波形失真。

2-10　对一个可视为二阶系统的装置输入一单位阶跃函数后,测得其响应中产生了数值为 1.5 的第一个超调量峰值,同时测得其周期为 6.28 秒。设已知该装置的静态增益(灵敏度)为 3,试求该装置的传递函数。

工程中常用传感器的转换原理及应用

3-1 传感器概述

一、传感器在人类文明中的作用及重要性

回顾人类文明的历史会发现,每当爆发一场产业革命时,就将给社会带来巨大的推动,使人类文明产生一次飞跃。例如18世纪,以欧洲为中心爆发了工业革命,称之为人类第三次产业革命。在那次革命中,火车、汽车取代了人力车,各种动力机械取代了繁重的体力劳动,带来了工业生产的突飞猛进。到20世纪,以美国和日本为中心,爆发了电子技术和信息技术革命,称为第四次产业革命。这一次是用机械和电子、信息技术来代替人类部分脑力劳动,大大地提高了脑力劳动效率。有人估计,在21世纪内又将爆发一场新的革命,其主要课题是人与机械、人与自然,因此,称第五次革命为生活革命。对于上述第三次工业革命的发展,尤其是第四次和预料中的第五次革命中的重要课题来说,传感器是一个首当其冲的不可忽视的内容。

从常规来看,人通过感官来接收外界的信息,并将所接收的信号送入大脑,进行信号分析处理后获取有用的信息。对于现有的或者正在发展中的机械电子装置来说,电子计算机相当于人的大脑(即常称为电脑),而相应于人的感官部分的装置就是传感器。所以说传感器是人类感官的扩展和延伸。借助传感器,人类可以探索那些无法用感官获取的信息,例如,用超声波探测器可以探测海水的深度,用红外遥感器可以从高空探测地球上的植被和污染情况,等等。在自动控制领域中,自动化程度越高,则控制系统中对传感器的依赖性就越大,因此,传感器对控制系统功能的正常发挥起着决定性的作用。

在现代科学技术发展中,传感器起着越来越重要的地位。传感器是获取信息的重要手段。传感器技术是关于传感器设计、制造及应用的综合技术。它是信息技术(传感与控制技术、通信技术和计算机技术)的三大支柱之一,位于信息技术的最前端。

传感器普遍应用于军事、公安、工业、纺织、商业、环保、医疗卫生、气象、海洋、航空、航天、家用电器等领域和部门。传感器是生产自动化、科学测试、计量核算、监测诊断等系统中不可缺少的环节。总之,当前,传感器已渗透到诸如工业生产、宇宙开发、海洋探测、环境保护、资源调查、医疗保健、生物工程、甚至文物保护等极为广泛的领域,可以毫不夸张地说,从茫茫的太空,到浩瀚的海洋,以至各种复杂的工程系统,几乎每一个现代化项目,都离不开各种各样的传感器。在论其传感器的重要地位时,有些专家评论:"如果没有传感器检测各种信息,那么支撑现代文明的科学技术,就不可能发展";"谁掌握和支配了传感器技术,谁就能够支配新时代"。

传感器技术在国外真正引起重视是始于 20 世纪 70 年代,80 年代发展到白炽化程度,出现了"传感器热",各发达国家都将传感器技术视为现代高新技术发展的关键。如日本把传感器列为 20 世纪 80 年代十大技术的元首,美国等西方国家也将传感器技术列为国家科技和国防技术发展的重要内容,如在美国的"空军 2000 年"报告中,列举了 15 项有助于提高 21 世纪空军能力的关键技术项目,其中列为第二项的就是传感器。也由于传感器的使用,使生产工艺过程的控制和产品性能的检测有了保证,所以,传感器是提高产品竞争力的手段,是获取经济效益的有效途径。如美国的电站采用了先进的传感器和控制技术后,使全美经济每年获益达 110 亿美元之多。在我国,自 20 世纪 80 年代末以来,也将传感器技术列为国家高新技术发展的重点,近十多年来的投入,不仅使我国在这个方面得到了飞速的发展,同时带动了测试控制等多学科领域的发展,缩短了我国与发达国家在这个领域的差距,并为我国跟上世界现代技术发展的大潮,进入信息化时代提供了必要的基础。

二、传感器的总体分类概述

对传感器的定义有多种说法,但至今没有权威的定义。随着计算机领域,工业自动化领域和空间领域的迅速发展,以及对传感器的依赖程度的不同,各领域对传感器的理解也出现了差异,如在工程机械领域,一直认为,传感器是获取信息的一个转换器件,将这个器件与信号调理、信号处理和记录组成现代的测试系统,则传感器是这个系统中不可缺少的一个重要环节。而在工业自动化和人工智能等领域,早期也有人认为传感器是一个器件,后来的发展则认为传感器除了应具备有获取信息的功能外,还应具备有一定的数据处理的功能,这样,传感器则不单是指一个装置,而是一个系统。同时,为了适应当今信息化时代以及今后发展的需要,进而要求传感器应具备有一定程度的人工智能的功能。

综上所述,根据各领域及不同时代对传感器的理解,也根据数理领域的发展激励了传感器技术发展的新形势,有必要把传感器划分为两大类型,即工程中常用传感器(或称传统传感器、经典传感器)和智能化传感器。而智能化传感器又分为智能传感器和智能模糊传感器。本章将重点介绍工程中常用传感器,关于智能传感器和模糊传感器将在第四章中简要介绍。

3-2　工程中常用的传感器及其分类

传统传感器广泛应用于工程测试中,是一种获取信息的装置。对这种传感器的定义有多种说法,较为广义的定义是:能感受规定的被测量并按照一定规律转换成可用输出信号的器件或装置被称为传感器。其被测量可以为各种物理量、化学量和生物量,而转换后输出的信号可以为各种非电量,但在现代的实际应用中,传感器转换后输出的信号大多为电信号。而从狭义上讲,传感器定义为:是能把外界输入的非电信号转换为电信号输出的装置。从某种意义上说,可称传感器为变换器、换能器和探测器,其输出的电信号在一般情况下非常微弱,必须输送给后续配套的测量电路,以实现电信号的调理、分析、显示和记录,最后使观测者获取所需要的信息。而在各种自动化控制系统中,首先必须从被控对象中检测到信息,才能进行自动控制,因此传统传感器在自动控制系统中是首当其冲的器件。

一、工程中常用传感器的组成及分类

1. 传感器的组成

传感器一般由敏感器件与其他辅助器件组成。敏感器件是传感器的核心,它的作用是直接感受被测物理量,并将信号进行必要的转换输出。如应变式压力传感器的弹性膜片是敏感元件,它的作用是将压力转换为弹性膜片的形变,并将弹性膜片的形变转换为电阻的变化而输出。

一般把信号调理与转换电路归为辅助器件,它们是一些能把敏感器件输出的电信号转换为便于显示、记录、处理等有用的电信号的装置。

随着集成电路制造技术的发展,现在已经能把一些处理电路和传感器集成在一起,构成集成传感器。进一步的发展是将传感器和微处理器相结合,装在一个检测器中形成一种新型的"智能化传感器"。这种传感器将在本书第四章中论述。

2. 传感器的分类

传感器的种类繁多。在工程测试中,一种物理量可以用不同类型的传感器来检测;而同一种类型的传感器也可测量不同的物理量。

传感器的分类方法很多,概括起来,可按以下几个方面进行分类。

(1)按被测物理量来分,可分为位移传感器、速度传感器、加速度传感器、力传感器、温度传感器等。

(2)按传感器工作的物理原理来分,可分为机械式、电气式、辐射式、流体式传感器等。

(3)按信号变换特征来分,可分为物性型和结构型传感器。

所谓物性型传感器,是利用敏感器件材料本身物理性质的变化来实现信号的检测。例如,用水银温度计测温,是利用了水银的热胀冷缩的现象;用光电传感器测速,是利用了光电器件本身的光电效应;用压电测力计测力,是利用了石英晶体的压电效应等。

所谓结构型传感器,则是通过传感器本身结构参数的变化来实现信号的转换的传感器。例如,电容式传感器,是通过极板间距离发生变化而引起电容量的变化;电感式传感器,是通过活动衔铁的位移引起自感或互感的变化等。

(4)按传感器与被测量之间的关系来分,可分为能量转换型和能量控制型的传感器。

能量转换型传感器(或称无源传感器),是直接由被测对象输入能量使其工作的。例如,热电偶将被测温度直接转换为电量输出。由于这类传感器在转换过程中需要吸收被测物体的能量，容易造成测量误差。

　　能量控制型传感器（或称有源传感器）分为两种形式。其一如图 3-1(a)所示，它是由外部辅助能源供给传感器工作的，并且由被测量来控制能量的变化。例如，电阻应变计中电阻接于电桥上，电桥工作能源由外部供给，由被测量变化所引起的电阻变化控制电桥的输出。此外，电阻温度计、电感式测微仪、电容式测振仪等均属于此种类型。其二如图 3-1(b)所示，由外部能源供给激励信号发生器，而激励信号发生器以信号激励被测对象。输入传感器的信号是被测对象对激励信号的响应，它反映了被测对象的性质或状态。例如，超声波探伤、用激光散斑技术测量应变等。

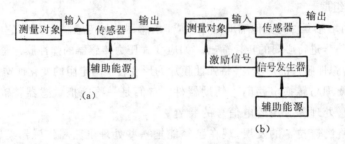

图 3-1　能量控制型传感器框图

　　另外，按传感器输出量的性质可分为模拟式和数字式传感器两种，前者的输出量为连续变化的模拟量，而后者的输出量为数字量。由于计算机在工程测试中的应用，数字式传感器是很有发展前途的。当然，模拟量也可以通过模-数转换器转换为数字量。

二、传统传感器的发展动向

　　最近十几年来，由于对传感器在信息社会中的作用有了新的认识和评价，各国都将传感器技术列为重点发展技术。

　　当今，传感器技术的主要发展动向，一是开展基础研究，重点研究传感器的新材料和新工艺；二是实现传感器的智能化。

　　(1)利用物理现象、化学反应和生物效应设计制作各种用途的传感器，这是传感器技术发展的重要基础工作。例如，利用某些材料的化学反应制成的识别气体的"电子鼻"；利用超导技术研制成功的高温超导磁传感器等。

　　(2)传感器向高精度、一体化、小型化的方向发展。工业自动化程度越高，对机械制造精度和装配精度要求就越高，相应地测量程度要求也就越高。因此，当今在传感器制造上很重视发展微机械加工技术。微机械加工技术除全面继承氧化、光刻、扩散、沉积等微电子技术外，还发展了平面电子工艺技术，各向异性腐蚀、固相键合工艺和机械分断技术。

　　所谓一体化,是传感器与信号调节电路一体化,即将调节电路直接集成到传感器上,这样既改善了传感器的性能,又使其体积减小。

　　(3)发展智能型传感器。智能型传感器是一种带有微处理器并兼有检测和信息处理功能的传感器。智能型传感器被称为第四代传感器,使传感器具备有感觉、辨别、判断、自诊断等功能,是传感器的发展方向。

　　实践证明,传感器技术与计算机技术在现代科学技术的发展中有着密切的关系。而当前的计算机在很多方面已具有了大脑的思维功能,甚至在有些方面的功能已超过了大脑。与此相比,传感器就显得比较落后。也就是说,现代科学技术在某些方面因电子计算机技术与传感器技术未能取得协调发展而面临许多问题。正因为如此,世界上许多国家都在努力研究各种新型传感器,改进传统的传感器。开发和利用各种新型传感器已成为当前发展科学技术的重要课题。

　　基于上述开发新型传感器的紧迫性,目前国际上,凡出现一种新材料、新元件或新工艺,就会很快地应用于传感器,并研制出一种新的传感器。例如,半导体材料与工艺的发展,就出现了一批能测很多参数的半导体传感器;大规模集成电路的设计成功,发展了有测量、运算、补偿功能的智能传感器;生物技术的发展,出现了利用生物功能的生物传感器。这也说明了各个学科技术的发展,促进了传感器技术的不断发展;而各种新型传感器的问世,又不断为各个部门的科学技术服务,促使现代科学技术进步。它们是相互依存、相互促进的,这也说明了目前要开发新型传感器不但重要,而且也是可能的。

　　在我国近20年来,传感器虽然有了较快的发展,有不少传感器走上市场,但大多数只能用于测量常用的参数、常用的量程、中等的精度,远远满足不了我国四个现代化建设的要求。而与国际水平相比,我国的传感器不论在品种、数量、质量等方面,都有较大的差距。为此,努力开发各种新型传感器,以满足我国四化建设的需要,是摆在我国科技工作者面前的紧迫任务。

　　为了适应我国科学技术发展的需要,本章从实际出发,根据作者的实践和体会,在编写了典型的传感器的基础上,还编入了部分新型传感器,供读者参考。

三、传统传感器的选用原则

　　了解传感器的结构及其发展后,如何根据测试目的和实际条件,正确合理地选用传感器,也是需要认真考虑的问题。下面就传感器的选用问题作一些简介。

　　选择传感器主要考虑灵敏度、响应特性、线性范围、稳定性、精确度、测量方式等六个方面的问题。

1. 灵敏度

　　一般说来,传感器灵敏度越高越好,因为灵敏度越高,就意味着传感器所能感知的变化量小,即只要被测量有一微小变化,传感器就有较大的输出。但是,在确定灵敏度时,要考虑以下几个问题。

其一,当传感器的灵敏度很高时,那些与被测信号无关的外界噪声也会同时被检测到,并通过传感器输出,从而干扰被测信号。因此,为了既能使传感器检测到有用的微小信号,又能使噪声干扰小,要求传感器的信噪比愈大愈好。也就是说,要求传感器本身的噪声小,而且不易从外界引进干扰噪声。

其二,与灵敏度紧密相关的是量程范围。当传感器的线性工作范围一定时,传感器的灵敏度越高,干扰噪声越大,则难以保证传感器的输入在线性区域内工作。不言而喻,过高的灵敏度会影响其适用的测量范围。

其三,当被测量是一个向量时,并且是一个单向量时,就要求传感器单向灵敏度愈高愈好,而横向灵敏度愈小愈好;如果被测量是二维或三维的向量,那么还应要求传感器的交叉灵敏度愈小愈好。

2. 响应特性

传感器的响应特性是指在所测频率范围内,保持不失真的测量条件。此外,实际上传感器的响应总不可避免地有一定延迟,但总希望延迟的时间越短越好。一般物性型传感器(如利用光电效应、压电效应等传感器)响应时间短,可工作频率宽;而结构型传感器,如电感、电容、磁电等传感器,由于受到结构特性的影响以及机械系统惯性质量的限制,其固有频率低,工作频率范围窄。

3. 线性范围

任何传感器都有一定的线性工作范围。在线性范围内输出与输入成比例关系,线性范围愈宽,则表明传感器的工作量程愈大。

传感器工作在线性区域内,是保证测量精度的基本条件。例如,机械式传感器中的测力弹性元件,其材料的弹性极限是决定测力量程的基本因素,当超出测力元件允许的弹性范围时,将产生非线性误差。

然而,对任何传感器,保证其绝对工作在线性区域内是不容易的。在某些情况下,在许可限度内,也可以取其近似线性区域。例如,变间隙型的电容、电感式传感器,其工作区均选在初始间隙附近。而且必须考虑被测量变化范围,令其非线性误差在允许限度以内。

4. 稳定性

稳定性是表示传感器经过长期使用以后,其输出特性不发生变化的性能。影响传感器稳定性的因素是时间与环境。

为了保证稳定性,在选择传感器时,一般应注意两个问题。其一,根据环境条件选择传感器。例如,选择电阻应变式传感器时,应考虑到湿度会影响其绝缘性,温度会产生零漂,长期使用会产生蠕动现象等。又如,对变极距型电容式传感器,因环境湿度的影响或油剂浸入间隙时,会改变电容器的介质。光电传感器的感光表面有尘埃或水汽时,会改变感光性质。其二,要创造或保持一个良好的环境,在要求传感器长期地工作而不需经常地更换或校准的情况下,应对传感器的稳定性有严格的要求。

5. 精确度

传感器的精确度是表示传感器的输出与被测量的对应程度。如前所述,传感器处于测试系统的输入端,因此,传感器能否真实地反映被测量,对整个测试系统具有直接的影响。

然而,在实际中也并非要求传感器的精确度愈高愈好,这还需要考虑到测量目的,同时还需要考虑到经济性。因为传感器的精度越高,其价格就越昂贵,所以应从实际出发来选择传感器。

在选择时,首先应了解测试目的,判断是定性分析还是定量分析。如果是相对比较性的试验研究,只需获得相对比较值即可,那么应要求传感器的重复精度高,而不要求测试的绝对量值准确。如果是定量分析,那么必须获得精确量值。但在某些情况下,要求传感器的精确度愈高愈好。例如,对现代超精密切削机床,测量其运动部件的定位精度,主轴的回转运动误差、振动及热形变等时,往往要求它们的测量精确度在 $0.1 \sim 0.01 \mu m$ 范围内,欲测得这样的精确量值,必须要有高精确度的传感器。

6. 测量方式

传感器在实际条件下的工作方式,也是选择传感器时应考虑的重要因素。例如,接触与非接触测量、破坏与非破坏性测量、在线与非在线测量等,条件不同,对测量方式的要求亦不同。

在机械系统中,对运动部件的被测参数(例如回转轴的误差、振动、扭力矩),往往采用非接触测量方式。因为对运动部件采用接触测量时,有许多实际困难,诸如测量头的磨损、接触状态的变动、信号的采集等问题,都不易妥善解决,容易造成测量误差。这种情况下采用电容式、涡流式、光电式等非接触式传感器很方便,若选用电阻应变片,则需配以遥测应变仪。

在某些条件下,可以运用试件进行模拟实验,这时可进行破坏性检验。然而有时无法用试件模拟,因被测对象本身就是产品或构件,这时宜采用非破坏性检验方法。例如,涡流探伤、超声波探伤、核辐射探伤以及声发射检测等。非破坏性检验可以直接获得经济效益,因此应尽可能选用非破坏性检测方法。

在线测试是与实际情况保持一致的测试方法。特别是对自动化过程的控制与检测系统,往往要求信号真实与可靠,而必须在现场条件下才能达到检测要求。实现在线检测是比较困难的,对传感器与测试系统都有一定的特殊要求。例如,在加工过程中,实现表面粗糙度的检测,以往的光切法、干涉法、触针法等都无法运用,取而代之的是激光、光纤或图像检测法。研制在线检测的新型传感器,也是当前测试技术发展的一个方向。

除了以上选用传感器时应充分考虑的一些因素外,还应尽可能兼顾结构简单、体积小、重量轻、价格便宜、易于维修、易于更换等条件。

3-3　电阻式传感器

电阻式传感器是一类根据电阻定律而设计的传感器,它能将被测物理量(如位移、力等)的变化转换为电阻的变化输出。按引起传感器电阻变化的参数不同,可以将该传感器分为电位计

(器)式传感器和电阻应变式传感器两大类。

一、电位计（器）式传感器

电位计式传感器又称变阻器式传感器。常用的电位计式传感器有直线位移型、角位移型和非线性型等，其结构如图 3-2 所示。不管是哪种类型的传感器，都由线圈、骨架和滑动触头等组成。线圈绕于骨架上，触头可在绕线上滑动，当滑动触头在绕线上的位置改变时，即实现了将位

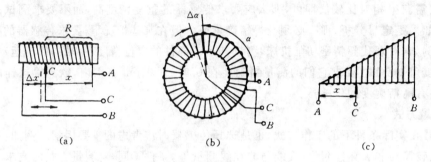

图 3-2　电位计式传感器

(a)直线位移型；　(b)角位移型；　(c)非线性型

移变化转换为电阻变化。根据电阻定律：

$$R = \rho \frac{l}{A} \quad \Omega \tag{3-1}$$

式中，ρ 为电阻率($\Omega \cdot mm^2/m$)；l 为电阻丝长度(m)；A 为电阻丝截面积(mm^2)。

上式说明，如果电阻丝直径与材质一定时，则电阻值的大小随电阻丝的长度 l 而变化。

直线位移型电位计（器）式传感器如图 3-2(a)所示，当被测直线位移变化时，滑动触头的触点 C 沿电位计移动，若移动 x，则 C 点与 A 点之间的电阻为

$$R_x = R_l x \tag{3-2}$$

式中，R_l 为单位长度的电阻值。

传感器的灵敏度

$$S = \frac{\mathrm{d}R}{\mathrm{d}x} = k_l \tag{3-3}$$

当骨架为等截面均匀的导线时，S 为常数。

直线位移型电位计式传感器的输出（电阻）与输入（位移）呈线性关系。

角位移型电位计式传感器如图 3-2(b)所示，其输出阻值的大小随角度位移的大小而变化，该传感器的灵敏度为

$$S = \frac{\mathrm{d}R}{\mathrm{d}\alpha} = k_\alpha \tag{3-4}$$

式中，α 为转角（弧度）；k_α 为单位弧度对应的电阻值。

非线性电位计式传感器如图 3-2(c) 所示。当输入位移呈非线性变化规律时，为了保证输入、输出的线性关系，利于后续仪表的设计，可以根据输入的函数规律来确定这种传感器的骨架形状。例如，若输入量为 $f(x)=Rx^2$，则为了得到输出的电阻值 $R(x)$ 与输入量 $f(x)$ 呈线性关系，电位计的骨架应采用三角形；若输入量为 $f(x)=Rx^3$，则电位计的骨架应采用抛物线形。

电位计式传感器一般采用电阻分压电路，将电参量 R 转换为电压输出给后续电路，如图 3-3 所示。当触头移动 x 距离后，输出电压 u_y 可用下式计算：

$$u_y=\frac{u_0}{x_P/x+(R_P/R_L)(1-x/x_P)} \qquad (3-5)$$

式中，R_P 为电位计的总电阻；x_P 为电位计的总长度；R_L 为后续电路的输入电阻。

式(3-5)表明，传感器经过后续电路后的实际输出、输入为非线性关系，为减小后续电路的影响，应使 $R_L\gg R_P$。此时，$u_y\approx\frac{u_0}{x_P}x$，近似为线性关系。

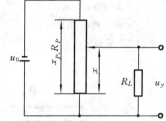

图 3-3　电阻分压电路

电位计式传感器用于线位移和角位移的测量，常用于伺服记录仪或电子电位差计等。

电位计式传感器的优点是结构简单，性能稳定，使用方便。其缺点是分辨率不高，由于受到骨架尺寸和导线直径的限制，分辨力很难高于 $20\mu m$，由于滑臂机构的影响，使用频率范围也受到限制。它们还有电噪声较大、绕制困难等缺点。

二、电阻应变式传感器

通过应变片将被测物理量（如应变、力、位移、加速度、扭矩等）转换成电阻变化的器件称为电阻应变式传感器。由于电阻应变式传感器具有结构简单、体积小、使用方便、动态响应快、测量精确度高等优点，因而被广泛应用于航天、机械、电力、化工、建筑、纺织、医学等领域，成为目前应用最广泛的传感器之一。

1. 金属电阻应变片

电阻应变式传感器的敏感元件是应变片。应变片主要分金属电阻应变片和半导体应变片两类。

金属电阻应变片分丝式、箔式两种。

金属丝电阻应变片（或称电阻丝式应变片）出现较早，现仍在广泛使用，其典型结构如图 3-4 所示。它主要由具有高电阻率的金属丝绕成的敏感栅、基底、覆盖层和引线等组成。

金属箔式电阻应变片的敏感栅，则是用栅状金属箔片代替栅状金属丝。金属箔栅采用光刻技术制造，适用于大批量生产。由于金属箔式电阻应变片具有线条均匀、尺寸准确、阻值一致性好、传递试件应变性能好等优点，因此，目前使用的多为金属箔式应变片，其结构形式如图

3-5 所示。

金属电阻应变片的工作原理,是基于金属导体的应变-电阻效应。即当应变片粘贴于被测构件的表面时,在外力作用下,应变片敏感栅随构件一起变形,其电阻值发生相应的变化,由此可将被测量转换成电阻的变化。由式(3-1)得知,当敏感栅发生变形时,其 l、ρ、A 均将变化,从而引起 R 的变化。当每一可变参数分别有一增量 $\mathrm{d}l$、$\mathrm{d}\rho$、$\mathrm{d}A$ 时,所引起的电阻增量为

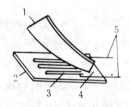

图 3-4　金属丝应变片

1—覆盖层;2—基底;
3—敏感栅(电阻丝);
4—粘结剂层;5—引线

$$\mathrm{d}R = \frac{\partial R}{\partial l}\mathrm{d}l + \frac{\partial R}{\partial A}\mathrm{d}A + \frac{\partial R}{\partial \rho}\mathrm{d}\rho \tag{3-6}$$

式中,$A = \pi r^2$,r 是电阻丝半径。则上式为

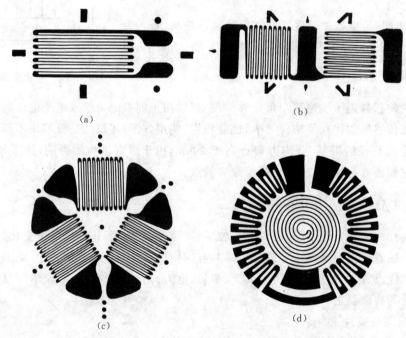

$$(a) \qquad\qquad\qquad (b)$$

$$(c) \qquad\qquad\qquad (d)$$

图 3-5　典型箔式应变片

(a)单丝栅式; (b)双丝栅式; (c)三丝栅式; (d)多丝栅式

$$\mathrm{d}R = R\left(\frac{\mathrm{d}l}{l} - \frac{2\mathrm{d}r}{r} + \frac{\mathrm{d}\rho}{\rho} \right)$$

电阻的相对变化为

$$\frac{\mathrm{d}R}{R} = \frac{\mathrm{d}l}{l} - \frac{2\mathrm{d}r}{r} + \frac{\mathrm{d}\rho}{\rho} \tag{3-7}$$

式中,$\mathrm{d}l/l = \varepsilon$ 为电阻丝轴向相对变形,或称纵向应变;$\mathrm{d}r/r$ 为电阻丝径向相对变形,或称横向

应变。

当电阻丝轴向伸长时,必然沿径向缩小,两者之间的关系为

$$\frac{\mathrm{d}r}{r} = -\mu\frac{\mathrm{d}l}{l} = -\mu\varepsilon \tag{3-8}$$

式中,μ 为电阻丝材料的泊桑比;$\mathrm{d}\rho/\rho$ 为电阻丝电阻率的相对变化。

$\mathrm{d}\rho/\rho$ 与电阻丝轴向所受正应力 σ 有关,即

$$\mathrm{d}\rho/\rho = \lambda\sigma = \lambda E\varepsilon \tag{3-9}$$

式中,E 为电阻丝材料的弹性模量;λ 为压阻系数,与材质有关。

将式(3-8)、式(3-9)代入式(3-7),得

$$\mathrm{d}R/R = (1 + 2\mu + \lambda E)\varepsilon \tag{3-10}$$

式(3-10)中,$(1+2\mu)\varepsilon$ 项由电阻丝的几何尺寸改变所引起。对于同一电阻材料,$(1+2\mu)$ 是常数。$\lambda E\varepsilon$ 项由电阻丝的电阻率随应变的改变所引起。对于金属材料来说,λE 很小,可以忽略不计,所以上式可简化为

$$\mathrm{d}R/R \approx (1 + 2\mu)\varepsilon \tag{3-11}$$

其灵敏度(又称应变片的灵敏系数)为

$$S = \frac{\mathrm{d}R/R}{\mathrm{d}l/l} = 1 + 2\mu = 常数 \tag{3-12}$$

将式(3-12)代入式(3-11),则得

$$\mathrm{d}R/R = S\varepsilon \tag{3-13}$$

由于测试中 R 的变化量微小,可认为 $\mathrm{d}R \approx \Delta R$,则式(3-13)可表示为

$$\Delta R/R = S\varepsilon \tag{3-14}$$

常用的灵敏度 S 在 1.7~3.6 之间。

在测试中,选用金属电阻应变片应注意以下两点:

(1)应变片电阻值的选择,应变片的原电阻值一般有 60、90、120、200、300、500、1000Ω 等。当选配动态应变仪组成测试系统进行测试时,由于动态应变仪电桥的固定电阻为 120Ω,因此为了避免对测量结果进行修正计算,以及在没有特殊要求的情况下,选择 120Ω 的应变片为宜。除此以外,可根据测量的要求选择其他阻值的应变片。

(2)应变片灵敏度的选择,当选配动态应变仪进行测量时,应选用 $S=2$ 的应变片。由于静态应变仪配有灵敏度的调节装置,故允许选用 $S\neq2$ 的应变片。对于那些不配用应变仪的测试,应变片的 S 值愈大,输出也愈大。因此,往往选用 S 值较大的应变片。

2. 半导体应变片

半导体应变片的典型结构如图 3-6 所示,它主要由胶膜基片、半导体敏感栅、内外引线、焊接电极板等组成。

半导体应变片的工作原理是基于半导体材料的压阻效应。所谓压阻效应,是指单晶半导体

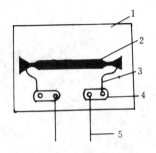

图 3-6　半导体应变片

1—胶膜衬底；2—P-Si；

3—内引线；4—焊接板；

5—外引线

材料沿某一轴向受到外力作用时,其电阻率 ρ 发生变化的现象。

从半导体物理性质可知,半导体在压力、温度及光辐射作用下,能使其电阻率 ρ 发生很大的变化。因此由分析式(3-10)得知,式中由电阻率变化引起的 $\lambda E\varepsilon$ 远大于由几何形变引起的 $(1+2\mu)\varepsilon$,对于半导体应变片,式中的 $(1+2\mu)\varepsilon$ 可以忽略,故其电阻变化率为

$$\mathrm{d}R/R = \lambda E\varepsilon \tag{3-15}$$

灵敏度为

$$S = \frac{\mathrm{d}R/R}{\varepsilon} = \lambda E \tag{3-16}$$

半导体应变片的灵敏度比金属电阻应变片大 50～70 倍。

从以上分析表明,金属电阻应变片与半导体应变片的主要区别在于:前者是利用导体的形变引起电阻的变化,而后者则是利用半导体材料的电阻率变化引起电阻的变化。

半导体应变片突出的优点是灵敏度高、机械滞后小、横向效应小、体积小,这些优点为其广泛应用提供了条件。其缺点是对温度的稳定性能差。当灵敏度、离散度大时,以及在较大应变作用下,会使应变片的非线性误差大,这一点给使用带来了一定的困难。

目前国产的半导体应变片大都采用 p 型硅单晶材料制作。随着集成电路技术和薄膜技术的发展,近年来已研制出在同一硅片上制作扩散型应变片和集成电路放大器等,即集成应变组件。这将对在自动控制与检测中采用微处理技术起到一定的推动作用。

三、电阻应变式传感器的应用举例

电阻应变式传感器应用很广,可概括为以下两个方面。

(1)将应变片粘贴于被测构件上,直接用来测定构件的应变或应力。例如,为了研究或验证机械、桥梁、建筑等某些构件在工作状态下的受力、变形情况,可利用形状不同的应变片,粘贴在构件的预测部位,可测得构件的拉、压应力、扭矩或弯矩等,从而为结构设计、应力校核或构件破坏的预测等提供可靠的实验数据。图 3-7 示出了两种实用例子。

(2)将应变片粘贴于弹性元件上,与弹性元件一起构成应变式传感器。这种传感器常用来测量力、位移、压力、加速度等物理参数。在这种情况下,弹性元件将得到与被测量成正比的应变,再通过应变片转换为电阻的变化后输出。典型应用如图 3-8 所示。其中,图(a)所示的加速度传感器由悬臂梁、质量块、基座组成。测量时,基座固定在振动体上。振动加速度使质量块产生惯性力,悬臂梁则相当于惯性系统的"弹簧",在惯性力的作用下产生弯曲变形。因此,梁的应变在一定的频率范围内与振动体的加速度成正比。图(b)所示为纱线张力检测装置,检测辊 4 通过连杆 5 与悬臂梁 2 的自由端相连,连杆 5 同阻尼器 6 的活塞相连,纱线 7 通过导线辊 3 与检测辊 4 接触。当纱线张力变化时,悬臂梁随之变形,使应变片 1 的阻值变化,并通过电桥将其

转换为电压的变化后输出。

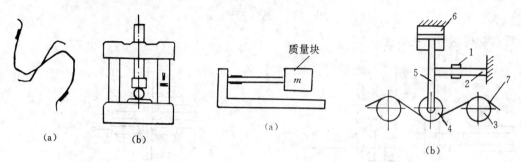

图 3-7　构件应力测定的应用举例
(a)测齿轮轮齿弯矩；
(b)测立柱应力

图 3-8　典型应变式传感器
(a)加速度传感器；　(b)动态张力传感器
1—应变片；2—悬臂梁；3—导线辊；
4—检测辊；5—连杆；6—阻尼器；7—纱线

在应用电阻应变式传感器时,还应特别注意机械滞后、蠕变、零漂、绝缘电阻等问题。出现这些问题的原因往往与应变片的粘贴工艺有关,如粘结剂的选择、粘贴技术、应变片的保护等。

3-4　电容式传感器

电容式传感器是将被测物理量转换成电容量变化的一种结构型传感器,它实际上就是一个具有可变参数的电容器。

一、电容式传感器的工作原理及分类

以最简单的平行极板电容器(如图 3-9 所示)为例说明其工作原理。若不考虑边缘效应,则其电容量为

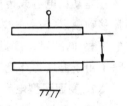

$$C = \frac{\varepsilon_0 \varepsilon A}{\delta} \qquad (3-17)$$

图 3-9　平行极板电容器

式中,ε 为介质的相对介电常数,空气的 $\varepsilon \approx 1$；ε_0 为真空时的介电常数,$\varepsilon_0 = 8.85 \times 10^{-12}$(F/m)；$A$ 为两极板间的有效覆盖面积(m^2)；δ 为两极板间的距离(m)。

由式(3-17)可知,只要被测物理量能使式中的 ε、A 或 δ 发生变化,则电容器的电容 C 就会改变。如果保持其中两个参数不变,就可把另一个参数的单一变化转换成电容量的变化,再通过配套的测量电路,将电容的变化转换为电量信号输出。

电容式传感器可分为三种基本类型,即变极距(δ)型、变面积(A)型和变介电常数(ε)型。

1. 变极距型电容式传感器

变极距型电容式传感器的结构原理如图 3-10 所示。根据式(3-17),如果两极板间相互覆

盖的面积及极间介质的介电常数不变,则当极距有一微小变化时,引起电容量的变化为

$$\mathrm{d}C = -\ \varepsilon_0\varepsilon A\ \frac{1}{\delta^2}\mathrm{d}\delta$$

由此可得到传感器的灵敏度为

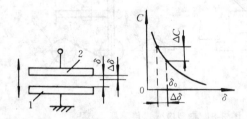

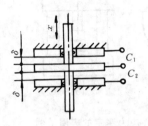

图 3-10　变极距型电容式传感器工作原理图　　　　　图 3-11　差动型电容式传感器
1—定片;2—动片

$$S = \frac{\mathrm{d}C}{\mathrm{d}\delta} = -\varepsilon_0\varepsilon A\ \frac{1}{\delta^2} \tag{3-18}$$

从上式可看出,灵敏度 S 与极距 δ 平方成反比,极距愈小,灵敏度愈高。一般通过减小初始极距 δ_0 来提高灵敏度。由于电容量 C 与极距 δ 呈非线性关系,故这将引起非线性误差。为了减小这一误差,通常规定测量范围 $\Delta\delta \ll \delta_0$。一般取极距变化范围为 $\Delta\delta/\delta_0 \approx 0.1$,此时,$S \approx -\varepsilon_0\varepsilon A1/\delta^2$,近似为常数。在实际应用中,为了提高传感器的灵敏度,增大线性工作范围和克服外界条件(如电源电压、环境温度等)的变化对测量精度的影响,常常采用差动型电容式传感器。

差动型电容式传感器的结构原理如图 3-11 所示,中间极板为动片,两边极板为定片。当动片移动距离 x 后,一边的间隙为 $\delta-x$,而另一边的间隙为 $\delta+x$。两边电容量的变化通过差动电桥叠加,使灵敏度提高了一倍,线性工作区扩大,而且减小了静电引力给测量带来的影响,消除了由于温度等环境影响所造成的误差,工作稳定性变好,还能反映被测位移的方向。

2. 变面积型电容式传感器

改变极板间覆盖面积的电容式传感器,有角位移型与线位移型两种。

图 3-12(a)为典型的角位移型电容式传感器。当动板有一转角时,与定板之间相互覆盖的面积就发生变化,因而导致电容量的变化。其覆盖面积为

$$A = \alpha r^2/2 \tag{3-19}$$

式中,α 为覆盖面积对应的中心角;r 为极板半径。

所以电容量为

$$C = \frac{\varepsilon_0\varepsilon\alpha r^2}{2\delta} \tag{3-20}$$

灵敏度

$$S = \frac{dC}{d\alpha} = \frac{\varepsilon_0 \varepsilon r^2}{2\delta} = 常数 \tag{3-21}$$

线位移型电容式传感器有平面线位移型和圆柱线位移型两种。图 3-12(b)为平面线位移

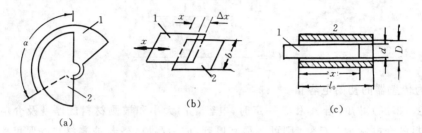

图 3-12　变面积型电容式传感器

(a)角位移型；　(b)平面线位移型；　(c)圆柱线位移型

1—动板；2—定板

型电容式传感器,当动板沿 x 方向移动时,覆盖面积发生变化,电容量为

$$C = \frac{\varepsilon_0 \varepsilon b x}{\delta} \tag{3-22}$$

式中,b 为极板宽度。

图 3-12(c)为圆柱线位移型电容式传感器,动板(圆柱)与定板圆筒相互覆盖,电容量为

$$C = \frac{2\pi\varepsilon_0 \varepsilon x}{\ln(D/d)} \tag{3-23}$$

式中,D 为圆筒孔径;d 为圆柱直径。

当覆盖长度 x 变化时,电容量 C 发生变化,其灵敏度为

$$S = \frac{dC}{dx} = \frac{2\pi\varepsilon_0 \varepsilon}{\ln(D/d)} = 常数 \tag{3-24}$$

变面积型电容式传感器的优点是输出与输入呈线性关系,根据结构特点,适用于较大角位移和线位移的测量。

3. 变介电常数型电容式传感器

改变介质介电常数 ε 型的电容式传感器如图 3-13 所示。在固定的二极板之间加入除空气以外的其他被测固体介质,或由其他物理量控制的介质。当介质变化时,电容量随之变化。当忽略边界效应时,电容量为

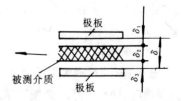

图 3-13　变介电常数型电容式传感器

$$C = \frac{\varepsilon_0 A}{\delta_1/\varepsilon_{r_1} + \delta_2/\varepsilon_{r_2} + \delta_3/\varepsilon_{r_3}} \tag{3-25}$$

式中,A 为电容器两极板间的覆盖面积;δ_1、δ_2 分别为被测

物体至极板间的距离;δ 为两极板间的距离;ε_{r_1}、ε_{r_3} 分别为空气的介电常数;δ_2 为被测物体的厚度;ε_{r_2} 为被测物体的介电常数。

当式中 $\varepsilon_{r_1}=\varepsilon_{r_3}=1$ 为空气介质和 $\delta_1+\delta_3=\delta-\delta_2$ 时,式(3-25)可写为

$$C = \frac{\varepsilon_0 A}{\delta - \delta_2 + \delta_2/\varepsilon_{r_2}} \qquad (3\text{-}26)$$

即

$$C = \frac{C_0}{1 + (1/\varepsilon_{r_2} - 1)\delta_2/\delta} \qquad (3\text{-}27)$$

式中,C_0 为传感器的初始电容量。

分析式(3-26)得知,当 A 和 δ 一定时,电容量的大小和被测材料的厚度及介电常数有关。若被测材料的介电常数为已知,则可测得其厚度,成为测厚仪;若被测材料的厚度为已知,则可测得其介电常数,成为介电常数的测量仪。

二、电容式传感器的常用转换电路

将电容量转换成电量(电压或电流)的电路称作电容式传感器的转换电路,它们的种类很多,目前较常采用的有电桥电路、谐振电路、调频电路及运算放大电路等。

1. 电桥电路

图 3-14 所示为电容式传感器的电桥测量电路。电容传感器为电桥的一部分。通常采用电阻、电容或电感、电容组成交流电桥,该图所示为一种电感、电容组成的电桥。由电容变化转换为电桥的电压输出,经放大、相敏检波、滤波后,再推动显示、记录仪器。电桥调理原理在第四章中叙述。

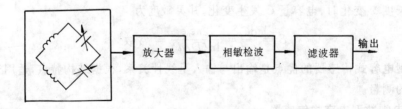

图 3-14　电桥测量电路

2. 谐振电路

图 3-15(a)所示为谐振式电路的原理框图,电容传感器的电容 C_3 作为谐振回路(L_2、C_2、C_3)调谐电容的一部分。谐振回路通过电感耦合,从稳定的高频振荡器取得振荡电压。当传感器电容发生变化时,使得谐振回路的阻抗发生相应的变化,而这个变化被转换为电压或电流,再经过放大、检波即可得到相应的输出。

为了获得较好的线性关系,一般谐振电路的工作点选在谐振曲线的线性区域内,最大振幅

70%附近的地方,且工作范围选在 *BC* 段内,如图 3-15(b)所示。

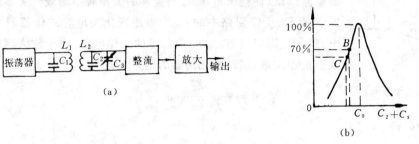

图 3-15　谐振电路

(a)原理方框图；　(b)工作特性

　　这种电路的优点是比较灵活；其缺点是工作点不易选好,变化范围也较窄,传感器连接电缆的杂散电容对电路的影响较大,同时为了提高测量精度,要求振荡器的频率具有很高的稳定性。

3. 调频电路

　　传感器的电容器作为振荡器谐振回路的一部分,当输入量使电容量发生变化时,振荡器的振荡频率将发生变化,频率的变化经过鉴频器转换为电压的变化,经过放大处理后输入显示或记录等仪器。调频与鉴频原理将在第四章介绍。调频电路可以分为直放式调频(如图 3-16(a))和外差式调频(如图 3-16(b))两种类型。外差式调频电路比较复杂,但选择性好,特性稳定,而且抗干扰性能优于直放式调频电路。

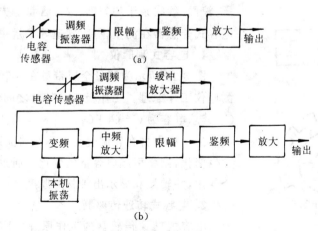

图 3-16　调频电路框图

(a)直放式调频；　(b)外差式调频

4. 运算放大器电路

　　前面已经叙述到,变极距型电容式传感器的极距变化与电容变化量呈非线性关系。这一缺

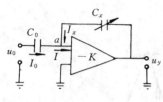

图 3-17 运算放大器电路

点使电容式传感器的应用受到了一定的限制。采用比例运算放大器电路，可以使输出电压 u_y 与位移的关系转换为线性关系。如图 3-17 所示，反馈回路中的 C_x 为极距变化型电容式传感器的输入电路，采用固定电容 C_0，u_0 为稳定的工作电压。由于放大器的高输入阻抗和高增益特性，比例器的运算关系为

$$u_y = -u_0 \frac{Z_{C_x}}{Z_{C_0}} = -u_0 \frac{C_0}{C_x} \qquad (3-28)$$

代入 $C_x = \varepsilon_0 \varepsilon A / \delta$，得

$$u_y = -u_0 \frac{C_0 \delta}{\varepsilon_0 \varepsilon A} \qquad (3-29)$$

由式(3-29)可知，输出电压 u_y 与电容传感器的间隙 δ 呈线性关系。这种电路被用于位移测量的传感器。

三、电容式传感器的应用举例

电容式传感器具有结构简单，灵敏度高，精度高，静电引力小，动态特性良好，可用于接触式和非接触式测量等优点。所以它不但广泛地应用于位移、振动、角度、速度、厚度等机械量的精密测量，而且还应用于轻工、化工等领域的压力、差

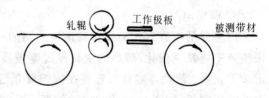

图 3-18 电容式测厚仪工作原理

压、液面、纱线条干均匀度、成分含量等方面的测量。下面列举电容式传感器在测量厚度、转速等参量中的应用情况。

1. 电容式测厚仪

图 3-18 所示为测量金属带材在轧制过程中厚度的电容式测厚仪工作原理。工作极板与带材之间形成两个电容，即 C_1、C_2，其总电容为 $C = C_1 + C_2$。

当金属带材在轧制过程中不断向前送进时，如果带材厚度发生变化，则将引起电容量的变化。通过检测电路可以反映这个变化，并转换和显示出带材的厚度。

2. 电容式转速传感器

电容式转速传感器的工作原理如图 3-19 所示，图中齿轮外沿面为电容器的动极板，当电容器定极板与齿顶相对时，电容量最大，而与齿隙相对时，则电容量最小。当齿轮转动时，电容量发生周期性变化，通过测量电路转换为脉冲信号，则频率计显示的频率代表转速大小。设齿数为 z，频率为 f，则转速为

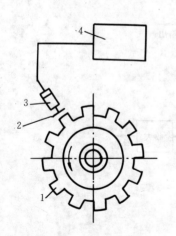

图 3-19 电容式转速传感器
的结构原理
1—齿轮；2—定极；
3—转换电路；4—频率计

$$n = \frac{60f}{z} \quad \text{r/min} \tag{3-30}$$

3-5 电感式传感器

电感式传感器是基于电磁感应原理,将被测非电量(如位移、压力、振动等)转换为电感量变化的一种结构型传感器。按其转换方式的不同,可分为自感型(包括可变磁阻式与涡流式)、互感型(如差动变压器式)等两大类型。

一、自感型电感式传感器

自感型可分为可变磁阻式和涡流式两类。

1. 可变磁阻式电感传感器

典型的可变磁阻式电感传感器的结构如图 3-20 所示,主要由线圈、铁心和活动衔铁所组成。在铁心和活动衔铁之间保持一定的空气隙 δ,被测位移构件与活动衔铁相连,当被测构件产生位移时,活动衔铁随着移动,空气隙 δ 发生变化,引起磁阻变化,从而使线圈的电感值发生变化。当线圈通以激磁电流时,其自感 L 与磁路的总磁阻 R_m 有关,即

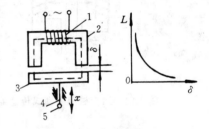

图 3-20　可变磁阻式电感传感器
1—线圈;2—铁心;3—活动衔铁;
4—测杆;5—被测件

$$L = W^2/R_m \tag{3-31}$$

式中,W 为线圈匝数;R_m 为总磁阻。

如果空气隙 δ 较小,而且不考虑磁路的损失,则总磁阻为

$$R_m = \frac{l}{\mu A} + \frac{2\delta}{\mu_0 A_0} \tag{3-32}$$

式中,l 为铁心导磁长度(m);μ 为铁心导磁率(H/m);A 为铁心导磁截面积(m^2),$A = a \cdot b$;δ 为空气隙(m),$\delta = \delta_0 \pm \Delta\delta$;$\mu_0$ 为空气导磁率(H/m),$\mu_0 = 2\pi \times 10^{-7}$;$A_0$ 为空气隙导磁截面积(m^2)。

由于铁心的磁阻与空气隙的磁阻相比是很小的,计算时铁心的磁阻可以忽略不计,故

$$R_m \approx \frac{2\delta}{\mu_0 A_0} \tag{3-33}$$

将式(3-33)代入式(3-31),得

$$L = \frac{W^2 \mu_0 A_0}{2\delta} \tag{3-34}$$

式(3-34)表明,自感 L 与空气隙 δ 的大小成反比,与空气隙导磁截面积 A_0 成正比。当固定 A_0 不变,改变 δ 时,L 与 δ 呈非线性关系,此时传感器的灵敏度

$$S = \frac{\mathrm{d}L}{\mathrm{d}\delta} = -\frac{W^2 \mu_0 A_0}{2\delta^2} \tag{3-35}$$

由式(3-35)得知,传感器的灵敏度与空气隙 δ 的平方成反比,δ 愈小,灵敏度愈高。由于 S 不是常数,故会出现非线性误差,同变极距型电容式传感器类似。为了减小非线性误差,通常规定传感器应在较小间隙的变化范围内工作。在实际应用中,可取 $\Delta\delta/\delta_0 \leqslant 0.1$。这种传感器适用于较小位移的测量,一般为 $0.001 \sim 1\mathrm{mm}$。此外,这类传感器还常采用差动式接法。图 3-21 为差动型磁阻式传感器,它由两个相同的线圈、铁心及活动衔铁组成。当活动衔铁位于中间位置(位移为零)时,两线圈的自感 L 相等,输出为零。当衔铁有位移 $\Delta\delta$ 时,两个线圈的间隙为 $\delta_0 + \Delta\delta$、$\delta_0 - \Delta\delta$,这表明一个线圈自感增加,而另一个线圈自感减小,将两个线圈接入电桥的相邻臂时,其输出的灵敏度可提高一倍,并改善了线性特性,消除了外界干扰。

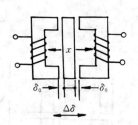

图 3-21　可变磁阻差动式传感器

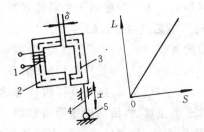

图 3-22　可变磁阻面积型电感传感器
1—线圈;2—铁心;3—活动衔铁;
4—测杆;5—被测件

可变磁阻式传感器还可做成如图 3-22 所示改变空气隙导磁截面积的形式,当固定 δ,改变空气隙导磁截面积 A_0 时,自感 L 与 A_0 呈线性关系。

如图 3-23 所示,在可变磁阻螺管线圈中插入一个活动衔铁,当活动衔铁在线圈中运动时,磁阻将变化,导致自感 L 的变化。这种传感器结构简单,制造容易,但是其灵敏度较低,适合于测量比较大的位移量。

2. 涡流式传感器

涡流式传感器的变换原理,是利用金属导体在交流磁场中的涡电流效应。如图 3-24 所示,金属板置于一只线圈的附近,它们之间相互的间距为 δ。当线圈输入一交变电流 i_0 时,便产生交变磁通量 Φ。金属板在此交变磁场中会产生感应电流 i,这种电流在金属体内是闭合的,所以称之为"涡电流"或"涡流"。涡流的大小与金属板的电阻率 ρ、磁导率 μ、厚度 h、金属板与线圈的距离 δ、激励电流角频率 ω 等参数有关。若改变其中某一参数,而固定其他参数不变,就可根据涡流的变化测量该参数。

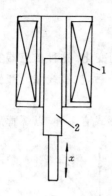

图 3-23　可变磁阻螺
管型传感器
1—线圈；2—铁心

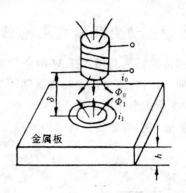

图 3-24　高频反射式涡流传感器

涡流式传感器可分为高频反射式和低频透射式两种。

1）高频反射式涡流传感器

如图 3-24 所示，高频（＞1MHz）激励电流 i_0 产生的高频磁场作用于金属板的表面，由于集肤效应，在金属板表面将形成涡电流。与此同时，该涡流产生的交变磁场又反作用于线圈，引起线圈自感 L 或阻抗 Z_L 的变化，其变化与距离 δ、金属板的电阻率 ρ、磁导率 μ、激励电流 i_0 及角频率 ω 等有关，若只改变距离 δ 而保持其他系数不变，则可将位移的变化转换为线圈自感的变化，通过测量电路转换为电压输出。高频反射式涡流传感器多用于位移测量。

2）低频透射式涡流传感器

低频透射式涡流传感器的工作原理如图 3-25 所示，发射线圈 W_1 和接收线圈 W_2 分别置于被测金属板材料 G 的上、下方。由于低频磁场集肤效应小，渗透深，当低频（音频范围）电动势 e_1 加到线圈 W_1 的两端后，所产生磁力线的一部分透过金属板材料 G，使线圈 W_2 产生感应电动势 e_2。但由于涡流消耗部分磁场能量，使感应电动势 e_2 减小，当金属板材料 G 越厚时，损耗的能量越大，输出电动势 e_2 越小。因此，e_2 的大小与 G 的厚度及材料的性质有关，试验表明，e_2 随材料厚度 h 的增加按负指数规律减小（如图 3-25(b)所示），因此，若金属板材料的性质一定，则利用 e_2 的变化即可测量其厚度。

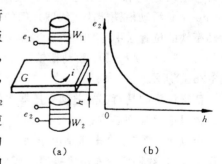

图 3-25　低频透射式涡流传感器
(a)原理图；　(b)曲线图

二、互感型差动变压器式电感传感器

互感型电感传感器是利用互感 M 的变化来反映被测量的变化。这种传感器实质上是一个输出电压可变的变压器。当变压器初级线圈输入稳定交流电压后，次级线圈便产生感应电压输出，该电压随被测量的变化而变化。

差动变压器式电感传感器是常用的互感型传感器，结构形式有多种，以螺管形应用较为普

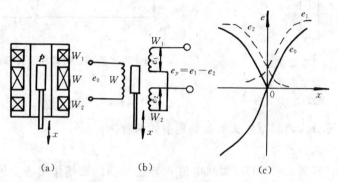

图 3-26 差动变压器式电感传感器

(a)、(b)工作原理；(c)输出特性

遍，其结构及工作原理如图 3-26 所示。传感器主要由线圈、铁心和活动衔铁三个部分组成。线圈包括一个初级线圈和两个反接的次级线圈，当初级线圈输入交流激励电压时，次级线圈将产生感应电动势 e_1 和 e_2。由于两个次级线圈极性反接，因此，传感器的输出电势为两者之差，即 $e_y = e_1 - e_2$。活动衔铁能改变线圈之间的耦合程度。输出 e_y 的大小随活动衔铁的位置而变。当活动衔铁的位置居中时，即 $e_1 = e_2$，$e_y = 0$；当活动衔铁向上移时，即 $e_1 > e_2$，$e_y > 0$；当活动衔铁向下移时，即 $e_1 < e_2$，$e_y < 0$。活动衔铁的位置往复变化，其输出电动势 e_y 也随之变化，输出特性如图3-26(c)所示。

值得注意的是：首先，差动变压器式传感器输出的电压是交流量，如用交流电压表指示，则输出值只能反应铁心位移的大小，而不能反应移动的极性；其次，交流电压输出存在一定的零点残余电压，零点残余电压是由于两个次级线圈的结构不对称，以及初级线圈铜损电阻、铁磁材质不均匀，线圈间分布电容等原因所形成。所以，即使活动衔铁位于中间位置时，输出也不为零。鉴于这些原因，差动变压器式传感器的后接电路应采用既能反应铁心位移极性，又能补偿零点残余电压的差动直流输出电路。

图 3-27 所示为用于小位移的差动相敏检波电路的工作原理，当没有信号输入时，铁心处于中间位置，调节电阻 R，使零点残余电压减小；当有信号输入时，铁心移上或移下，其输出电压经交流放大、相敏检波、滤波后得到直流输出。由表头指示输入位移量的大小和方向。

差动变压器式传感器具有精度高达 $0.1\mu m$ 量级，线圈变化范围大（可扩大到 $\pm 100mm$，视

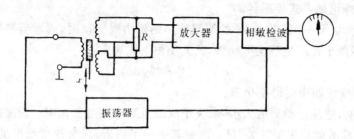

图 3-27　差动相敏检波电路的工作原理

结构而定），结构简单，稳定性好等优点，被广泛应用于直线位移及其他压力、振动等参量的测量。

三、电感传感器的应用举例

电感传感器中应用较为普遍的是涡流式和差动变压器式两种。

涡流式电感传感器主要用于位移、振动、转速、距离、厚度等参数的测量，它可实现非接触式测量，图 3-28 所示为涡流式转速传感器的工作原理。在轴上开一键槽，靠近轴表面安装一涡

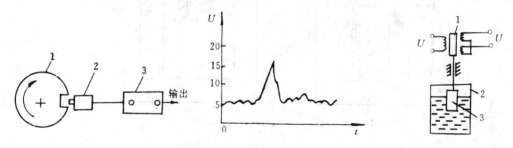

图 3-28　涡流式转速传感器工作原理
1—被测轴；2—传感器；3—放大处理器

图 3-29　液位测量
1—铁芯；2—液罐；
3—浮子

流传感器。当轴转动时，传感器与轴表面之间的间隙将变化，经测量电路处理后，可得到与转速成比例的脉冲信号。

差动变压器式传感器常用于测量位移、压力、压差、液位等参数，图 3-29 所示为测量液位的原理图。

3-6　磁电式传感器

磁电式传感器是基于电磁感应原理，把被测物理量转换成感应电动势输出的一种传感器，

又称电磁感应式或电动力式传感器。

从电工学得知,当一个匝数为 W 的线圈作切割磁力线运动时,或者当穿过该线圈的磁通 Φ 发生变化时,线圈中即产生感生电动势,其大小由下式决定:

$$e = -W \cdot \mathrm{d}\Phi/\mathrm{d}t \tag{3-36}$$

式中,$\mathrm{d}\Phi/\mathrm{d}t$ 为感应线圈中磁通变化率。

式(3-36)表明,感应电动势的大小,取决于线圈匝数和磁通变化率。而磁通变化率与磁场强度、磁路磁阻、线圈运动速度有关,只要改变其中一个参素,就会改变线圈的感应电动势,这就是磁电式传感器的一般变换原理。

根据磁电式传感器结构方式的不同,一般可分为动圈式和磁阻式。

一、动圈式磁电传感器

动圈式磁电传感器分为线速度型和角速度型两种,其结构原理如图 3-30 所示。不管是哪

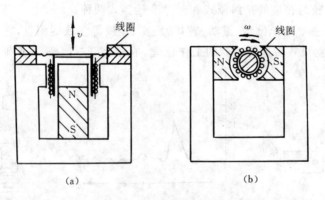

图 3-30　动圈式磁电传感器

(a)线速度型；(b)角速度型

种形式,都有两个主要部分:其一为磁路系统,即永久磁铁,一般为固定部分;其二是线圈,一般为运动部分。其他为附属部分,如壳体、支承、阻尼器、接线装置等。

线速度型的工作原理如图 3-30(a)所示,当线圈在磁场中作直线运动时,将产生感生电动势,即

$$e = WBLv\sin\theta \tag{3-37}$$

式中,B 为磁场的磁感应强度(T);L 为单匝线圈的有效长度(m);W 为线圈的匝数;v 为线圈与磁场的相对速度(m/s);θ 为线圈运动与磁场方向的夹角。

当 $\theta = 90°$ 时,有

$$e = WBLv \tag{3-38}$$

式(3-38)表明,当 W、B、L 均为常数时,感应电动势 e 与线圈运动的速度成正比。因此,这种传感器常用于测量速度。

角速度型传感器的工作原理如图 3-30(b)所示,当线圈在磁场中转动时,将产生电动势,即

$$e = kWBA\omega \tag{3-39}$$

式中,ω 为角速度;A 为单匝线圈的截面积(m^2);k 为依赖于结构的系数($k<1$)。

式(3-39)表明,当 W、B、A 均为常数时,感应电动势 e 与线圈相对于磁场的角速度成正比。因此,这种传感器常用于测量转速。

动圈式磁电传感器接等效电路,其原理如图 3-31 所示,其等效电路中的输出电压为

$$u_L = e \frac{1}{1 + \dfrac{Z_0}{R_L} + j\omega C_c Z_0} \tag{3-40}$$

式中,e 为发电线圈感应电动势;Z_0 为线圈阻抗,一般 $Z_0 = 0.1 \sim 3\text{k}\Omega$;$R_L$ 为负载电阻(放大器输入电阻);C_c 为电缆导线的分布电容,一般 $C_c = 70\text{pF/m}$;R_c 为电缆导线电阻,一般 $R_c = 0.03\Omega/\text{m}$。

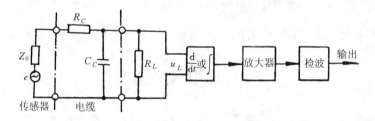

图 3-31　动圈磁电式传感器的等效电路

在不使用特别的加长电缆时,C_c 可忽略,因此,当 $R_L \gg Z_0$ 时,则放大器输入电压 $u_L \approx e$。感应电动势经放大、检波后,即可推动指示仪表。使用动圈式磁电传感器,如果测量电路中接有微分网路,则可以得到加速度或位移。

二、磁阻式磁电传感器

磁阻式磁电传感器的工作原理是:线圈与磁铁固定不动,通过运动着的被测物体(导磁材料)改变磁路的磁阻,从而引起磁力线的增强或减弱,使线圈产生感应电动势。其工作原理及应用如图 3-32 所示。在图 3-32(a)中,当齿轮旋转时,齿的凹凸面使磁阻改变,磁通量随之变化,导致线圈感应交流电动势。其频率等于齿轮齿数 z 和转速 n 的乘积,即

$$f = \frac{zn}{60} \tag{3-41}$$

式中,n 为被测轴的转速(r/min);f 为感应电动势的频率(Hz/s);z 为齿轮的齿数。
当已知 z 和测得 f 后,就可知道转速 n。

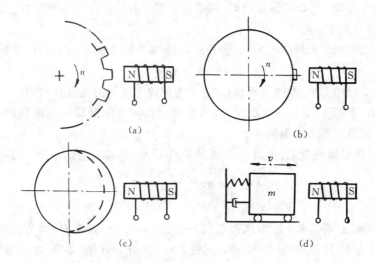

图 3-32　磁阻式传感器的工作原理及应用

(a)测频数；(b)测转速；(c)测偏心量；(d)测振动量

磁阻式传感器使用方便,结构简单,在不同场合下可用来测量转速、偏心量、振动等。

3-7　压电式传感器

压电式传感器是一种可逆型换能器,它既可以将机械能转换为电能,又可以将电能转化为机械能。它的工作原理是基于某些物质的压电效应。

一、压电效应

某些物质(物体),如石英、钛酸钡等,当受到外力作用时,不仅几何尺寸会发生变化,而且内部会被极化,表面上也会产生电荷;当外力去掉时,又重新回到原来的状态,这种现象称之为压电效应。相反,如果将这些物质(物体)置于电场中,其几何尺寸也会发生变化,这种由外电场作用导致物质(物体)产生机械变形的现象,称之为逆压电效应,或称之为电致伸缩效应。具有压电效应的物质(物体)称为压电材料(或称为压电元件)。常见的压电材料可分为两类,即压电单晶体和多晶体压电陶瓷。压电单晶体有石英(包括天然石英和人造石英)、水溶性压电晶体(包括酒石酸钾钠、酒石酸乙烯二铵、酒石酸二钾、硫酸锂等);多晶体压电陶瓷有钛酸钡压电陶瓷、锆钛酸铅系压电陶瓷、铌酸盐系压电陶瓷和铌镁酸铅压电陶瓷等。

图 3-33 所示为天然石英晶体,其结构形状为一个六角形晶柱,两端为一对称棱锥。在晶体学中,可以把它用三根互相垂直的轴表示,其中,纵轴 z 称为光轴;通过六棱线而垂直于光轴的 x 轴称为电轴;与 $x—x$ 轴和 $z—z$ 轴垂直的 $y—y$ 轴(垂直于六棱柱体的棱面),称为机械轴,如

图 3-33(b)所示。

如果从石英晶体中切下一个平行六面体(如图 3-34所示)，并使其晶面分别平行于 $z-z$、$y-y$、$x-x$ 轴线。晶片在正常情况下呈现电性，若对其施力，则有几种不同的效应。通常把沿电轴(x 轴)方向的作用力(一般利用压力)产生的压电效应称为"纵向压电效应"；把沿机械轴(y 轴)方向的作用力产生的压电效应称为"横向压电效应"；在光轴(z 轴)方向的作用力不产生压电效应。沿相对两棱加力时，则产生切向效应。压电式传感器主要是利用纵向压电效应。

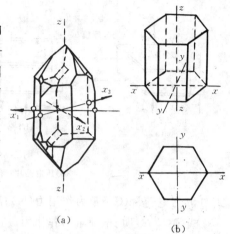

图 3-33　石英晶体

(a)石英晶体；(b)结构形状

二、压电式传感器及等效电路

最简单的压电式传感器的工作原理如图 3-35 所

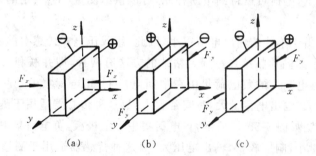

图 3-34　压电效应模型

(a)纵向效应；(b)横向效应；(c)切向效应

示。图 3-35(a)为六面体压电晶片，在压电晶片的两个工作面上进行金属蒸镀，形成金属膜，构成两个电极。当压电晶片受到压力 F 的作用时，分别在两个极板上积聚数量相等而极性相反的电荷，形成电场。因此，压电传感器可以看成是一个电荷发生器，也可以看成是一个电容器。其电容量为

$$C = \varepsilon_0 \varepsilon A / \delta \tag{3-42}$$

式中，ε 为压电材料的相对介电常数，石英晶体的 $\varepsilon = 4.5$；ε_0 为真空中介电常数，$\varepsilon_0 = 8.85 \times 10^{-12}$(F/m)；$\delta$ 为两极间距，即晶片厚度(m)；A 为压电晶片的工作面面积(m^2)。

如果施加于压电晶片的外力不变，积聚在极板上的电荷又无泄漏，那么在外力继续作用时，电荷量将保持不变。这时在极板上积聚的电荷与力的关系为

$$q = DF \tag{3-43}$$

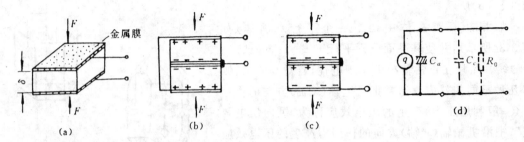

图 3-35　压电晶片及等效电路

(a)压电晶片；(b)并接；(c)串接；(d)等效电荷源

式中，q 为电荷量(C)；F 为作用力(N)；D 为压电常数(C/N)，与材质及切片的方向有关。

式(3-43)表明，电荷量与作用力成正比。当然，在作用力终止时，电荷就随之消失。显然，若要测得力值 F，主要问题是如何测得电荷值。值得注意的是：利用压电式传感器测量静态或准静态量值时，必须采取一定的措施，使电荷从压电晶片上经测量电路的漏失减小到足够小程度。而在动态力作用下，电荷可以得到不断补充，可以供给测量电路一定的电流，故压电传感器适宜作动态测量。

在实际应用中，由于单片的输出电荷很小，因此，组成压电式传感器的晶片不止一片，而常常将两片或两片以上的晶片粘结在一起。粘结的方法有两种，即并联和串联。并联方法如图3-35(b)所示，两片压电晶片的负电荷集中在中间电极上，正电荷集中在两侧的电极上。并接时，传感器的电容量大，输出电荷量大，时间常数大，故这种传感器适用于测量缓变信号及电荷量输出信号。串联方法如图 3-35(c)所示，正电荷集中于上极板，负电荷集中于下极板，串联时，传感器本身的电容量小，响应较快，输出电压大，故这种传感器适用于测量以电压作输出的信号和频率较高的信号。

压电传感器是一个具有一定电量的电荷源(如图 3-35(d)所示)，电容器上的开路电压 u_0 与电荷 q 及传感器电容 C_a 存在下列关系：

$$u_0 = q/C_a$$

当压电传感器接入测量电路时，联接电缆的寄生电容就形成传感器的并联电容 C_c，后续电路的输入阻抗和传感器中的漏电阻就形成泄漏电阻 R_0。为防止漏电造成电荷损失，通常要求 R_0 > $10^{11}\Omega$，因此，传感器可以视为开路。

三、测量电路

由于压电式传感器的输出电信号很微弱，通常应把传感器信号先输入到高输入阻抗的前置放大器中，经过阻抗交换以后，方可用一般的放大检波电路再将信号输入到指示仪表或记录器中。(其中，测量电路的关键在于高阻抗输入的前置放大器)

前置放大器的作用有两点：其一是将传感器的高阻抗输出变换为低阻抗输出；其二是放大

传感器输出的微弱电信号。

　　前置放大器电路有两种形式:一种是用电阻反馈的电压放大器,其输出电压与输入电压
(即传感器的输出)成正比;另一种是用带电容板反馈的电荷放大器,其输出电压与输入电荷成
正比。由于电荷放大器电路的电缆长度变化的影响不大,几乎可以忽略不计,故而电荷放大器
应用日益广泛。

　　电荷放大器的等效电路如图 3-36 所示,由于忽略了漏电阻,所以电荷量为

$$q \approx u_i(C_a + C_c + C_i) + (u_i + u_y)C_f = u_iC + (u_i - u_y)C_f$$

式中,u_i 为放大器输入端电压;u_y 为放大器输出端电压,$u_y = -ku_i$,其中 k 为电荷放大器开环
放大倍数;C_i 为放大器输入电容;C_f 为电荷放大器反馈电容。

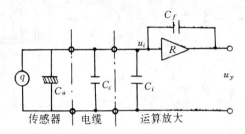

图 3-36　电荷放大器的等效电路

　　由上式可得

$$u_y = \frac{-kq}{(C + C_f) + kC_f}$$

如果放大器开环增益足够大,则 $kC_f \gg (C + C_f)$,故上式可简化为

$$u_y \approx -q/C_f \tag{3-44}$$

上式表明,在一定情况下,电荷放大器的输出电压与传感器的电荷量成正比,并且与电缆分布
电容无关。因此,采用电荷放大器时,即使联接电缆长度在百米以上,其灵敏度也无明显变化,
这是电荷放大器的突出优点。

四、压电式传感器的应用

　　压电式传感器常用于测量振动,测量加速度、力及压力等。

　　图 3-37 所示为压电式加速度传感器的工作原理。它主要由基座、两片压电晶片、质量块、
弹簧所组成。基座固定在被测物体上,基座的振动使质量块产生与振动加速度方向相反的惯性
力,惯性力作用在压电晶片上,使两片压电晶片的表面产生交变电压输出,这个输出电压即与
加速度成正比,经测量电路处理后,即可得到加速度的信息。

　　图 3-38 所示为用压缩式振动传感器来测量汽车安全系统异常振动的装置。该传感器主要
由压电元件(即压电晶片)、质量块、弹簧所组成。质量块通过弹簧压在压电晶片上,当汽车处于

正常状态工作时,质量块振动使压电晶片有一个正常状态的电荷(电压)输出。若汽车负载运行,则会引起异常振动或由其他噪音引起的振动,从而引起质量块的异常振动,再经测量系统至显示系统获得这异常振动的电信号。

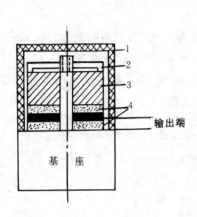

图 3-37　压电式加速度传感器　　　　　图 3-38　压缩式振动传感器

1—壳体;2—弹簧;　　　　　　　　　　1—弹簧;2—质量块;

3—质量块;4—压电晶片　　　　　　　　3—压电元件

图 3-39 所示为纺织系统针织织针对挺杆三角的冲击力的测试工作原理。该装置主要由压电陶瓷片、测量电路以及记录器组成,主要用来测量织针对三角的冲击力,为改善织针与三角间的冲击状态提供数据。

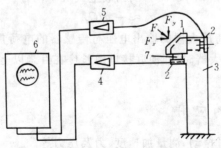

图 3-39　测试原理

1—三角;2—压电陶瓷片;3—三角座;

4、5—ZK-2 型阻抗变换器;

6—示波器;7—传力块

当织针对三角的冲击力 F 作用在水平和垂直方向上时,压向压电晶片的力有两个,即 F_x、F_y,则在 x、y 方向上有电荷输出,经测量电路处理并由记录器记录,获得冲击力的大小。

3-8　磁敏传感器

能把磁场变化转换成电量输出的器件称为磁敏传感器,主要分为两大类型:其一是霍尔器件、磁敏电阻器件、磁敏二极管、磁敏三极管和磁敏集成电路等半导体磁敏器件;其二是具有强磁性的金属磁阻器件、韦根德磁敏器件和 SQUID 器件(约瑟夫逊超导量子干涉器件)。由于半导体磁敏器件具有体积小、灵敏度高、寿命长等优点,在近代测试技术中获得了广泛应用,本节仅就一般常用的半导体磁敏器件作一些概述。

一、霍尔器件

图 3-40 所示的长方形半导体薄片(一般由锗、锑化铟、砷化铟等半导体材料制成)称为霍尔片。若霍尔片的 x 轴方向通过控制电流 I_c,z 轴方向通过磁感应强度为 B 的磁场,则载流子受垂直于 I_c 和 B 的洛伦兹力的作用而向 y 轴方向偏转,从而使霍尔片垂直于 y 轴方向的两侧面间产生电位差 u_H。这种现象称为霍尔效应,u_H 称为霍尔电压,其大小为

$$u_H = k_H I_c B \sin\alpha \tag{3-45}$$

式中,k_H 为霍尔常数,决定于霍尔片的材质、温度、元件尺寸;B 为磁感应强度(T);α 为电流与磁场方向的夹角。

分析式(3-45)得知,如果被测量能改变 B 或 I_c,或者两者同时改变,就可以改变 u_H 值,运用这一因果关系,就可以把被测参数转换为电压变化。

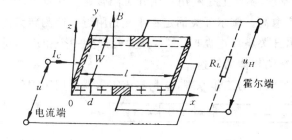

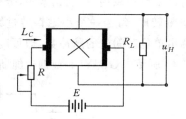

图 3-40　霍尔器件的工作原理　　　　　图 3-41　霍尔器件的基本电路

图 3-41 为霍尔器件的基本电路形式,控制电流 I_c 由电源 E 供给,R 为可调电阻,以保证得到所需的控制电流数值。输出端接负载电阻 R_L。磁场 B 应与元件平面垂直,图示为 B 指向纸面。

在实际测量中,可以把 I_c 与 B 的乘积作为输入,也可以把 I_c 或 B 单独作为输入。通过霍尔电势输出得到测量结果。

霍尔器件有分立元件型和集成型两种,分立元件型霍尔器件是由单晶体材料制成,已普遍

应用。集成型霍尔器件是利用硅集成电路工艺制成,它的敏感部分与变换电路制作在同一基片上。图 3-42 所示为一种典型的开关型集成霍尔传感器,它包括敏感、放大、整形、输出等四部分。其工作原理是,当外界磁场作用于霍尔片上时,其敏感部分将产生一定的霍尔电势,此信号经差分放大,再输入施密特触发器,整形后形成方波。该方波可控制输出管的导通与截止,则输出端为 1、0 两种状态。集成型与分立型元件比较,不仅体积大为缩小,而且灵敏度大为提高,具有广阔的应用前景。

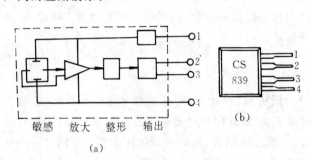

(a)

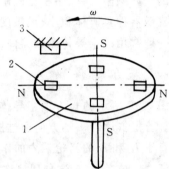

(b)

图 3-42 开关型集成霍尔器件

图 3-43 霍尔转速传感器的工作原理

1—待测物体;2—小磁钢;

3—霍尔开关集成电路

由于霍尔传感器具有结构简单、体积小、频率响应宽、动态范围大、无接触、寿命长等优点,所以在工程测量中有着广泛的应用领域,图 3-43 是霍尔传感器在工程测试中应用的典型例子。

图 3-43 所示为霍尔转速传感器的工作原理,实际上是利用霍尔开关测转速。在待测转盘上有一对或多对小磁钢,小磁钢愈多,分辨率愈高。霍尔开关固定在小磁钢附近。待测转盘以角速度 ω 旋转时,每当一个小磁钢转过霍尔开关集成电路时,霍尔开关便产生一个相应的脉冲。检测出单位时间内的脉冲数,即可确定待测物体的转速。

图 3-44 所示为 GDJY- I 型钢丝绳断丝检测仪的工作原理,这是集成霍尔器件用于钢丝绳

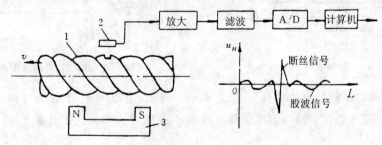

图 3-44 GDJY- I 型钢丝绳断丝检测仪工作原理

1—钢丝绳;2—霍尔元件;3—永久磁铁

无损伤检测技术实例。图中,永久磁铁对钢丝绳局部磁化,当有断丝时,在断口处出现漏磁场,霍尔器件通过此磁场时,被转换为一个脉冲的电压信号。对该信号作滤波,并经 A/D 转换处理后,进入计算机分析,识别出断丝根数及位置。该项技术成果已成功地应用于矿井提升钢丝绳断丝检测,获得了良好的检测效果。

二、磁阻器件

磁阻器件类似于霍尔器件,当霍尔片受到与电流方向垂直的磁场作用时,不仅会产生霍尔效应引起的霍尔电势,而且还会出现半导体电阻率增大的现象,这种现象称为磁阻效应(或称为高斯效应)。磁阻效应与霍尔效应区别在于,霍尔电势是指垂直于电流方向的横向电压,而磁阻效应则是沿电流方向产生的阻值变化。磁阻效应与材料性质及几何形状有关,一般迁移率愈大的材料,磁阻效应愈显著;元件的长、宽比愈小,磁阻效应愈大。

磁阻器件可用于位移、力、速度,加速度等参数的测量。图 3-45 所示为一种测量位移的磁阻效应传感器。将两片磁阻元件置于磁场中,并同时相对于磁场产生位移时,元件内阻 R_1、R_2 将发生变化,一个阻值增大,另一个阻值减小,如果将 R_1、R_2 接于电桥中,则输出电压与电阻的变化成比例。

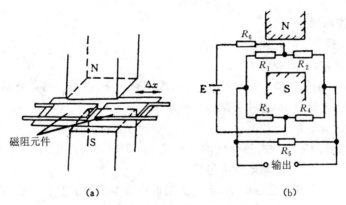

图 3-45　磁阻效应位移传感器
(a)磁阻元件置于磁场中；(b)测量电路

20 世纪 70 年代以来,还发展了一种磁敏二极管半导体器件,被用于借助磁场触发的无触点开关、磁力探伤仪等。其优点是该器件检测磁场变化的灵敏度很高,体积小,功耗小,其缺点是有较大的噪音、漂移和温度系数等。

3-9　热敏传感器

工程中常用的热敏传感器有热电式和热电阻式两大类型。热电式是利用热电效应,将热直接转换成为电量输出。典型的器件有热电偶。热电阻式是将热转换成为材料的电阻变化,其转换原理基于热-电阻效应。按热敏材料的不同,可分为金属导体热电阻和半导体热敏电阻两种。

一、热电偶

1. 热电偶的基本结构

热电偶的基本结构如图 3-46(a)所示,把两种不同材料的导体 A、B 焊接成闭合回路,结点温度 T、T_0 不同(一般 $T > T_0$)。结点 T 置于被测温度场中,称为热端或工作端;结点 T_0 一般要求其温度恒定,称为冷端或参考端。

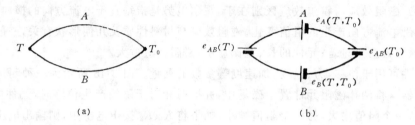

(a)   (b)

图 3-46 热电偶的基本结构简图

2. 热电偶的工作原理

热电偶工作原理基于热电效应。

1)热电效应

将两种不同材料的金属导体(或半导体),连接成闭合回路,把两个结点分别置于不同温度的热源中,回路中就有电流产生,这种现象称为热电效应。

2)热电势的组成

热电偶导体中流通的电流是由热电偶的热电势 $e_{AB}(T, T_0)$ 所产生的,而热电势是由两种导体的接触电势和单一导体的温差电势所组成。

(1)接触电势。金属中都有自由电子,不同金属的自由电子的浓度和功能不同。在两种不同金属 A、B 的焊接点处,浓度大、动能高的金属电子向浓度小、动能低的金属扩散,一端失去电子而带正电,另一端得到电子而带负电,于是在连接点处形成了电位差,即电动势。这种现象称为珀尔帖效应,该接触电势称为珀尔帖电势。很显然,接触电势与两种金属接触处的温度有关。所以说,接触电势是一种热电势。对于金属 A、B 所组成的闭合回路,当两结点的温度为 T、T_0 时,接触电势分别为

$$e_{AB}(T) = \frac{kT}{e}\ln\frac{N_A}{N_B}, \quad e_{AB}(T_0) = \frac{kT_0}{e}\ln\frac{N_A}{N_B}$$

由于 $e_{AB}(T)$ 与 $e_{AB}(T_0)$ 的方向相反,所以总接触电势为

$$e_{AB}(T) - e_{AB}(T_0) = \frac{kT}{e_N}\ln\frac{N_A}{N_B} - \frac{kT_0}{e_N}\ln\frac{N_A}{N_B} = \frac{k}{e_N}(T - T_0)\ln\frac{N_A}{N_B} \tag{3-46}$$

式中,k 为波尔兹曼常数$(k=1.38\times10^{-16}\text{J/K})$;$e_N$ 为电子电荷量,$e_N=1.6\times10^{-19}\text{C}$;$N_A$、$N_B$ 分别为金属 A、B 的自由电子密度。

(2)单一导体的温差电势。在一根均质的金属导体上,如果存在温度梯度,即两端存在温差,那么在导体内部由于两端的自由电子相互扩散的速率不同,也会产生电动势。这一现象称为汤姆逊效应,其电势称为汤姆逊电势,又称为温差电势。如果均质导体两端的温度分别为 T、T_0,则温差电势为

$$e_A(T,T_0)=\int_{T_0}^{T}\sigma_A\text{d}T,\quad e_B(T,T_0)=\int_{T_0}^{T}\sigma_B\text{d}T$$

对于金属 A、B 组成的闭合回路,当结点温度 $T>T_0$ 时,如暂不考虑珀尔帖电势,则温差总电势为

$$e_A(T,T_0)-e_B(T,T_0)=\int_{T_0}^{T}(\sigma_A-\sigma_B)\text{d}T \tag{3-47}$$

式中,σ 为汤姆逊系数,或温差系数,表示温差为一度时所产生的电势值。

(3)总热电势。对于均质导体 A、B 组成的闭合回路(见图 3-46)(b),当两结点温度 $T>T_0$ 时,闭合回路中就会产生一环行电流。这就是贝塞克效应,闭合回路的总热电势也称为贝塞克电势,它是由上述两种电势所组成的代数和,即

$$e_{AB}(T,T_0)=\sum e=e_{AB}(T)+e_B(T,T_0)-e_{AB}(T_0)-e_A(T,T_0)$$

$$=\frac{k(T-T_0)}{e_N}\ln\frac{N_A}{N_B}-\int_{T_0}^{T}(\sigma_A-\sigma_B)\text{d}T \tag{3-48}$$

式(3-48)表明,如果闭合回路中 A、B 两种金属的材料相同或两结点的温度相等,则回路的总热电势等于零。由此可见,闭合回路产生热电势必须具备两个条件,即:

a.闭合回路必须用两种不同的金属材料构成;

b.闭合回路的两结点必须具有不同的温度。

实际测温用的热电偶就是基于贝塞克效应制成的。A、B 两种金属材料在热电偶闭合回路中称为热电极。

3. 热电偶的基本定律

从前面叙述得知,热电偶由两种不同的材料构成闭合回路,但由于实际测温时,这个回路必须在冷端部分断开,接入测电势的仪表(如电压表或电位差计)。因此,要引入第三种附加材料和结点,下面引入三个定律来概括材料和结点对测温的影响。

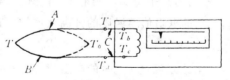

图 3-47　中间导体定律的应用

1)中间导体定律

当热电偶回路的一个或两个结点被断开,接入一种或多种金属材料的中间导体后,如果全部新结点处的温度和原来结点的温度相同,那么合成电势不变,如图 3-47 所示。图中引入了 C

材料,引入了 T_a、T_b、T_c 和 T_d 等新结点,只要这些结点的温度与原来冷端结点 T_0 的温度相同,其总热电势不变。

2)参考电极定律

热电偶结点温度为 T、T_0 时所产生的热电势,等于该热电偶的两个电极 A、B 分别与参考电极 C(又称标准电极)组成的两个热电偶的热电势之差。这就是参考电极定律,如图 3-48 所

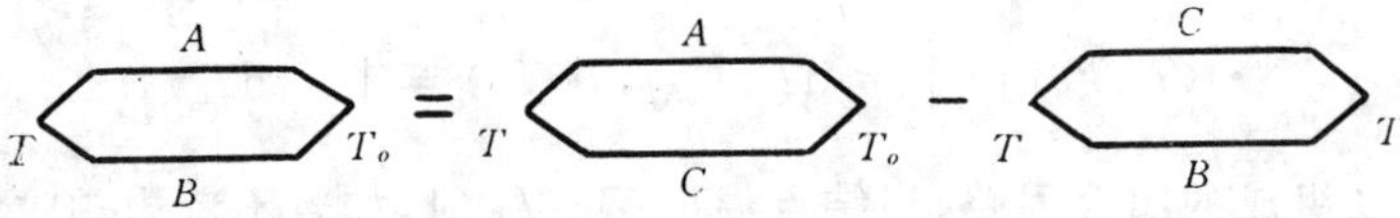

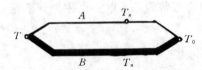

图 3-48　参考电极定律

示。其中的标准电极 C 常为物理性能和化学性能较稳定的铂丝。参考电极定律又称标准电极定律,或称热电偶相配定律。其可用下式表示:

$$e_{AB}(T,T_0) = e_{AC}(T,T_0) - e_{CB}(T,T_0) \tag{3-49}$$

3)中间温度定律

由两种材料的热电极组成的热电偶,在结点温度 (T, T_0) 时所产生的热电势 $e_{AB}(T,T_0)$,等于该热电偶在温度 (T,T_n) 和 (T_n,T_0) 时分别产生的热电势 $e_{AB}(T,T_n)$ 和 $e_{AB}(T_n,T_0)$ 的代数和。这就是中间导体定律,如图 3-49 所示。其热电势可用下式表示:

图 3-49　中间温度为 T_n 时的热电偶

$$e_{AB}(T,T_0) = e_{AB}(T,T_n) + e_{AB}(T_n,T_0) \tag{3-50}$$

通常,热电偶分度表都是以冷端为 0℃ 时作出的。而在实际测温中,常常会遇到冷端温度不为零度,这时可以根据中间温度定律很方便地从分度表中查取热电偶在各种温度时的热电势。

常用热电偶的基本类型和使用情况,详见本书第九章。

二、金属热电阻

常用的热敏金属丝材料有铂、铜、镍等,它们都具有正的温度系数,即在一定的温度范围内,它们的电阻值随温度的升高而增加。其电阻与温度的关系可近似表示为

$$R_t = R_0[1 + \alpha(t - t_0)] = R_0(1 + \alpha\Delta t) \tag{3-51}$$

式中,R_t 表示温度为 t 时的电阻值;R_0 表示温度为 t_0 时的电阻值;α 表示电阻的温度系数。

由式(3-51)可知,通过测量金属丝的电阻就可确定被测物体的温度值。

为了提高测温的灵敏度和准确度,所选的热敏金属材料应具有尽可能大的温度灵敏系数和稳定的物理、化学性能,并具有良好的抗腐蚀性和线性。常用的铂材料具有这些优点。

用金属温度计测温时,一般先把温度变化引起的电阻变化量通过电桥转换为电压的变化,

再经放大或直接由显示仪表显示被测温度值。常用的显示仪表有测温比率计、动圈式温度指示器、手动或自动平衡桥、数字仪表等。

三、半导体热敏电阻

半导体热敏电阻的材料是一种由锰、镍、铜、钴、铁等金属氧化物按一定比例混合烧结而成的半导体。一般称为半导体热敏电阻，或简称热敏电阻。它具有负的电阻温度系数，随温度上升而阻值下降。

根据半导体理论，在一定的温度范围内，热敏电阻在温度 T 时的电阻为

$$R = R_0 e^{\beta\left(\frac{1}{T} - \frac{1}{T_0}\right)} \tag{3-52}$$

式中，R_0 为温度 T_0 时的电阻值，一般 T_0 取为 $25℃$；R 为温度 T 时的电阻；β 为材料的特性系数，一般温度范围在 $2000\sim4500K$ 内，取 $\beta\approx3400K$。

由式(3-52)可知，测出热敏电阻的阻值后，就可以确定被测物体的温度。

半导体热敏电阻与金属热电阻比较，有如下优点：

(1)电阻温度系数大，灵敏度高，可测量微小的温度变化值。例如，可以测出 $0.001\sim0.005℃$ 的温度变化。

(2)体积小，热惯性小，响应快。例如，直径可小到 $0.5mm$，响应时间可短到毫秒级。

(3)元件本身的电阻值可达 $3\sim700k\Omega$，当远距离测量时，导线电阻的影响可不考虑。

(4)在 $-50\sim350℃$ 时的温度范围内，具有较好的稳定性。

典型的热敏电阻元件有圆形、杆形和珠形等，其结构及温度特性如图 3-50 所示。图中，曲线上所标的是其室温下的电阻值。

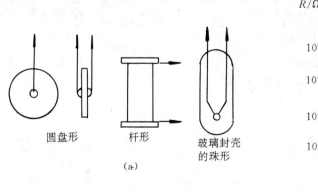
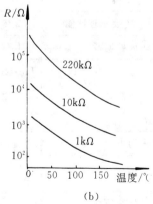

图 3-50　典型的热敏电阻器件及温度特性

热敏电阻器件被广泛用于测量仪器、自动控制、自动检测等装置中。

3-10 气敏传感器

一、气敏传感器及分类

气敏传感器是利用材料的物理和化学性质受气体作用后发生变化的原理而工作的一种器件。它可用于气体检漏、气体浓度检测、气体成分检测、事故报警以及机器人的嗅觉等方面。作为感官或信息输入部分之一的气体传感器,是人类不可缺少的,它相当于人类的鼻子,美称为电鼻子。

气敏传感器的种类较多,主要包括有:敏感气体种类的气敏传感器、敏感气体量的真空度气敏传感器,以及检测气体成分的气体成分传感器。前者主要有半导体气敏传感器和固体电解质气敏传感器,后者主要有高频成分传感器和光学成分传感器。

由于半导体气敏传感器具有灵敏度高、响应快、使用寿命长和成本低等优点,应用很广,因此,本节将着重介绍半导体气敏传感器。

二、半导体气敏传感器及应用

半导体气敏传感器是利用半导体气敏元件同气体接触后,造成半导体性质的变化,藉以来检测特定气体的成分或者测量其浓度的传感器。

半导体气敏传感器的分类如表 3-1 所示。

表 3-1　半导体气敏传感器的分类

	主要物理性能	传感器举例	工作温度	代表性被测气体
电阻式	表面控制型	氧化锡、氧化锌	室温~450℃	可燃性气体
	体控制型	Lal-xSrxCoO₃ γ-Fe$_2$O$_3$,氧化钛,氧化钴,氧化镁,氧化锡	300~450℃ 700℃以上	酒精,可燃性气体 氧气
非电阻式	表面电位	氧化银	室温	
	二极管整流特性	铂/硫化镉,铂/氧化钛	室温~200℃	氢气,一氧化碳,酒精
	晶体管特性		150℃	氢气,硫化氢

半导体气敏传感器大体上可分为两类,即电阻式和非电阻式,电阻式半导体气敏传感器是利用气敏半导体材料,如氧化锡(SnO_2)、氧化锰(MnO_2)等金属氧化物制成敏感元件,当它们吸收了可燃气体的烟雾,如氢、一氧化碳、烷、醚、醇、苯以及天然气、沼气等时,会发生还原反应,放出

热量,使元件温度相应增高,电阻发生变化。利用半导体材料的这种特性,将气体的成分和浓度变换成电信号,进行监测和报警。由于它们具有对气体辨别的特殊功能,故称之为"电鼻子"。

图 3-51 所示为典型气敏元件的阻值-浓度关系。从图中可以看出,元件对不同气体的敏感程度不同,如对乙醚、乙醇、氢气等具有较高的灵敏度,而对甲烷的灵敏度较低。一般随气体的浓度增加,元件阻值明显增大,在一定范围内呈线性关系。

电阻式半导体气敏传感器分表面控制型和体控制型两类,其特点是敏感元件的结构简单,信号不需要专门的放大电路放大,故得到了广泛的应用。表面控制型气敏传感器有 SnO_2、ZnO、WO_3、V_2O_5、TiO_2、Cr_2O_3、CdO 等类型,其中最具有代表性的是 SnO_2 型和 ZnO 型气敏传感器。气敏传感器的气敏元件的电阻变化与元件的微观结构密切相关。图 3-52 所示为烧结型多孔气敏元件的工作原

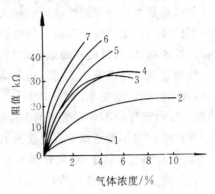

图 3-51　气敏器件的阻值-浓度关系

1—甲烷;2——氧化碳;
3—正乙烷;4—轻汽油;
5—氢气;6—乙醚;
7—乙醇

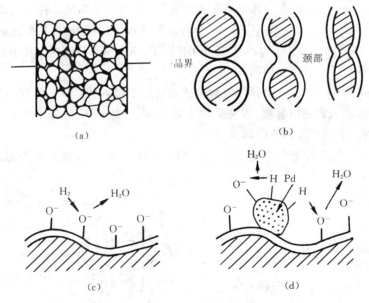

图 3-52　烧结型多孔气敏元件的工作原理

(a)多晶元件;　(b)各晶粒结合情况;　(c)除去可燃气体的吸附氧气;　(d)激活剂的作用

理,图(a)表示烧结型多孔元件是块状晶粒的集合体;图(b)表示晶粒边界处的接触情况,以及

粗颈部和细颈部结合的情况。由于 N 型半导体吸附了氧,从而产生缺乏电子的表面空间电荷层,使晶粒边界和颈部的电阻在元件中最高,该电阻代表了整个元件的阻值。因此晶粒结合部的形状和数量对传感器的性能影响很大。晶粒颈部结合时,颈部的表面电导率影响是主要的。当颈部包含的厚度为整个表面空间电荷层厚度时,元件接触气体后所引起的电阻变化最大。在晶粒边界接触处,通过晶界的电子必然移动。由于晶界处因氧化吸附作用而形成电势壁垒,故电子移动必须越过该壁垒。当接触气体时,电势壁垒随着吸附氧的减少而降低,因而电子易于移动,故元件的电阻变小。图 3-52(c)和(d)所示为氢气在气敏元件表面上的化学反应模型。图(c)表示气敏元件中不含有激活剂 Pd,吸附的氧气与被测气体之间必须直接反应。图(d)表示气敏元件中添加了激活剂 Pd(贵金属)时氢气在其表面上发生化学反应,在反应初期,氢气在Pd 表面上分解成氢离子(活化作用),然后移向半导体表面,并跟着发生吸附效应。被检测气体的活化实质上是 Pd 的催化作用,从微观结构看,活化作用是因为在半导体晶粒的结合处存在Pd。应注意,增加 Pd 要适量,通常 Pd 的最佳添加量是百分之几。

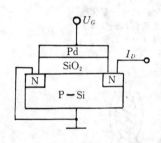

图 3-53 Pd-MOSFET 元件
工作原理

非电阻式半导体气敏传感器根据气体的吸附和反应,利用半导体的切函数,对气体直接或间接的检测。非电阻式气敏传感器有 FET 型和二极管型两种。MOSFET 场效应的控制作用,是在控制极加电场,使半导体形成导电通路,从而控制漏电流。若这种控制作用随环境而变化,则利用这种现象可构成气敏传感器。如果 MOSFET 的 SiO_2 层做得极薄(100nm),并在控制极加一薄层Pd(100nm),则可用这种 Pd-MOSFET 检测空气中的氢。其工作原理如图 3-53 所示。

半导体气敏传感器可用于可燃性气体的检测与检漏,从而可在灾害事故发生前,向人们发出警报,以便采取有效措施,防患于未然;或者后接处理系统,自动消除事故的发生。下面举实例说明其应用。

图 3-54 所示为广泛应用于家用气体泄漏警报器的 TGS109 型气敏传感器的结构,兼作电

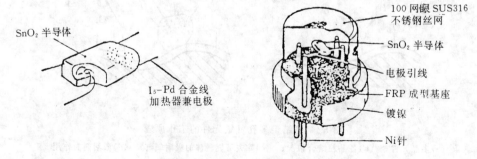

图 3-54 TGS109 型传感器的结构

极的加热器直接埋入块状 SnO_2 半导体内。为了获得适当的气体灵敏度,半导体加热器应加热后才能使用。另外,传感器中串联一个 $4k\Omega$ 的负载电阻,外加 $100V$ 的电路电压。

　　自动换气扇能敏感厨房内的烟和烟雾,并使换气扇工作,从而自动净化室内空气。图 3-55 所示为换气扇的工作电路图,室内污染气体的浓度增加,则传感器的电阻值减小。若空气污染达到一定浓度,则图 3-55 中晶体管 T_1 接通,继电器随即工作,启动换气扇。如图 3-56 所示,污染气体的浓度超过由 VR_2 给定的浓度 C_1 时,换气扇工作,把污染的气体排出。但是,即使气体浓度低于给定值 C_1,换气扇仍继续工作,只有浓度到达 C_d 点,换气扇才停止工作。这样才可避免换气扇发生跳跃现象,达到充分换气。另外,给出 R_1 和 VR_1 是为了补偿元件的固有电阻和灵敏度偏差。

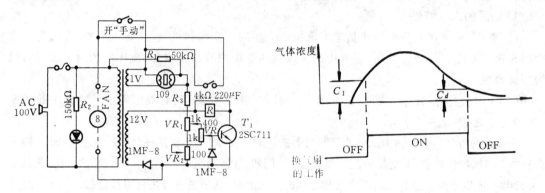

图 3-55　换气扇的工作电路图　　　　　图 3-56　气体浓度变化和换气扇的工作状态

3-11　超声波传感器

一、声学基础知识

1. 声波及其分类

　　声波是一种能在气体、液体和固体中传播的机械波。根据振动频率的不同,可分为次声波、声波、超声波和微波等。其频率界限如图 3-57 所示。

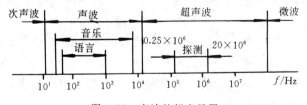

图 3-57　声波的频率界限

(1)次声波:振动频率低于 16Hz 的机械波。

(2)声波:振动频率在 $16\sim2\times10^4$Hz 之间的机械波,在这个频率范围内能为人耳所闻。

(3)超声波:高于 2×10^4Hz 的机械波。

(4)微波:频率在 $3\times10^8\sim3\times10^{11}$Hz 之间的机械波。

2. 声压与声强

介质中有声波传播时的压强与无声波传播时的静压强之差称为声压。随着介质中各点声振动的周期性变化,声压也在作周期性变化,声压的单位是 Pa(N/m²)。

声强又称为声波的能流密度,即单位时间内通过垂直于声波传播方向的单位面积的声波能量。声强是一个矢量,它的方向就是能量传播的方向,声强的单位是 W/m²。

3. 物质的声学特性

(1)声速:声波在介质中的传播速度取决于介质的密度和弹性性质。除水以外,大部分液体中的声速随温度的升高而减小,而水中的声速则随温度的升高而增加。流体中的声速随压力的增加而增加。

(2)声阻抗特性:声阻抗特性能直接表征介质的声学性质,其有效值等于传声介质的密度 ρ 与声速 c 之积,记作 $Z=\rho c$。

声波在两种介质的界面上反射能量与透射能量的变化,取决于这两种介质的声阻抗特性。两种介质的声阻抗特性差愈大,则反射波的强度愈大。例如,气体与金属材料的声阻抗特性之比,接近于 1:80000,所以当声波垂直入射在空气与金属的界面上时,几乎是百分之百地被反射。

温度的变化对声阻抗特性值有显著的影响,实际中应予以注意。

(3)声的吸收:传声介质对声波的吸收是声衰减的主要原因之一。固体介质的结构情况对声波在其中的吸收有很大的影响。例如,均匀介质对超声波的吸收并不显著,而当介质结构不均匀时,声吸收情况将发生明显变化。

二、超声波及其物理性质

1. 超声波的波型

由于声波在介质中施力方向与声波在介质中传播方向的不同,声波的波型也不同,通常有以下几种。

(1)纵波:质点振动方向与波的传播方向一致的波称为纵波,纵波能在固体、液体和气体中传播。

(2)横波:质点振动方向与波的传播方向相垂直的波称为横波,横波只能在固体中传播。

(3)表面波:质点的振动介于纵波和横波之间,沿着表面传播,振幅随深度增加而迅速衰减的波称为表面波。表面波质点振动的轨迹是椭圆形,其长轴垂直于传播方向,短轴平行于传播方向。表面波只在固体的表面传播。

2. 超声波的物理性质

超声波与一般声波比较,它的振动频率高,而且波长短,因而具有束射特性,方向性强,可以定向传播,其能量远远大于振幅相同的一般声波,并且具有很高的穿透能力。例如,在钢材中甚至可穿透 10m 以上。

超声波在均匀介质中按直线方向传播,但到达界面或者遇到另一种介质时,也像光波一样产生反射和折射,并且服从几何光学的反射、折射定律。超声波在反射、折射过程中,其能量及波型都将发生变化。

超声波在界面上的反射能量与透射能量的变化,取决于两种介质的声阻抗特性。和其他声波一样,两种介质的声阻抗特性差愈大,则反射波的强度愈大。例如,钢与空气的声阻抗特性相差 10 万倍,故超声波几乎不通过空气与钢的界面,全部反射。

超声波在介质中传播时,随着传播距离的增加,能量逐渐衰减,能量的衰减决定于波的扩散、散射(或漫射)及吸收。扩散衰减,是超声波随着传播距离的增加,在单位面积内声能的减弱;散射衰减,是由于介质不均匀性产生的能量损失;超声波被介质吸收后,将声能直接转换为热能,这是由于介质的导热性、粘滞性及弹性造成的。

三、超声波传感器及应用

以超声波为检测手段,包括有发射超声波和接收超声波,并将接收的超声波转换成电量输出的装置称为超声波传感器。习惯上称为超声波换能器或超声波探头。常用的超声波传感器有两种,即压电式超声波传感器(或称压电式超声波探头)和磁致式超声波传感器。

1. 压电式超声波传感器

压电式超声波传感器的结构如图 3-58 所示,主要由超声波发射器(或称发射探头)和超声

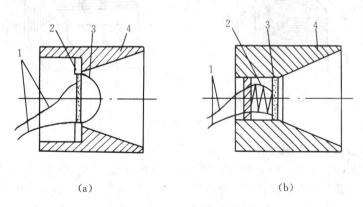

(a) (b)

图 3-58 超声波传感器结构

(a)超声波发射器; (b)超声波接收器

1—导线;2—压电晶片; 1—导线;2—弹簧;

3—音膜;4—锥形罩 3—压电晶片;4—锥形罩

波接收器(或称接收探头)两部分组成,它们都是利用压电材料(如石英、压电陶瓷等)的压电效应进行工作的。利用逆压电效应将高频电振动转换成高频机械振动,产生超声波,以此作为超声波的发射器。而利用正压电效应将接收的超声振动波转换成电信号,以此作为超声波的接收器。

超声波传感器的超声波频率与压电材料的厚度关系可由下式表示:

$$f = \frac{n}{2\delta}\sqrt{\frac{E}{\rho}} \tag{3-53}$$

式中,$n=1,2,3,\cdots$是谐波的级数;E 为压电晶片沿 x 轴方向的弹性模量;δ 为压电晶片的厚度;ρ 为压电晶片的密度。

从上式得知,压电晶片在基频工作厚度振动时,压电晶片厚度 δ 相当于压电晶片振动的半波长,因此,可依此规律选择压电晶片的厚度。

在实际应用中,压电式超声波传感器的发射器和接收器合为一体,由一个压电元件作为"发射"和"接收"兼用,其工作原理为,将脉冲交流电压加在压电元件上,使它向被测介质发射超声波,同时又利用它接收从该介质中反射回来的超声波,并将该反射波转换为电信号输出。因此,压电式超声波传感器实质上是一种压电式传感器。

2. 磁致式超声波传感器

磁致式超声波传感器的结构如图 3-59 所示,主要由铁磁材料和线圈组成。超声波的发射原理是:把铁磁材料置于交变磁场中,产生机械振动,发射出超声波,如图 3-59(a)所示。其接收原理是:当超声波作用在磁致材料上时,使磁致材料振动,引起内部磁场变化,根据电磁感应原理,使线圈产生相应的感应电势输出,如图 3-59(b)所示。

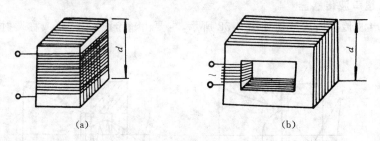

|(a)|(b)|

图 3-59 磁致式超声波传感器

3. 超声波传感器的应用

利用超声波反射、折射、衰减等物理性质,可以实现液位、流量、粘度、厚度、距离以及探伤等参数的测量。所以,超声波传感器已广泛地应用于工业、农业、轻工业以及医疗等各技术领域。

图 3-60 所示为用超声波传感器(或称超声波探头)测厚的工作原理,主控制器控制发射电路,按一定频率发出脉冲信号,此信号经过放大后,一方面加于示波器上,另一方面激励探头,发出超声波,至试件底面反射回来,再由同一探头接收,接收到的超声波信号也经放大后与标记发生器发出的定时脉冲信号同时输入示波器,在示波器荧光屏上可以直接观察到发射脉

冲和接收脉冲信号,根据横轴上的标记信号,可以测出从发射到接收的时间间隔 t,如果已知超声波在试件中的传播速度 c,那么试件厚度 h 很容易求得,即 $h=ct/2$。

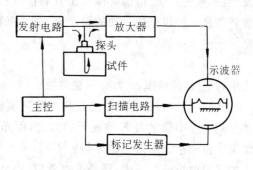

图 3-61 所示为超声波探伤仪的工作原理,高频脉冲发生器间歇地发出数微秒的短暂脉冲去激励探头,并转换为同频率的声能进入试件向前传播,当遇到试件中的裂缝时,立即反射回来,并由同一探头接收,经转换、放大、检波以后,输送至示波器的垂直偏转板上,在高频脉冲发射的同时,扫

图 3-60　超声波测厚的工作原理

描发生器在示波器的水平偏转板上施加与时间成线性关系的锯齿波电压,形成时间基线。从示波器图形中可以判定从裂缝反回的脉冲波 F、初始波 T 和底波 B。对于裂缝的大小和形状,可以借助已知标准裂缝由标定的方法求得。

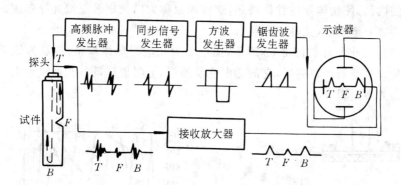

图 3-61　超声波探伤仪的工作原理

此外,利用超声波传感器作为机器人的眼睛,已被证明完全可以识别一些物体的位置和形状。

3-12　光电传感器

光电传感器通常是指能敏感到由紫外线到红外线光的光能量,并能将光能转化成电信号的器件。应用这种器件检测时,是先将其物理量的变化转换为光量的变化,再通过光电器件转化为电量。其工作原理是利用物质的光电效应。

一、光电效应及分类

物质(金属或半导体)在光的照射下释放电子的现象称为光电效应。从物理学得知,光具有波、粒二重性:光在传播时体现出波动性;当光与物质互相作用时体现出粒子性。此时,光可以被看作是一种以光速运动的粒子流,每一束粒子流称为光子。光子运动的速度$c=3\times10^8$m/s,每一个光子的能量为

$$E = hf \tag{3-54}$$

式中,f为光的频率;h为普朗克常数。

式(3-54)表明,光子的能量与光的频率成正比。当光照射到某一物体时,就可以看作该物体受到一连串能量为E的光子的轰击,而光电效应就是构成物体的材料能吸收到光子能量的结果。由于被光照射的物体材料不同,所产生的光电效应也不同,通常光照射到物体表面后产生的光电效应分为三类,即外光电效应、内光电效应和光生伏打效应。由于后两种效应应用相当广泛,故以下只介绍后两种效应以及典型的常用光电器件。

二、内光电效应及光敏电阻

某些晶体或半导体,在光照射下,吸收一部分光能,使内部原子释放电子,但这些电子仍留在这些物体的内部,使物体导电性能增强,这种现象称为内光电效应或光导效应。能产生内光电效应的器件有光敏电阻(又称光导管)。

光敏电阻的工作原理如图3-62所示,图中2为光敏半导体薄膜,一般为铊、镉、铋的硒化合物或硫化物。当受到光辐射时,它的导电性能加强,电阻值降低。光通量愈大,电阻值愈小,故此电阻称为光敏电阻。

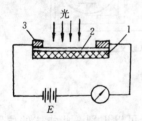

图 3-62 光敏电阻
1—绝缘底座;2—半导体薄膜;
3—电极

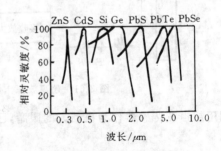

图 3-63 光敏电阻材料的感光特性

光敏电阻的阻值变化与光的波长有关。因此,一般根据波长选择材料。如图3-63所示,图中CdS(硫化镉)材料,适用于可见光(0.40~0.75μm)范围;硫化锌(ZnS)材料适用于紫外线范围;硒化铅(PbSe)、碲化铝(PbTe)等材料,适用于红外线范围。光敏电阻无极性,作纯电阻用。

三、光生伏打效应及典型器件

在半导体与金属或半导体P-N结的结合面上,当受到光照射时,会发生电子与空穴的分离,从而在接触面两边产生电势的现象,称为光生伏打效应。基于光生伏打效应的典型器件有

光电池、光敏晶体管等。

1. 光电池

光电池是一种直接将光能转换成电能的半导体器件。其种类较多,在测试中常见的有硒光电池及硅光电池两种。下面以硒光电池为例,简述其结构及工作原理。如图 3-64 所示,在作为电极的 1~2mm 厚的金属片上,覆盖一层半导体硒;然后在硒层上,浅镀一层金属薄膜(如黄金),作为另一电极;经热处理后(热扩散),在硒与金属薄膜的分界面上形成阻挡层。当入射光透过半透明的金属薄膜到达半导体时,硒半导体中出现的自由电子和空穴,由于阻挡层的存在,只有其中的自由电子可以顺利通过阻挡层到达金属上,因而,在金属膜上积累更多的电子,而在另一极上积累更多

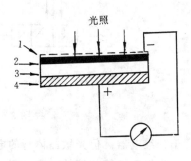

图 3-64　硒光电池
1—半透明金属层;2—阻挡层;
3—硒层;4—金属电极

的空穴。因此,两者间除原有接触电位差外,还会产生一附加光生电位差。如用导线组成电路,则电流将从半导体端流出。若光线不断照射,则可连续产生电流。

光电池的最大特点是光电转换效率高,一般可达 8%~12%,目前最高可达 18%(理论值可达 20%)。在足够的阳光下,它可以产生 100W/m² 的电能。硅光电池广泛应用于人造卫星、宇宙飞船及工业自动控制和检测。

2. 光敏晶体管

光敏晶体管是一种利用受光照射时载流子增加的半导体光电元件。它与普通晶体管一样也具有 P-N 结。具有一个 P-N 结的叫光敏二极管,而具有两个 P-N 结的叫光敏三极管。

光敏二极管的结构与一般二极管相似,它的 P-N 结装在管顶上,可直接受到光照射。光敏二极管在电路中一般是处于反向工作状态。

如图 3-65 所示,无光照时,晶体管工作在截止状态,当光照射在 P-N 结上时,使少数载流子的浓度大大增加,因此,通过 P-N 结的反向电流也随之增加。如果入射光照射的强度变化,光生电子-空穴对的浓度也相应变化,通过外电路的光电流强度也

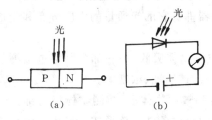

图 3-65　光敏二极管的工作原理

随之变化,可见光敏二极管能将光信号转换成电信号输出。

光敏三极管与一般三极管相似,具有两个 P-N 结。图 3-66(a)为 N-P-N 型光敏三极管的工作原理,当光照射到基极-集电极结上时,就会在结附近产生电子-空穴对,从而形成光电流,再输入到晶体管的基极。由于基极电流增加,因此集电极电流是光生电流的 β 倍。所以,光敏三极管不但具有把光信号转换成电信号的作用,同时还具有放大作用。光敏三极管的放大系数 β 决定于基极宽度和发射极的注入效率,一般为几十~几百倍,有的可达 1000 倍以上,故广泛

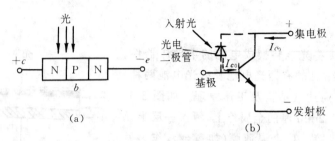

图 3-66   光敏三极管工作原理及等效电路

用于光继电器。但光敏晶体管的电容量大,不适合于高速工作的场合。

光敏三极管的等效电路如图 3-66(b)所示。

四、光电传感器的应用

由于光电传感器具有结构简单、重量轻、体积小、价格便宜、响应快、性能稳定及具有很高的灵敏度等优点,因此在检测和自动控制等领域中应用很广。

光电传感器按其工作原理可分为模拟式和脉冲式两类。所谓模拟式,是指光敏器件的光电流的大小随光通量的大小而变,为光通量的函数。而脉冲式光敏器件的输出状态仅有两种稳定状态,也就是"通"与"断"的开关状态,即光敏器件受光照射时,有电信号输出,不受光照射时,无电信号输出。

光电传感器在工业应用中可归纳为直射式、透射式、反射式和遮蔽式等四种基本形式。

直射式如图 3-67(a)所示,光源本身就是被测物体。被测物体的光通量指向光敏器件,产生光电流输出。这种形式常在光电比色高温计中作光电器件。它的光通量的强度分布和光谱的强度分布都是被测温度的函数。

透射式如图 3-67(b)所示,光源的光通量一部分由被测物体吸收,另一部分则穿过被测物体投射到光敏器件上。该形式常用于测量混合气体、液体的透明度、浓度等。

反射式如图 3-67(c)所示,光源发射出的光通量投射到被测物体上,被测物体又将部分光通量反射到光敏器件上。反射的光通量取决于被测物体的反射条件。该形式一般用于测量工件表面的粗糙度及测量转速等。

遮蔽式如图 3-67(d)所示,光源发射出的光通量投射到被测物体上,被测物体遮蔽光通量改变,则投影到光敏器件上的光通量也跟着改变。这种形式常用于测量位置、位移、振动、频率等,在自动控制中用作自控开关。

下面列举部分实例,说明光敏器件的具体应用。

1. 测量工件表面的缺陷

用光电传感器测量工件表面缺陷的工作原理如图 3-68 所示,激光管 1 发出的光束经过透

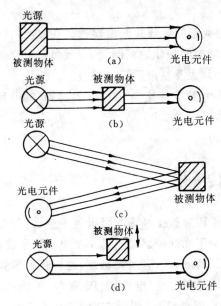

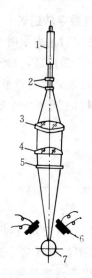

图 3-67　光敏器件在工业应用中的基本形式

图 3-68　检查零件表面缺陷的光电传感器
1—激光管；2、3、4—透镜；5—光栏；
6—硅光电池；7—工件

镜 2、3 变为平行光束,再由透镜 4 把平行光束聚焦在工件 7 的表面上,形成宽约 0.1mm 的细长光带。光栏 5 用于控制光通量。如果工件表面有缺陷(非圆、粗糙、裂纹等),则会引起光束偏转或散射,这些光被硅光电池 6 接收,即可转换成电信号输出。

2. 测量转速

图 3-69 所示为用光电传感器测量转速的工作原理。在电机的旋转轴上涂上黑白两种颜色(或粘贴反光物质),当电机转动时,反射光与不反射光交替出现,光电元件相应地间断接收光的反射信号,并输出间断的电信号,再经放大及整形电路输出方波信号,最后由电子数字显示器输出电机的转速。

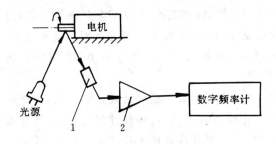

图 3-69　光电转速计工作原理
1—光电元件；2—放大及整形电路

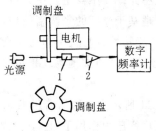

图 3-70　光电式数字转速表的工作原理
1—光电器件；2—放大器

3. 光电数字转速表

光电数字转速表如图 3-70 所示,该装置是一种典型的遮蔽式光敏器件。在被测的电机转轴上固定一个调速盘,将光源发出的恒定光调制成随时间变化的调制光。光线每照射到光敏器件上一次,则该光敏器件就产生一个电信号脉冲,经放大及整形后记录或显示。

若调制盘上开有 z 个缺口,测量记数时间为 $t(\mathrm{s})$,被测转速为 $n(\mathrm{r/min})$,则此时得到的计数值 c 为

$$c = ztn/60 \tag{3-55}$$

3-13　光纤传感器

光纤自 20 世纪 60 年代问世以来,就在传递图像和检测技术等方面得到了应用。利用光导纤维作为传感器的研究始于 20 世纪 70 年代中期。由于光纤传感器具有不受电磁场干扰、传输信号安全、可实现非接触测量,而且具有高灵敏度、高精度、高速度、高密度、适应各种恶劣环境下使用以及非破坏性和使用简便等等一些优点。无论是在电量(电流、电压、磁场)的测量,还是在非电物理量(位移、温度、压力、速度、加速度、液位、流量等)的测量方面,都取得了惊人的进展。

光纤传感器一般由三个环节组成,即信号的转换、信号的传输、信号的接收与处理。

信号的转换环节,将被测参数转换成为便于传输的光信号。

信号的传输环节,利用光导纤维的特性将转换的光信号进行传输。

信号的接收与处理环节,将来自光导纤维的信号送入测量电路,由测量电路进行处理并输出。

光纤传感器分为物性型(或称功能型)与结构型(或称非功能型)两类。

1. 物性型光纤传感器及其应用

物性型光纤传感器是利用光纤对环境变化的敏感性,将输入物理量变换为调制的光信号。其工作原理基于光纤的光调制效应,即光纤在外界环境因素(如温度、压力、电场、磁场等等)改变时,其传光特性(如相位与光强)会发生变化的现象。因此,如果能测出通过光纤的光相位、光强变化,就可以知道被测物理量的变化。这类传感器又被称为敏感元件型或功能型光纤传感器。

图 3-71 所示为施加均衡压力和施加点压力的两种光纤压力传感器形式。图 3-71(a)所示为光纤在均衡压力作用下,由于光弹性效应而引起光纤折射率、形状和尺寸的变化,从而导致光纤传播光的相位变化和偏振面旋转;图 3-71(b)所示为光纤在点压力作用下,引起光纤局部变形,使光纤由于折射率不连续变化导致传播光散乱而增加损耗,从而引起光振幅变化。

图 3-72 为光纤流速传感器,主要由多模光纤、光源、铜管、光电二极管及测量电路所组成。

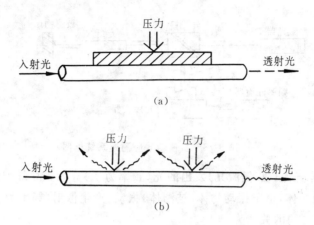

图 3-71　物性型光纤压力传感器原理

(a)施加均衡压力；(b)施加点压力

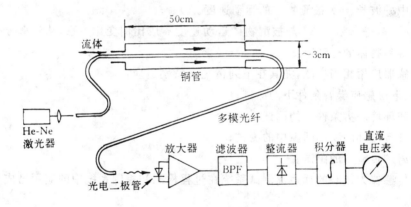

图 3-72　光纤传感器测流速的工作原理

多模光纤插入顺流而置的铜管中,由于流体流动而使光纤发生机械变形,从而使光纤中传播的各模式光的相位发生变化,光纤的发射光强出现强弱变化,其振幅的变化与流速成正比,这就是光纤传感器测流速的工作原理。

2. 结构型光纤传感器及其应用

结构型光纤传感器是由光检测元件与光纤传输回路及测量电路所组成的测量系统。其中光纤仅作为光的传播媒质,所以又称为传光型或非功能型光纤传感器。

图 3-73 所示为激光多普勒效应速度传感器测试系统,所谓多普勒效应,即当波源相对于介质运动时,波源的频率与介质中的波动频率不相同。同样,介质中的频率与一个相对于介质运动的接收器所记录的频率也不相同,这两种情况都称为多普勒效应,所产生的频率差称为多普勒频率。该系统主要由激光光源、分光器、光接收器、频率检测器及振动物体等部分组成。其

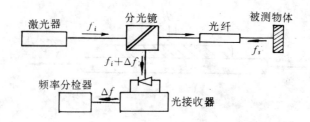

图 3-73　多普勒效应测速系统框图

工作原理为：由激光光源（氢-氦激光）发出的光（频率为 f_i）导入光导纤维，经过分光镜后，光线通过光纤射向振动物体，由于振动物体（被测体）振动，产生散射（频率为 f_s），被测物体的运动速度与多普勒频率之间的关系为

$$\Delta f = f_s - f_i = 2nv/\lambda$$

式中，f_i 为入射光频率，即激光源频率；f_s 为散射光频率；n 为发生散射介质的折射率；λ 为入射光在空气中的波长；v 为被测物体的运动速度。

上式表明，多普勒频率 Δf 与被测物体运动速度 v 成比例变化关系，从频率分检器中测得 Δf 后，即可得到物体的运动速度。

光纤传感器应用相当广泛，尤其在下列情况下特别适应：

在高压、电磁感应噪音条件下的测试；

在危险和环境恶劣条件下的测试；

在机器设备内部的狭小间隙中的测试；

在远距离的传输中的测试。

以光纤传感器为核心的远距离测试系统在过程检测和控制系统中的应用已成为当前的重点研究课题。

3-14　CCD 传感器

电荷耦合器件（Charge-Coupled Devices，简称 CCD）是一种在 20 世纪 70 年代初问世的新型半导体器件。利用 CCD 作为转换器件的传感器，称为 CCD 传感器（或称 CCD 图像传感器）。CCD 器件有两个特点：①它在半导体硅片上制有成百上千个（甚至上万个）光敏元，它们按线阵或面阵有规则地排列。当物体通过物镜成像于半导体硅平面上时，这些光敏元就产生与照在它们上面的光强成正比的光生电荷。②它具有自扫描能力，亦即将光敏元上产生的光生电荷依次有规则地串行输出，输出的幅值与对应光敏元上的电荷量成正比。由于它具有集成度高、分辨率高、固体化、低功耗和自扫描能力等一系列优点，故很快地被应用于工业检测。近几年来，CCD 研究已取得了惊人的发展。CCD 应用技术已成为光、机、电和计算机相结合的高新技术，已成为现代测试技术中最活跃、最富有成果的新兴领域之一。

一、电荷耦合器件(CCD)

电荷耦合器件分为线阵器件和面阵器件两种,其基本组成部分是 MOS 光敏元列阵和读出移位寄存器。

1. MOS 光敏元

图 3-74 所示为 MOS(Metal Oxide Semiconductor)光敏元的结构,它是在半导体(P 型硅)基片上形成一种氧化物(如二氧化硅),在氧化物上再沉积一层金属电极,以此形成一个金属-氧化物-半导体结构元(MOS)。

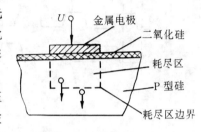

图 3-74　MOS 光敏元的结构

从半导体的原理得知,当在金属电极上施加一正电压时,在电场的作用下,电极下面的 P 型硅区域里的空穴将被赶尽,从而形成耗尽区。也就是说,对带负电的电子而言,这个耗尽区是一个势能很低的区域,称为"势阱"。如果此时光线入射到半导体硅片上,则在光子的作用下,半导体硅片上就形成电子和空穴,由此产生的光生电子被附近的势阱所吸收(或称俘获),而同时产生的空穴则被电场排斥出耗尽区。此时势阱内所吸收的光生电子数量与入射到势阱附近的光强成正比。人们称这样一个 MOS 结构元为 MOS 光敏元,或称为一个像素;把一个势阱所收集的若干光生电荷称为一个电荷包。

通常在半导体硅片上制有几百个或几千个相互独立的 MOS 元,它们按线阵或面阵有规则地排列。如果在金属电极上施加一正电压,则在该半导体硅片上就形成几百个或几千个相互独立的势阱。如果照射在这些光敏元上的是一幅明暗起伏的图像,则与此同时,在这些光敏元上就会感生出一幅与光照强度相对应的光生电荷图像。这就是电荷耦合器件的光电效应的基本原理。

2. 读出移位寄存器

读出移位寄存器的结构如图 3-75 所示。读出移位过程实质上是 CCD 电荷转移过程。在半

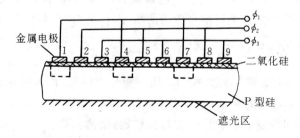

图 3-75　读出移位寄存器的结构

导体的底部上覆盖一层遮光层,以防止外来光干扰。由三个十分邻近的电极组成一个耦合单元(即传输单元),在这三个电极上分别施加了脉冲波 ϕ_1、ϕ_2、ϕ_3,如图 3-76 所示。

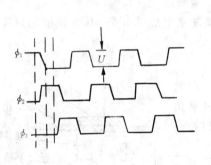 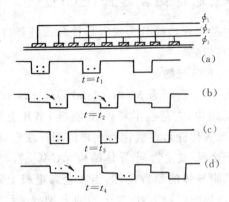

图 3-76　波形图　　　　　　　　图 3-77　电荷传输过程

电荷传输过程如图 3-77 所示。当 $t=t_1$ 时,$\phi_1=U,\phi_2=0,\phi_3=0$,此时半导体硅片上的势阱分布形状如图 3-77(a)所示。即只有 ϕ_1 极下形成势阱。

当 $t=t_2$ 时,$\phi_1=0.5U,\phi_2=U,\phi_3=0$,此时半导体硅片上的势阱分布形状如图 3-77(b)所示。即 ϕ_1 极下的势阱变浅,ϕ_2 极下的势阱变得最深,ϕ_3 极下没有势阱。根据势能原理,原先在 ϕ_1 极下的电荷就逐渐向 ϕ_2 极下转移。

当 $t=t_3$ 时,如图 3-77(c)所示,ϕ_1 极下的电荷向 ϕ_2 极下转移完毕。

当 $t=t_4$ 时,如图 3-77(d)所示,ϕ_2 极下的电荷向 ϕ_3 极下转移。

以此类推,一直可以向后进行电荷转移。

从图 3-77 可以看出,当 $t=t_2$ 时,由于 ϕ_3 极的存在,ϕ_1 极下的电荷只能朝一个方向转移。因此,ϕ_1、ϕ_2、ϕ_3 三个这样结构的电极在三相交变脉冲的作用下,就能将电荷包沿着二氧化硅界面的一个方向移动,在它的末端,就能依次接收到原先存储在各个 ϕ_1 极下的光生电荷。这就是电荷传输过程的物理效应。

上述这样一个传输过程,实际上是一个电荷耦合的过程,因此把这类器件称为"电荷耦合器件"。在电荷耦合器件中担任电荷耦合传输的单元,称为"读出移位寄存器"。

二、CCD 传感器的应用

CCD 传感器可依照其像素排列方式的不同主要分为线阵、面阵两种。

CCD 传感器用于非电量的测量,主要用途大致归纳为以下三个方面:

(1)组成测试仪器可测量物位、尺寸、工件损伤、自动焦点等。

(2)作光学信息处理装置的输入环节,例如用于传真技术、光学文字识别技术(OCR)与图像识别技术、光谱测量及空间遥感技术等方面。

（3）作自动流水线装置中的敏感器件,例如可用于机床、自动售货机、自动搬运车以及自动监视装置等方面。

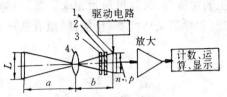

图 3-78 所示为用线阵 CCD 传感器测量物体尺寸的基本原理。

图 3-78　尺寸测量的基本原理
1—线阵 CCD 传感器;2—滤光片;
3—红外滤光片;4—透镜

当所用光源含红外光时,可在透镜与传感器之间加红外滤光片。若所用光源过强时,可再加一滤光片。

利用几何光学知识,可以很容易地推导出被测对象长度 L 与系统诸参数之间的关系:

$$\frac{1}{a} + \frac{1}{b} = \frac{1}{f}$$

$$M = \frac{b}{a} = \frac{np}{L}$$

$$L = \frac{1}{M}np = \left(\frac{a}{f} - 1\right)np \tag{3-56}$$

式中,f 为所用透镜焦距;a 为物距;b 为像距;M 为倍率;n 为线型传感器的像素数;p 为像素间距。

若已选定透镜(即 f 和视场 l_1 为已知),并且已知物距为 a,那么,所需传感器的长度 l_2 可由下式求出:

$$l_2 = \frac{f}{a - f} \cdot l_1 \tag{3-57}$$

测量精度取决于传感器像素与透镜视场的比值。为提高测量精度,应当选用像素多的传感器,并且应当尽量缩小视场。

3-15　生物传感器

一、生物传感器概述

前面已经提到过,从狭义上讲,传感器是把被测非电量转换成电量的装置。其中的非电量可以为各种物理量、化学量和生物量。人们常把光、声音、压力、温度等物理量转换为电量的传感器称为物理传感器,其功能相当于人类感官中的视觉、听觉和触觉。而把功能相当于人类嗅觉和味觉的传感器一般称为化学传感器,从某种意义上来讲,生物传感器可以说是化学传感器的一个分支。

生物体内存在多种具有选择亲和性的特殊物质,测出亲和性的变化量,即可检测被测物质的量。该技术的关键是使亲和物质固定化,形成识别元件。此外生物中的蛋白质、抗原、抗体、微生物、植物和动物组织、细胞器等都具有识别功能,将其固定在载体(或受体)上,形成固定化生物功能膜（又称识别元件或敏感元）。将这种用各种生物或生物物质作识别元件感受器和物理、化学能量转换器（换能器）组合在一起形成的装置，统称为生物传感器，其结构及工作原理

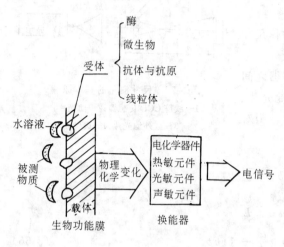

图 3-79　生物传感器的结构及工作原理

如图 3-79 所示。为了使用方便，通常把这些生物或生物物质固化在高分子、陶瓷、半导体、金属电极、压电体等固态基体上。换能器的作用是把识别物质部位的变化转换成为电信号。电化学测量装置、热敏装置、场效应晶体管、光电二极管、光导纤维、压电元件、表面波器件等均可完成这一转换功能。当被测物质与生物功能膜接触时，二者即发生物理、化学反应，形成复合体。在反应过程中，识别物质部位通常产生光、热或物质的增减，通过换能器即可将识别物质部位的反应转换成电信号输出。这就是生物传感器的基本工作原理。关于换能器的选择配备，应具体情况具体分析，如当反应产生电极活性物质增减时，用电极或半导体元件检测；当反应伴随发光时，用光电器件检测；当反应伴随热变化时，用热敏电阻检测。

　　生物传感器按其识别功能膜来分类，大致可分为酶传感器、微生物传感器、免疫传感器和细胞器传感器等多种。如表 3-2 分别列出了各种生物传感器所利用的功能膜、电化学测量装置，以及部分被测对象等。按其信号传输过程来分类，可分为直接变换型和间接变换型。直接变换型是指受体与被测物因形成复合体，而引起膜电位的变化，如免疫传感器。间接变换型是指复合体的形成只作为一种间接状态，在膜上发生化学反应，根据测量反应中有关物质的生成或消耗而间接地测定被测物，如酶传感器、微生物传感器、酶免疫传感器、细胞器传感器等便是依据这一原理进行测量的。

　　大部分生物传感器是以单一化学物质为测量对象的单功能传感器，但也有传感器能通过味道、气味等测量由多种化学成分构成的物质，这就是多功能传感器。另外，生物传感器的概念，还可以从生物物质为元件的传感器，引申为以生物系统为对象的传感器，或以生物系统为模型的传感器。

　　生物传感器经历了三个时期。20 世纪 60 年代初，Clark 利用酶具有识别特定分子的功能这一特性，首先提出用酶组装成电极可以测量酶的底物的原理。Updike 和 Hicks 在电极上利用了固定化酶，把葡萄糖氧化酶的固定化膜和氧电极组装在一起，首先研制成了酶传感器，这就是第一代生物传感器，这一时期为生物传感器的初期。从 20 世纪 60 年代后半期到 70 年代中期，酶传感器得到了迅速的发展，与此同时，利用固定化微生物的微生物电极和利用免疫反应的免疫电极相继出现，并进而开展了细胞器传感器、组织传感器、半导体生物传感器等的研

究和制造,这就是第二代生物传感器,这一时期为生物传感器的发展时期。由于这些传感器具有特异性、微量性和简便性等特点,故发展非常迅速。目前,已开始按电子学的方法论进行生物电子学的研究和开发有关的传感器,这种新型的传感器称为第三代生物传感器,这标志着已进入了生物电子学传感器时期。生物传感器的研究历史虽然很短,但其发展之迅速,种类之繁多,都是空前的,各国科学家对它寄予了极大的希望。

表 3-2　生物传感器的分类

生物传感器	生物功能膜	电化学测量装置	被测对象
酶传感器	酶膜(包括氧化还原酶、水解酶、裂解酶)	O_2 电极	萄萄糖、尿酸
		H_2O_2 电极	萄萄糖、磷脂质
		pH 电极	青霉素、中性脂质
		CO_2 电极	氨基酸
		NH_3 电极	氨基酸、尿素
		NH_4^+ 电极	氨基酸、尿素
微生物传感器	微生物膜	O_2 电极	葡萄糖、BOD
		H_2 电极	甲酸、BOD
		CO_2 电极	氨基酸
免疫传感器	抗原膜 抗体膜	Ag-AgCl 电极	梅毒、血型、白蛋白
		O_2 电极	IgG、AFP
细胞器传感器	线粒体	O_2 电极	NADH
酶热敏电阻传感器	酶膜	热敏电阻	ATP
酶免疫热敏电阻传感器	抗体膜	热敏电阻	IgG

二、生物活性物质固化技术与测量方式

1. 生物活性物质固化技术

在研制生物传感器时,关键的问题是把活性物质与基质(载体)固定化成为敏感膜,使其性能稳定,可以反复使用,并且使用方便。因此,如何使生物活性物质固定在各种载体上,形成不溶于水的敏感膜的这种结合技术称为固定化技术。

目前,固定的生物活性物质有酶、辅酶、抗原、抗体、微生物菌体以及激素、抑制剂、各种细胞器等。常用基质(载体或称担体)有丙烯酰胺系聚合物、甲基丙烯系聚合物、苯乙烯系聚合物

等合成高分子,还有胶原、右旋糖酐、琼脂糖、纤维素、淀粉等天然高分子,以及玻璃、矾土、不锈钢等无机物。

固定化的方法大体上分为化学方法和物理方法。化学方法,是指识别功能物质与不溶性基质之间,或识别功能物质之间,至少形成一个以上共价键的固定方法,其中有共价键法和交联结合法。物理方法,是利用某些物理作用(如静电相互作用)将识别功能物质固定化的方法,其中有吸附法、包埋法、微囊化法等。

(1)共价键法:按结合方式的不同,可分为缩氨酸法、烷基化法和重氮化法等。这些方法均为通过化学共价键将识别功能物质联结在固相载体上,这种方法比较复杂。

(2)交联结合法:用双功能团试剂将识别功能物质相互交联结合起来。例如,2-氨基戊二醛广泛用于酶的固定化中。这种方法比较简便,缺点是要求有严格的 pH 值和交联浓度。

(3)吸附法:把识别功能物质凭借离子结合力或物理作用力吸附在惰性固相载体上或离子交换剂上。

(4)包埋法:把生物活性物质包裹在凝胶格子或聚合物的半透明膜胶囊里。

此外还有电化学共析法。根据不同的使用情况,生物敏感膜可做成膜状、管状、粒状、针状等等。

2. 基本电极和测量方式

生物传感器通常利用物理、化学装置,把识别信息以电信号的形式从生物识别功能膜上取出来。例如,在膜上发生化学反应生成电极活性物质的情况下,可以用电极法进行测量。化学反应和复合体的形成过程常常伴随着热量的变化,这时可以采用热敏电阻进行测量。在膜上发生的生物化学反应和复合体的形成也能与发光反应结合起来,称为生物化学发光,则利用光电法测量这些发光现象。此外,还可以用音波、微波、激光等手段监测在膜上发生的生物化学反应。

实际上,最常用的测量法是电极法,如今一部分电极型生物传感器已经实用化。生物传感器中应用较广的电极有六种,即 O_2 电极、H_2O_2 电极、pH 电极、CO_2 电极、NH_3 电极和 NH_4^+ 电极。

根据电极将被测物浓度变换成电信号的方法,可分为电流法和电位法两种。电流法是利用生物化学反应中所消耗或生成的电极活性物质的电极反应所产生的电流;电位法是测量与生物化学反应有关的各种离子的识别功能膜上产生的膜电位。

电极测量法按测量方式的不同可分为静态法和动态法。静态测量法的原理如图 3-80 所示,把生物传感器插入试液中,边搅拌边测量。动态测量法的原理如图 3-81 所示,把传感器插入测量池中,让缓冲液连续流过测量池,在一定时间内将试液注入进行测量。动态测量法使用较为普遍。此外,在识别功能物质活性较低的情况下,输出信号较小时,可以采用反应器式测量法。

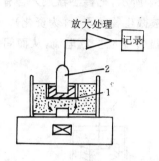

图 3-80　静态测量法
1—固定化生物功能膜；
2—电极

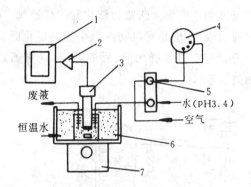

图 3-81　动态测量法
1—记录仪；2—放大处理器；3—电极；4—取样器；
5—压缩泵；6—流动槽；7—电磁搅拌器

三、酶传感器

如图 3-82 所示，酶传感器主要由具有分子识别功能的固定化酶膜与电化学装置两部分组成。当把装有酶膜的酶传感器插入试液中时，被测物质在固定化酶膜上发生催化化学反应，生成电极活性物质（如 O_2、H_2O_2、CO_2、NH_3 等）。若用电化学装置（如电极）测定反应中生成或消耗的活性物质，那么电极就能把被测物质的浓度变换成电信号。根据被测物质的浓度与电信号之间的关系，就可测定出某未知浓度。

酶传感器是最早达到实用化的一种生物传感器，据报道已有 40 余种。利用酶传感器可以测定各种糖、乙醇、氨基酸、胺、酯质、无机离子等。在医疗、食品和发酵

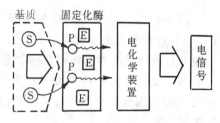

图 3-82　酶传感器原理示意图
S—底物；P—反应产物；E—酶

工业、环境分析等领域中已获得多方面的应用。多功能酶传感器、测定酶活性的传感器、半导体酶传感器以及检测难溶于水的物质的酶传感器正在研究开发之中。

四、微生物传感器

将微生物固定化膜与电化学装置结合起来，就构成了微生物传感器。与酶相比，微生物更经济，耐久性更好。

微生物传感器以固定化微生物为受体，通常采用与酶传感器相同的固定方法。常用的固定化方法有包埋法和吸附法。在很多场合下，必须保持微生物的生理功能。在这样的前提下，应以原有状态进行固定化。

微生物传感器从工作原理上讲可分为两种类型，即呼吸机能型和代谢机能型。

生物化学耗氧量（BOC）传感器是典型的呼吸机能型微生物传感器，下面以该传感器为例

说明呼吸机能型生物传感器的结构和工作原理。如图 3-83 所示,把传感器放入含有有机化合物的被测溶液中,于是有机物向微生物固定化膜扩散,而被微生物摄取(称为资化)。由于微生物的呼吸量与有机物资化前、后的不同,这可通过 O_2 电极转变成扩散电流,从而间接地测定有机物的浓度。

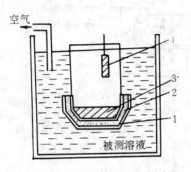

图 3-83　呼吸机能型生物传感器
1—固定化微生物膜;2—聚四氧乙烯膜;
3—Pt 电极;4—Pb 电极

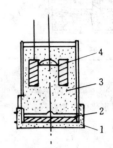

图 3-84　代谢机能型生物传感器
1—固定化微生物膜;2—Pt 电极(阳极);
3—电解液;4—Ag_2O_2 电极(阴极)

图 3-84 实际上是一种甲酸传感器的结构示意图,它是一种典型的代谢机能型生物传感器。借以该传感器来说明代谢机能型生物传感器的工作原理。把传感器浸入含有甲酸溶液中,甲酸通过聚四氟乙烯膜向酪酸梭状芽细菌扩散,被资化后产生 H_2,而 H_2 又透过 Pt 电极表面上的聚四氟乙烯膜与 Pt 电极产生氧化反应而产生电流,此电流与微生物所产生的 H_2 含量成正比,而 H_2 含量又与待测溶液的甲酸浓度有关,因此,可用这种传感器测定发酵溶液中的甲酸浓度。

当前,微生物传感器已成功地应用在工业过程的在线自动测量中,以及发酵工业和环境监测中。例如,用上述传感器,可以测定江河及废水污染的程度;此外,在医学中可测量血清中的微量氨基酸,有效地及早诊断尿毒症和糖尿病。

五、免疫传感器

对于人体而言,人体一旦侵入病原菌或其他异性蛋白质(即抗原),则在体内产生能识别抗原并将其从体内排除的物质,这种物质称为抗体。抗原与抗体结合形成复合体,从而将抗原清除。把抗原与抗体的结合,称为免疫反应。免疫传感器的基本原理就是免疫反应,利用抗体能识别抗原并与抗原结合的原理制成的生物传感器称为免疫传感器。它利用固态化抗原(或抗体)膜与其相应的抗体(或抗原)的特异反应,此抗体、抗原的反应结果,使生化敏感膜的电位发生变化,从而输出电量。

免疫传感器分为非标记免疫传感器和标记免疫传感器两类。非标记免疫传感器是使抗原与抗体的复合体在受体的表面形成,并随之产生免疫反应,并直接转换为电信号。若要检测抗原,则采用抗体膜作受体;相反,若要检测抗体,则采用抗原膜作受体。抗原膜或抗体膜一般采用共价键法的固定化技术制作。标记免疫传感器以酶、红细胞、放射性同位素、稳定的游离基、金属、脂质体及核糖等作为标记剂,而电化学器件将各种标记剂的最终变化转化为电信号输出。

除了以上所述的生物传感器外,在20世纪70年代的后半期,由于各种新的生物传感器的识别功能物质的开发,陆续出现了许多新型的生物传感器,其中包括细胞器传感器、组织传感器、半导体生物传感器、酶热敏电阻传感器、酶免疫热敏电阻传感器、发光酶传感器、发光免疫传感器等等。

六、生物传感器的应用及发展方向

由于生物传感器具备有选择性好、能反复使用生物功能物质、能进行直接分析、操作简单,样品用量小、测量时间短、分析结果以电信号的形式获得,便于自动测试等一些优点,因此,生物传感器已在工业流程控制、食品和发酵工业、医疗和环境分析等领域中获得越来越广泛的应用。

图3-85所示为用于发酵工业中连续测量发酵时生成谷氨酸浓度的测量系统。所采用的传感器为将微生物大肠杆菌(含有谷氨酸脱羧酶)固化在电极硅橡胶膜上并与CO_2电极组合而成的谷氨酸传感器。将传感器插入容量为0.5ml的池中,并使流体通过池子,微生物在厌气条件下产生CO_2气体;再由CO_2气体使电极的电位增高,而且此电位的变化又与谷氨酸浓度的对数成正比关系,因此可从输出的电量中获得谷氨酸的浓度。

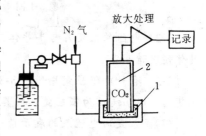

图3-85　谷氨酸传感器测量系统
1—固定化微生物膜;2—电极

由于生物传感器本身所具有的特点以及在实用中的重要价值,表明了它是一种很有发展前途的技术,因此积极开展对生物传感器的研究工作是很有现实意义和长远意义的,研究的目标可突出体现在以下几个方面。

(1)提高分子识别功能材料的性能,开发新型生物传感器的识别功能物质,结合生物遗传工程学的研究,开拓理想的生物功能膜材料。

(2)大力发展半导体生物传感器,即生物化学场效应晶体管(BIOFET),使生物传感器超小型化,并且有可能实现多功能化。

(3)向集成化的方向发展,利用半导体集成电路的微细加工技术,在单-硅片上将传感器、微型阀、管道等附属系统制作在一起,形成所谓的生物化学集成电路"Bio-Chemical IC",将其应用于人造脏器。这是一个现实的课题,但并非梦想。

(4)开展智能型生物传感器的研究和产品的开发。

总之,随着半导体技术、微电子学技术和基因工程技术的发展,可以预见,生物传感器的性能将得到进一步的改善,多功能、集成化和智能化的生物传感器也将成为现实,生物传感器的应用前景将十分广阔。

习　题

3-1　把一个变阻器式传感器按题 3-1 图接线,问它的输入量是什么?输出量是什么?在什么条件下它的输出量与输入量之间有较好的线性关系?

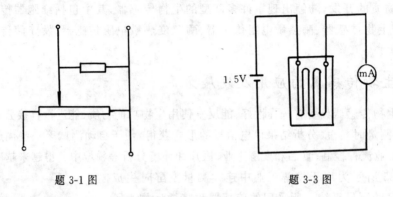

题 3-1 图　　　　　　　　　　　　　　　题 3-3 图

3-2　电阻丝应变片与半导体应变片在工作原理上有何区别?各有何优缺点?应如何针对具体情况选用?

3-3　有一电阻应变片如题 3-3 图所示,其灵敏度系数 $S=2$,电阻 $R=120\Omega$。设工作时其应变为 $1000\mu\varepsilon$($\mu\varepsilon$ 为微应变),问其电阻变化 $\Delta R=$?若此应变片接入如图所示的电路,试求:

(1)无应变时电流表的表示值;

(2)有应变时电流表的表示值;

(3)电流表示值的相对变化量;

(4)试分析这个变化量能否从表中读出。

3-4　电感传感器(自感型)的灵敏度与哪些因素有关?要提高灵敏度可采取哪些措施?采取这些措施会带来什么后果?(此题有一定的难度,因电感传感器在测量电路中是以感抗 Z_l 作为输出的,故灵敏度还与角频率 ω 有关,这些在文中没有提及)

3-5　电容式、电感式、电阻应变式传感器的测量电路有何异同?试举例说明。

3-6　欲测量液体压力,拟采用电容式、电感式、电阻应变式和压电式传感器。试绘出可行方案的原理图,并作出比较。

3-7　光电式传感器在工业应用中主要有哪几种类型?各有何特点?它们可测量哪些物理量?

3-8　何谓霍尔效应?其物理本质是什么?用霍尔元件可测量哪些物理量?试举出两个例子说明。

3-9　说明用光纤传感器测量压力和位移的工作原理,指出其不同点。

3-10　热敏传感器主要分哪几种基本类型?试简述它们的工作原理。

3-11　热电偶的测温原理是什么？在热电偶回路中接入测量仪表测取热电势时，会不会影响原热电偶回路的热电势数值，为什么？

3-12　热电阻测温原理是什么？就你所知，利用热电阻可测量哪些参数，试述其测量原理。

3-13　半导体气敏传感器主要分为哪几种类型？试述它们的工作原理。

3-14　超声波具备有哪些物理特性？简述压电式超声波传感器的结构及工作原理。试举例说明超声波无损探伤的工作原理。

3-15　电荷耦合器件(CCD)主要由哪两个基本部分组成？试举例说明 CCD 传感器的测量原理。

3-16　何谓生物传感器？试简述一般生物传感器的基本结构及其工作原理。

智能化传感器简介

智能化传感器包括智能传感器和智能模糊传感器，是本世纪最受关注、正在努力开发研究、蓬勃发展和不断完善的热门课题之一。智能化传感器技术是涉及微机械与微电子技术、计算机技术、信号处理技术、电路与系统、传感技术、神经网络技术、模糊理论等多种学科的综合技术。本章仅在其结构和工作原理方面作简要介绍。

4-1 智能传感器

一、智能传感器概述

1. 智能传感器产生的必然性

上一章较为全面地论述了传统传感器，它是人类感官的发展和延伸，是获取信息的重要器件，在工程测试中是信息的转换器件。在自动控制系统中，它位于系统的最前端，是不可缺少的获取被控制信息的重要器件。但是随着科学技术的发展，对传感器的要求越来越高，因此，传统传感器的缺陷也越来越表现得突出，如结构尺寸大，响应特性较差，输入-输出特性存在非线性，而无法自动处理；随时间而漂移，参数易受环境条件变化的影响而漂移；信噪比低，易受噪声干扰；存在交叉灵敏度，选择性、分辨率不高等。这些缺陷是造成传统传感器性能不稳定、可靠性差、精度低的主要原因。此外在现代工业的许多场合，同时需要检测到多个参数，而传统传感器一般只能检测一个参数，尤其是在当今，随着测控系统自动化、智能化的发展，要求传感器的准确度高，可靠性高，稳定性好，而且要求其具备有一定数据处理能力，并有能自检、自校、自补偿等功能。这些特点，传统传感器是没有的。因此，国外有的文章中称传统传感器为 Dumb sensor（愚蠢的笨拙的传感器）。另外，为了制造高性能的传感器，光靠改进材料工艺也很困难，因此，在计算机技术领先飞速发展的今天，只有采用计算机技术与传统传感器技术相结合，才能弥补传统传感器性能的不足，才能使传感器能满足当今世界的需要。所以说，计算机技术使传统传感器发生巨大的变革成为可能。因此，将微处理器（或微型计算机）和传统传感器相结合，产生功能强大的新一代的传感器是时代发展的必然结果，把这种新型传感器称为智能传感器。

2. 智能传感器的概念

智能传感技术是一门正在蓬勃发展的现代传感器技术，上面已经指出，它是涉及微机械与微电子技术、计算机技术、信息处理技术、电路与系统、传感技术、神经网络技术等多种学科的综合技术,有关学术和技术上的很多问题有待于研究和完善。因此,至今对智能传感器还没有形成规范化的定义。

关于智能传感器的中、英文名称,目前也尚未统一,英国人称为"Intelligent sensor",美国人称"smart sensor",译为"灵巧传感器"或"智能传感器"。一般采用"Intelligent sensor",简称为智能传感器。

关于智能传感器的定义,早期的说法着重强调在工艺上将传感器与微处理器二者紧密的结合,即"传感器的敏感元件及其信号调理电路与微处理器集成在一块芯片上就是智能传感器"。随着传感器技术的发展,认为只将传感器元件与微处理器集成在一块芯片上构成智能传感器的说法是机械的,也是不全面的,是有局限性的,应该给这种传感器赋予足够的"智能"。于是从强调功能的角度出发提出了后来的一些说法,即所谓智能传感器,就是一种带有微处理器兼有检测信息和信息处理功能的传感器","传感器(包含信号调理电路)与微处理器赋予智能的结合,兼有信息检测和信息处理功能的传感器就是智能传感器。"H・Scholdel 和 F・Beniot 等人认为:"一个真正意义上的智能传感器,必须具备学习、推理、感知、通信以及管理等功能。"将上述几种说法结合起来,一个较为完善的概念应为:将传统传感器与微处理器相结合,具有感知,信息处理学习、推理、通信以及管理等功能的装置,称为智能传感器。

3. 智能传感器的主要功能

智能传感器是传感器技术克服自身落后向前发展的必然结果,顺应了科学技术的发展方向,它的功能除具备有传统传感器的所有功能外,还具备有以下几个特殊的功能:

(1)具有数据采集及处理功能。能自动地对被测对象(或被控对象)自动采集数据,并对所采集的数据自动进行处理,如进行统计处理,剔除异常值等。

(2)具有自诊断功能。如对传感器自测、自选量程、自寻故障等。

(3)具有自校准功能。如自动校零、自动标定,对传感器可进行在线核准等。

(4)具有自动补偿功能。通过软件对传感器的非线性温度漂移、时间漂移、响应时间等进行补偿。

(5)具有双向通信功能。微处理器和传统传感器之间构成闭环,微处理器不但可以接收、处理传感器的数据,还可以将信息反馈至传感器,对测量过程进行调节和控制。

(6)具有信息存储、记忆、判断和决策处理功能。

(7)具有数字量或语言符号输出功能(此功能在模糊传感器中论述)。

当前研制的智能传感器还只有上述功能中的一部分,随着科学技术的发展,其功能将逐步增强,它将利用人工神经网络、人工智能、信息处理技术,具有分析、判断、自适应、自学习等功能,可以完成图像识别、特征检测和系统检测等复杂任务。

4. 智能传感器的特点

与传统传感器比较,智能传感器具有以下几个特点:

（1）精度高。由于智能传感器具有自动校零、自动标定、能对由多种因素引起的误差进行校正等功能，因此保证了智能传感器的高精度。

（2）可靠性与稳定性高。由于智能传感器具有自动处理漂移，自动改换量程，自我检验、分析、判断所采集的数据的合理性，自寻故障报警等功能，因此保证了该传感器的高可靠性和高稳定性。

（3）信噪比与分辨率高。由于智能传感器具备有数据存储、记忆和信息处理功能，能自动清除输入数据中的噪声，消除多参数状态下交叉灵敏度的影响，故保证了高的信噪比和高的分辨率。

（4）具有较强的适应性。由于智能传感器具有判断、分析和决策处理功能，它能根据系统工作情况，决策各部分的供电情况，与高/上位计算机的数据传送速率，使系统工作在最优、低功耗状态和优化传送速率的情况下。

（5）具有低的价格性能比。智能传感器的高性能，是通过传统传感器与微处理器或微计算机相结合，采用廉价的集成电路工艺和芯片以及强大的软件来实现的。所以具有低的价格性能比。

综上所述，智能传感器是传统传感器设计中的一次革命，是当今世界传感器的发展趋势。

二、智能传感器的基本组成及工作原理

（一）实现智能传感器的几种基本组成形式

当前，智能传感器的实现分为非集成化实现、集成化实现和混合实现等三种基本组成形式。

1. 非集成化实现的智能传感器组成形式

非集成化智能传感器的组成形式如图 4-1 所示，它主要由传统传感器、信号调理电路、带数字总线接口的微处理器组成。

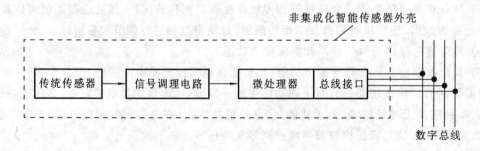

图 4-1 非集成化智能传感器的基本组成形式框图

传感器的作用是将被测非电信号转换成电信号输出。

信号调理电路的作用是将传感器,输出的电信号进行放大、检波及滤波处理后,并转换成数字信号送入微处理器。

微处理器与总线接口相连,通过智能化软件,实现传感器的通信、控制、自校正、自补偿和自诊断等功能。

此外,正在迅速发展的模糊传感器也是一种非集成化的新型智能传感器(关于模糊传感器将在本章的 4-2 节中专门论述)。

2. 集成化实现的智能传感器组成形式概述

随着微电子技术的飞速发展和完善,以及微米技术和纳米技术的问世,同时各种数字电路芯片、模拟电路芯片、微处理器芯片、存储电路芯片等器件的价格性能比的大幅度下降,给集成化智能传感器的发展带来了机遇。集成化智能传感器就是在这种有利的条件下采用微机械加工技术和大规模集成电路技术,利用半导体硅作为基本材料来制作的敏感元件,信号调理电路,微处理器单元,并把它们集成在一块芯片上而构成,故称为集成化智能传感器(Integrated smart Intelligent sersor)。这种传感器的结构形式将在下面专门论述。

3. 混合实现的智能传感器的基本组成形式

混合实现的智能传感器的基本组成形式如图 4-2 所示,根据实际情况,将系统各个环节,如敏感单元(或传统传感器)、信号调理电路、微处理器单元、数字总线接口,以不同的组合方式集成在两块或多块芯片上。

信号调理电路包括多路开关,仪用放大器,基准,模/数转换器(ADC)等。

微处理器单元包括数字存储器(EPROM、ROM、RAM)、I/O 接口,微处理器,数/模转换器(DAC)等。

(二)集成化智能传感器的基本工作原理

集成化智能传感器的基本工作原理如图 4-3 所示,它主要由传感器器件、补偿和校正、调理电路、输入接口、微处理器和信息接口等环节组成,传感器器件将被测非电量转换为相应的电信号,送到调理电路,进行滤波、放大、模-数转换后,再送到微处理器,充分发挥其软件功能进行计算、存储、记忆和系列数据处理,还可通过反馈回路继续进行采集、调理,以提高输出数据的精度和可靠性。

根据传感器的结构和功能程度不同,集成化智能传感器可分为初级、中级和高级三种形式。

集成化智能传感器的初级形式,其结构形式比较简单,有的没有微处理器环节,只有在传感器系统内部集成有温度补偿、校正电路、线性补偿电路和信号调理电路等硬件,以此提高传统传感器的精度和性能。但多数采用了微处理器,由多个互相独立的模块组成,如将微处理器、信号调理电路模块、输出电路模块、显示电路模块与传感器装配在同一壳体内组成模块式智能

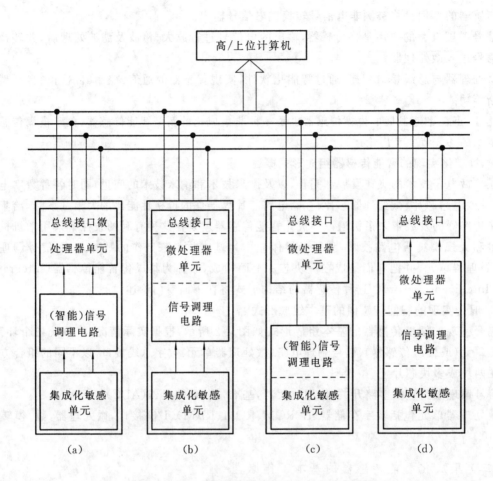

图 4-2　混合式智能传感器的基本组成形式框图

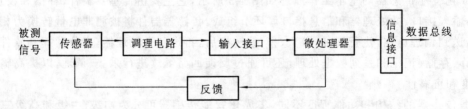

图 4-3　集成化智能传感器的基本工作原理框图

传感器。它集成度不高,体积较大,但在目前仍不失为一种适用的结构形式。

集成化智能传感器的中级形式,又称自立形式,其结构包含微处理器,借助于微处理器,使传感器系统除具有初级智能传感器的功能外,还有自诊断、自校正、数据通信接口等功能,与初级形式比较,这种传感器系统功能大大增加,性能进一步提高,适应性增强。

集成化智能传感器的高级形式,其结构完善,除具有初级和中级形式的所有功能外,还具有多维检测、图像识别、分析记忆、模式识别、自学习和能思维等诸多功能。它涉及的理论将包括:通信、神经网络、人工智能及模糊理论等等。它是正在发展和完善中的一种理想的智能化传感器。

综上所述,可以看出,智能传感器技术是一门涉及多种学科的综合性技术,是当今世界正在发展中的高新技术,因此,作为一个设计、制造以及应用智能传感器的工程师,除必须具备有经典、现代的传感器技术和知识外,还必须具备有信息分析与处理、计算机软件设计、通信与接口电路及系统等学科方向的基础知识。当然,传感器技术的发展也需要靠多种学科的工程师之间进行并肩合作和共同努力。

三、智能传感器的应用实例

不同集成程度的智能传感器多种多样,应用也较为广泛,但当前常用的智能传感器有美国霍尼尔(Honey well)公司的 ST-3000 系列智能压力传感器,美国罗斯蒙特(Rose mount)公司的 8800A 型卡曼旋涡流量传感器,美国 Merritt 公司(MSI)开发的两种超声智能传感器以及日本模河电机株式会社研究的 EJA 差压传感器等等,下面简要介绍 ST-3000 系列智能压力传感器。

ST-3000 系列智能传感器属于集成化智能传感器的中级形式,其结构原理如图 4-4 所示,它主要由两部分组成:其一为信号检测部分,主要包括传感器芯片、调理电路、多路转换开关和模/数转换等;其二为以计算机(微处理器)为核心的数据计算、分析处理系统。它的基本工作原理为:将被测力或压力通过隔离膜片作用于扩散电阻上,引起电阻值变化,再通过电桥转换成电信号输出。与此同时,在硅片上制成了两个辅助传感器,即静压传感器和温度传感器,能在同一芯片上检测出差压、静压和温度三个信号,经调理电路进行调理,并由 A/D 转换器转换成数字信号,送入微处理器,经特定软件控制计算处理后,得到被测量,或经 D/A 转换器输出 0～20mA 的模拟信号或输出数字信号。

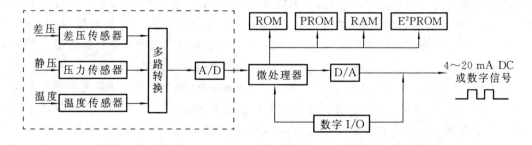

图 4-4 ST-3000 智能传感器结构原理框图

ST-3000 系列智能传感器具有宽量程比(通常可达 100∶1,最大可达 400∶1),高精度和高稳定性;同时具有双向通信能力、较完善的自诊断能力和宽域温度及静压补偿等特性。

4-2　智能模糊传感器

智能模糊传感器(通称模糊传感器),是顺应人类生活、生产和科学技术实践需要而产生的一种新型智能传感器,它的理论基础是模糊数字理论。

模糊传感器用于测试中,除了与通用智能传感器一样,根据不同对象,综合有关专家的知识和经验,进行高智能的推理、判断得出某些物理量的精确数值外,还能得出用人类语言符号表示的定性描述。它能被广范应用于军事、科研、工业、交通、环保、医疗、海洋、航空、航天和家用电器等各个领域和部门,以及采用经典传感器测量难以实现的应用场合。因此,它一出现就得到了国内外测试专家的广泛重视,成为 20 世纪 90 年代乃至 21 世纪的热门课题。

模糊传感器涉及的知识面相当广泛,但由于对它的研究起步较晚,还有很多方面有待于开发、完善和发展。因此,本节只能在模糊传感器的基本理论、基本结构原理及应用等方面作简单介绍。

一、模糊传感器概述

(一)模糊传感器的产生及基本概念

随着人类探知领域和空间的拓展,随着测控系统自动化、智能化的发展,人们需要获取电子信息的种类日益增加,要求信息传递的速度加快和信息的处理能力增强,要求传感器的准确性、可靠性越来越高,稳定性越来越好。不仅如此,还要求传感器具有实现自检、自校、自补偿、分析、判断、自适应、自学习等功能,并能完成图像识别,特征检测,多维检测等任务,如此等等,作为传统传感器就完全无能为力了。为此,将传统传感器与计算机相结合,实现"感官"和"电脑"功能相结合,产生了智能传感器。但是实践表明,单只靠获得某个物理参量的精确数值,去对被测对象进行描述仍然是不理想的,是不完善的,也是不很精确的,需要进一步根据不同对象,综合有关专家的知识和经验,进行更高智能的推理、判断和决策,一方面获得用"人类语言符号的定性描述"(即测量结果符号化表示),另一方面根据需要进而获取更精确的值。于是在传统传感器和智能传感器的基础上,应用模糊理论提出了模糊传感器。

模糊传感器的研究始于 20 世纪 80 年代末,由于起步晚,至今在理论体系与应用等方面尚未完善。因此,有关模糊传感器的定义也没有统一。有几种说法:L. oully 认为,模糊传感器是一种能在线实现符号处理的灵敏传感器;Dstipanicer 认为,模糊传感器是能将被测量转换为适于人类理解和掌握的信号的智能测量设备;E. Benoit 则认为,它是一种能解决和处理与被测量有关的符号信号的智能传感器。上述几种说法,尽管说法不同,但其实质基本一致。综合上述观点,较确切地说:模糊传感器是以传统传感器和微处理器相结合为基础,应用模糊理论,可将数值信息转换为语言符号信息的智能传感器,它是一种新型智能传感器。

（二）模糊传感器的主要功能

模糊传感器是智能传感器的特殊形式,因此,它除了具备有传统传感器和智能传感器的一般功能外,最突出的是具备有以人类自然语言表示的基本功能。

1. 感知功能

模糊传感器由敏感元件感知被测量,其中包括视觉、听觉、触觉、嗅觉和味觉等,这是整个传感器的输入量（或输入信息）,而输出量可以是数值量,也可以是易于人类理解和掌握的自然语言符号量,后者是模糊传感器的突出功能。

2. 学习功能

学习功能是模糊传感器的重要功能之一,其测量结果以模拟人类自然语言的表达都是通过学习功能来实现的,这种学习往往通过专家指导下的学习或者通过无专家指导的自组织学习来实现。因此,从某种意义上讲,模糊传感器可以认为是一个完成特殊任务的小型专家系统。例如,用模糊血压计测量获得某一个数值,这个数值针对"老年"和"中年",若给出血压是"高"、"偏高"、"正常"、"低"的语言符号描述,这种定性描述难度较大,只有富有知识和经验的更高智能的专家才能分析、判断、推理出来,所以模糊血压计必须具备有专家指导下的学习功能。

3. 推理功能

这里指的推理是模糊推理,是一种以模糊判断为前提,运用模糊语言规则,推出一个新的近似的模糊判断结论出来。如上所述的通过测量获得血压值,首先通过推理,判断该值是否正常,然后用人类理解的语言,即"正常"和"不正常"表达出来。

4. 通信功能

模糊传感器由多个子系统组成,各子系统之间要进行信息联络和进行信息变换,因此,必须具备有通信功能,它是模糊传感器所应具备的基本功能。

二、模糊传感器的基本理论简述

前面对传统传感器和智能传感器进行了论述,这两种传感器的理论基础下外乎是经典数学理论和统计数学理论（有很多学者预测未来的数学将分做经典数字、统计数学和模糊数学三大类,并称第一代数学为经典数学,第二代数学为统计数学,第三代数学为模糊数学）,而模糊传感器之所以号称新型智能传感器,其中最突出的特点是在理论上除应用了经典数学和统计数学外,其核心问题是应用了第三代数学,即模糊数学的基本理论,也就是说,模糊传感器是模糊理论在传感器领域的具体实践。

（一）模糊现象和模糊概念

世界乃至宇宙空间客观存在着大量的形状轮廓不清楚、边界不明确的事物,它们的表现是模糊的,称这种现象为模糊现象,如"一堆"、"一小撮"、"太热"、"太冷"、"地大物博"等等,这种现象自古以来很难用数学形式来予以描述,很难得到比较精确的答案,直到美国加州大学控制论教授 L. A. Zadeh 1965 年发表《模糊集合论》("Fuzzy sets")一文,才提供了解决这些模糊现象的数学手段,这标志着模糊数学的诞生。该文中引入"隶属函数"这个概念来描述差异的中间过渡,表示出了真实性对模糊的一种逼近。从此,开始用数学的观点来刻画模糊事物,使模糊数学成为一个崭新的数学分支,有些学者将模糊数学称为第三代数学。

实践已经证明,模糊数学决不是把已经很精确的数学变得模模糊糊,而是用精确的数学方法来描述和处理过去无法用数学来描述和处理的那些外延不明确的模糊事物。例如,"很舒适"、"太冷"、"太热"等都难以划定界限,对这些问题就不能用普通的集合{0,1}来表示,而必须用 0 到 1 的许多小数组成的模糊集合来表示,这些小数就比较精确地表达了一个对象对某一个概念的从属程度,当这种从属程度达到了一定的阈值时,就可以判别该对象所从属的概念,即称这种反映模糊现象的种种概念称为模糊概念。多年来,以模糊概念去认识客观事物,使模糊理论和方法在许多领域得到了有效的应用。

(二) 模糊集合及表示方法

所谓集合,是指"具有某种性质的、确定的、彼此可以区别的事物的汇总"。在经典集合论中,任何一个元素与所对应的一个集合之间的关系,只有"属于"和"不属于"两种情况,两者必居其一,而且只居其一,即"非此即彼",绝不允许模棱两可,元素彼此相异及范围边界分明。但是世界上人们所碰到的许多事物却并非如此,大量存在着中介状态,并非非此即彼,表现出亦此亦彼,对这种模糊现象不能用经典集合的形式来表示。1965 年 L. A. Zadeh 把经典集合中的元素对集合的隶属度只取 0 和 1 这两个值,推广到可以取区间[0,1]中的任意一个数值,用隶属度定量去描述论述 U 中的元素符合概念的程度,即用隶属函数表示模糊集合,用模糊集合表示模糊概念。

1. 模糊集合的定义

设给定论域 U,称 U 到[0,1]闭区间的任一映射:

$$\mu_A(x):U \to [0,1] \quad x \mapsto A(x) \in [0,1]$$

确定了一个论域 U 上的模糊子集 A,$A(x)$ 称为 A 的隶属函数,$A(x)$[或 $\mu_A(x)$]称为 x 关于 A 的隶属度,它表示 x 属于 A 的程度。

2. 模糊集合的表示法

对于论域 U 上的模糊集合 A,通常有以下几种表示方法:

1) Zadeh 表示法

(1) 当论域 U 为离散有限集{$=u_1,u_2,\cdots,u_n$}时,有

$$A = \frac{A(u_1)}{u_1} + \frac{A(u_2)}{u_2} + \cdots + \frac{A(u_n)}{u_n}$$

式中, $\dfrac{A(u_i)}{u_i}$ 不表示"分数",而是表示元素 u_i 与其隶属度 $A(u_i)$ 之间的对应关系,"+"也不表示"求和"运算,而是表示在论域 U 上组成模糊集合 A 的全体元素 $u_i(i=1,2,\cdots,n)$ 间排序为整体的关系。

(2)当论域 U 为连续有限域时,有

$$A=\int_U \frac{\mu_A(u)}{u}$$

式中, $\int$ (积分符号)不表示"积分"运算,也不表示"求和"运算,而是表示连续论域 U 上的元素 u 与隶属度 $\mu_A(u)$ 对应关系的总集合,同样 $\dfrac{\mu_A(u)}{u}$ 并不表示"分数"。

例如　由于人种、地理环境等条件不同,人们对"高个子"的理解也不同,设论域 $U=\{x_1(140),x_2(150),x_3(180),x_4(170),x_5(180),x_6(200)\}$ (单位为 cm)表示人的身高,那么"高个子" (A) 可表示为

$$x_1| \to A(x_1)=0, \qquad x_2| \to A(x_2)=0.1$$
$$x_3| \to A(x_3)=0.4, \quad x_4| \to A(x_4)=0.5$$
$$x_5| \to A(x_5)=0.7, \quad x_6| \to A(x_6)=1$$

则该例中的 A 高个子可表示为

$$A=\frac{0}{x_1}+\frac{0.1}{x_2}+\frac{0.4}{x_3}+\frac{0.5}{x_4}+\frac{0.7}{x_5}+\frac{1}{x_6}$$

2）序偶表示法

若将论域 U 中的元素 u_i 与其对应的隶属度 $\mu_A(u_i)$ 或 $A(u_i)$ 组成序偶 $(u_i,\mu_A(u_i))$ 或 $(u_i,A(u_i))$ 来表示模糊子集,则有

$$A=\{(u_1,A(u_1)),(u_2,A(u_2)),\cdots,(u_n,A(u_n))\}$$

则上例中的 A 高个子可表示为

$$A=\{(x_1,0),(x_2,0.1),(x_3,0.4),(x_4,0.5),(x_5,0.7)(x_6,1)\}$$

3）矢量表示法

若单独将论域 U 中的元素 $u_i=(i=1,2,\cdots,n)$ 所对应的隶属度值 $\mu_A(u_i)$ 或 $A(u_i)$,按序写成矢量形式表示模糊子集,则有

$$A=(A(u_1),A(u_2),\cdots,A(u_n))$$

则上例中的 A 高个子可表示为

$$A=(0,0.1,0.4,0.5,0.7,1)$$

3. 模糊集合的扩张定理

前面已经提到,1965 年,L. A. Zadeh 在"Fuzzy sets"文中提出了解决模糊概念的原始模型,10 年以后,他又将该模型加以变换,提出了另一个模型,即称之为模糊集合的扩张定理。基

本扩张定理如下。

定理 设 X、Y 是两个论域，f 是由 X 到 Y 的一个映射，即 $f:X \rightarrow Y$，则由 f 可以诱导出如下两个映射，分别记为 f 与 f^{-1}：

$$f:\mathscr{F}(X) \rightarrow \mathscr{F}(Y), A \rightarrow f(A)$$

$$f^{-1}:\mathscr{F}(Y) \rightarrow \mathscr{F}(X), B \rightarrow f^{-1}(B)$$

其中，

$$f(A)(y) = \begin{cases} \bigvee_{f(x)=y} A(x) & f^{-1}(y) \neq 0 \\ 0 & f^{-1}(y) = 0 \end{cases}$$

$$f^{-1}(B)(x) = B(f(x))$$

称 $f(A)$ 是 A 由 f 诱导出的模糊变换，而 $f^{-1}(B)$ 是 B 关于 f 的模糊逆变换。模糊扩张定理对模糊传感器的语言产生很有用。

例 4-1 设

$$X = \{x_1, x_2, x_3, x_4, x_5, x_6\}$$

$$Y = \{a, b, c, d\}$$

而

$$f(x) = \begin{cases} a & x \in \{x_1, x_2, x_3\} \\ b & x \in \{x_4, x_5\} \\ c & x = x_6 \end{cases}$$

$$A = \frac{1.0}{x_1} + \frac{0.5}{x_2} + \frac{0.8}{x_3} + \frac{0.4}{x_5} + \frac{0.7}{x_6}$$

试求 $B = f(A), f^{-1}(B)$。

解 由扩张定理得知，$B = f(A) \in \mathscr{F}(Y)$，且由 $f^{-1}(a) \neq 0$ 得

$$f(A)(a) = \bigvee_{a=f(x)} A(x) = A(x_1) \vee A(x_2) \vee A(x_3) = 1.0$$

同理，$f(A)(b) = A(x_4) \vee A(x_5) = 0.4$

$$f(A)(c) = A(x_6) = 0.7$$

而 $f^{-1}(d) = 0$，则 $f(A)(d) = 0$，从而

$$B = f(A) = \frac{1.0}{a} + \frac{0.4}{b} + \frac{0.7}{c}$$

又 $\forall\ x \in X, f^{-1}(B)(x) = Bf(x)$，故

$$f^{-1}(B)(x_1) = B(a) = 1.0,$$

$$f^{-1}(B)(x_2) = 1.0$$

$$f^{-1}(B)(x_3) = 1.0,$$

$$f^{-1}(B)(x_4) = B(b) = 0.4$$

$$f^{-1}(x_5) = 0.4,$$

$$f^{-1}(B)(x_6) = 0.7$$

所以

$$f^{-1}(B) = \frac{1.0}{x_1} + \frac{1.0}{x_2} + \frac{1.0}{x_3} + \frac{0.4}{x_4} + \frac{0.4}{x_5} + \frac{0.7}{x_6}$$

关于多元扩张定理可见参考文献[20]。

（三）确定隶属函数的基本方法

模糊数学是用精确的数学方法表现和处理现实世界中客观存在的模糊现象的一个数学分支,其表现方法是模糊集合,而模糊集合又是通过隶属函数来定义的,因此,隶属函数的确定居于首要的关键的地位。确定了隶属函数,就为解决实际问题跨出了最重要的一步。可以说,正确地确定隶属函数是运用模糊理论解决实际问题的基石。

1. 主观经验法

若论域是离散的,则根据人们主观认识和个人经验,直接或间接给出元素隶属度的具体价值,以此来确定隶属函数,该方法包括专家评分法、因素加权综合法、二元排序法等。这些方法多用于管理、综合评价,也用于模糊传感器。

2. 模糊统计法

该方法借用了概率统计的思想,通过模糊统计试验来确定,模糊统计试验包含四个要素:

（1）论域 U;

（2）论域 U 中的一个固定元素 u_0;

（3）论域 U 中的一个随机运动集合 A^*（经典集合）;

（4）论域 U 中的一个以 A^* 作为弹性边界的模糊子集 A,制约 A^* 的运动。A^* 可以覆盖 u_0,也可以不覆盖 u_0,致使 u_0 对 A 的隶属关系是不确定的。

模糊统计试验法的特点:在各次试验中,u_0 是固定的,而 A^* 在随机变动,做 n 次试验,计算出:

$$u_0 \text{ 对 } A \text{ 的隶属频率} = \frac{x_0 \in A^* \text{ 的次数}}{n}$$

实践证明,随着 n 的增大,隶属频率呈现出稳定性,频率稳定值称为 x_0 对 A 的隶属度。

3. 模糊分布法又称指派法

所谓模糊分布法,就是根据问题的性质,套用现成的某些形式分布,然后根据测量数据确定分布中所含的参数,常见的有矩形、梯形和柯西形等。

1）矩形模糊分布法（如图 4-5 所示）

$$\mu_A(x) = \begin{cases} 0 & x < a \\ 1 & a \leqslant x \leqslant b \\ 0 & x > b \end{cases}$$

2）梯形模糊分布法（如图 4-6 所示）

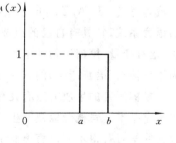

图 4-5　矩形曲线

$$\mu_A(x) = \begin{cases} 0 & x < a \\ \dfrac{x-a}{b-a} & a \leqslant x < b \\ 1 & b \leqslant x < c \\ \dfrac{d-x}{a-c} & c \leqslant x < d \\ 0 & x \geqslant d \end{cases}$$

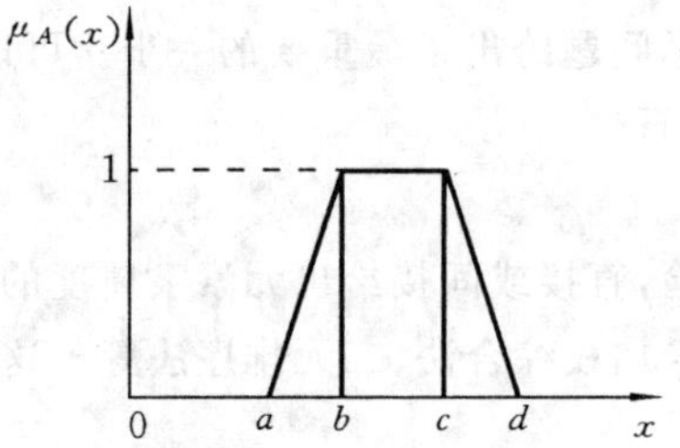

图 4-6　梯形曲线

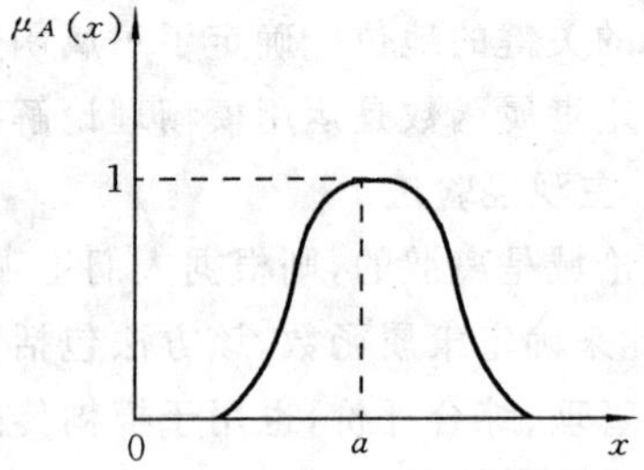

图 4-7　柯西形曲线

3) 柯西形模糊分布法(如图 4-7 所示)

$$\mu_A(x) = e^{-k(x-a)^2} \quad (\text{常数 } k > 0)$$

需要说明的是,确定隶属的方法多种多样,不管是哪一种方法,实质上是人们主观对客观概念的外延不分明性的定量描述,这种描述的本质是比较客观的,但由于各种不同的人对同一模糊现象认识理解上存在不可避免的差异,则各种方法所给出的隶属函数还只是近似的,包含有一定的主观因素。为了减少这些主观因素,通常是先初步确定粗略的隶属函数,然后再通过"学习"和"实验"加以修正和完善,以此尽量达到主观和客观的基本一致性。

(四) 模糊传感器的模糊语言描述的基本方法

语言用"字"和"词"表示"语义",这是构成语言的基本要素,按需要的排列顺序、结构形式与生成规则构成语法,形成语句。用语句表示主观和客观世界的各种事物、思维、行为、判断和决策等意义。L. A. Zadeh 首先从语义角度对自然语言进行了集合描述,给出了一个集合描述的语言系统,它具有自己的组成要素和语法规则(单词、词组和语言算子),语言值及其运算方法,语言变量、模糊语句等基本内容。本节仅就模糊传感器的重要问题,即将被测精确量转换成为语言输出(语言产生)的方法给予简要介绍。

模糊语言的生成方法有几种,说法不一,其中比较典型的有两种。其一为概念产生法,即首先确定基本语言概念以及派生语言概念的个数,确定语言概念隶属函数的形成,然后根据经验或在线学习获得不同语言概念的各自隶属函数。这种方法包括有线性划分法、非线性划分法、语义关系生成法等。其二为分段式调参训练算法。不管是哪种方法,其理论依据是模糊集合理论和模糊扩张理论。下面简要介绍通过语义关系产生新概念的方法。

通过语义关系产生新概念的方法，一般步骤为：首先定义属概念及其隶属函数；其次，利用存储于模糊传感器中的模糊算子，产生新的模糊概念；最后再利用属概念隶函数得出新概念的隶属函数。如果新概念不符合测量要求，则可通过训练算法修正其隶属函数，直至满足要求为止。

所谓属概念是指对应于数值域中那些最具有代表性的测量点或测量范围的语言描述。例如，电冰箱的温度通常保持在-5~15℃范围内，那么认为0~5℃为最适宜的温度范围，而0~5℃在语言域中可用"适中"的语言概念来描述，则这个"适中"语言概念为属概念。

此外，产生新概念还需要给出其他语言描述和含义。Benoit 教授定义了稍高(more-than)、稍低(less-than)、高(above)、低(below)等模糊算子来产生模糊顺序分度，以此来产生新概念。如定义冰箱在0~5℃范围的属概念为"适中"，根据上述模糊算子可产生新概念"热"、"很热"、"冷"、"很冷"，它们分别表示为

适中　mild(Generic Concept)属概念

热　　(hot)＝more-than(mild)

很热　(very-hot)＝above(hot)

冷　　(cold)＝less-than(mild)

很热　(very-cold)＝below(cold)

以上五个概念的隶属函数如图 4-8 所示。当然，还可以用其他图形来表示各概念的隶属函数，如三角形、柯西形等。

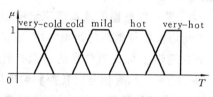

图 4-8　语言概念隶属函数

若模糊传感器已将这些隶属函数储存在其数据库中，则只需要修改属概念参数就可以自动修正其形状，使其符合测量要求。下面以温度测量为例，说明新语言概念的产生过程。

例如　设论域 $U=[0,1]$ 表示温度测量归一化处理后的范围。语言域 $S=\{$非常冷,冷,热,非常热$\}$，那么，产生新概念的实质在于确定语言域 S 中新概念相应的隶属函数。

首先，定义属概念为"冷"(用 c_1 表示)和"热"(用 c_2 表示)，其相应的隶属函数为

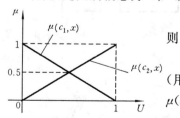

图 4-9　属概念 c_1、c_2 隶属函数曲线

$$x \in U, \quad \mu(c_2,x)=a$$
则
$$x \in U, \quad \mu(c_1,x)=1-a$$

上式表明，如果对于论域上的元素 x 隶属于"热 c_2"的程度(用 $\mu(c_2,x)$ 表示)为 a 的话，那么，它隶属于"冷 c_1"的程度(用 $\mu(c_1,x)$ 表示)必然为 $1-a$。这种关系可用图 4-9 表示。

属概念及其隶属函数确定后，就可以通过模糊算子产生新的模糊概念。当定义"非常"(very)模糊算子后，则可定义 very(c_1) 为"非常冷"，very(c_2) 为"非常热"。那么，构成了论域 U 上基于属概

念 c_1、c_2 的新的语言域为：$\{\text{very}(c_1),c_1,c_2,\text{very}(c_2)\}$。若把 x 隶属于新概念"$\text{very}(c_1)$"和"$\text{very}(c_2)$"的程度，即隶属函数 $\mu(\text{very}(c_1),x)$ 和 $\mu(\text{very}(c_2),x)$ 表示为属概念隶属函数 $\mu(c_1,x)$ 和 $\mu(c_2,x)$ 的函数形式，则可用下列关系式表示：

$$\mu(\text{very}(c_1),x) = f[\mu(c_1,x)]$$
$$\mu(\text{very}(c_2),x) = f[\mu(c_2,x)]$$

或　　$\mu(c_1,x) > 0.5$，　　则有　　$\mu(\text{very}(c_1),x) < \mu(c_1,x)$

若　　$\mu(c_1,x) < 0.5$，　　则有　　$\mu(\text{very}(c_1),x) > \mu(c_1,x)$

在满足上述条件下，可选择函数形式为

$$f(\zeta) = \zeta(1 - \sin(k\pi(\zeta - 0.5)))\quad(0 < k < 1)$$

式中，ζ 为属概念隶属函数；k 为修正因子。

若新概念不符合测量要求，则需求通过训练算法修正其隶属函数。有关训练算法见参考文献[20]。

三、模糊传感器的基本结构及工作原理

本节从四个方面介绍了模糊传感器的结构，即模糊传感器的基本逻辑结构、基本物理结构、基本软件结构和多维结构等。

1. 模糊传感器的基本逻辑结构

所谓模糊传感器的逻辑结构，就是在逻辑上必须完成的功能，其基本结构如图 4-10 所示。一般在逻辑上可分为信号的摄取和转换部分，数值/语言符号的转换和处理部分以及通信部分，从功能上看，有信号的转换和调理层，数值/语言符号转换层、语言符号处理层、专家指导学习层和通信层，其核心是数值/语言符号转换和语言符号的处理，而这部分的工作必须在专家指导下完成。

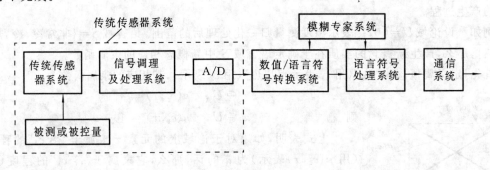

图 4-10　模糊传感器的基本逻辑结构

2. 模糊传感器的基本物理结构

模糊传感器的基本物理结构如图 4-11 所示，主要由基础测量单元、CPU、存储器、人机接

口和通信单元等组成。

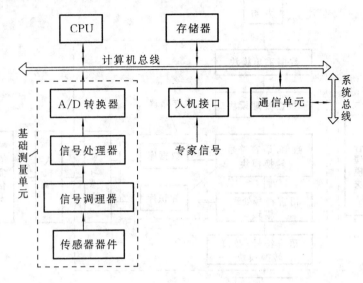

图 4-11　模糊传感器的基本物理结构框图

基础测量单元由传感器器件、信号调理器及处理器和 A/D 转换器等组成。其作用是传感器器件将被测非电量转换为电信号,通过中间放大、检波、滤波处理和适当运算处理后,再由 A/D 转换为数字信号输出。

模糊传感器必须以计算机为核心,CPU 的作用是对整个模糊传感器系统进行运算、管理和监督,并根据上级系统的要求,决定输出量的类型——数值量还是语言量。

存储器的作用是存放知识库与数据库,以及算法和学习软件等,其中通过软件实现语言符号的生存与处理。而构成软件的算法则是模糊集合理论中的模糊推理方法。

人机接口的作用是通过人机接口输入专家信号,实现专家指导下的学习。

通信单元的作用是与系统总线相联,可实现与外部或上级系统的通信。

3. 模糊传感器的基本软件结构

模糊传感器的基本软件结构如图 4-12 所示。主要由数据采集模块、数据处理模块、数值/语言符号转换模块、语言符号处理模块、语言符号/数值转换模块及通信接口等部分组成,模糊传感器是智能传感器的一种新型形式,必须以计算机为中心,只有依靠计算机才能实现模糊传感器的感知、运算、学习、推理和通信等功能。

4. 多维模糊传感器的基本结构

多维模糊传感器的基本结构如图 4-13 所示,主要由基础测量单元、语言符号生成与处理单元,语言符号/数值转换器(S/Q)、人机接口和通信接口等部分组成。不难看出,一维模糊传感器是多维模糊传感器的特例,一维模糊传感器通常适用于较简单的、仅有一个被测参量的被

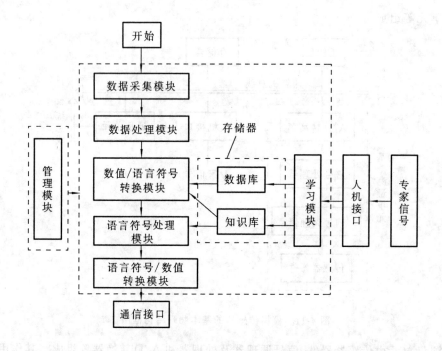

图 4-12　模糊传感器的基本软件结构框图

测对象。但是,在绝大多数情况下,被测对象有多个,例如:在较好的家用模糊舒适空调自控系统中,被测对象除了温度以外,还有湿度、气流、气体成分等被测参量,而且这些参量相互关联,在这种情况下,需要采用几种相应的传感器,从而构成多维模糊传感器。

基础测量单元主要由传统传感器阵列、信号转换调理阵列、A/D 转换阵列以及数值预处理阵列组成,其作用是将从各传统传感器获取来的信号转换为相应的数值信号输出。

语言符号生成与处理单元主要由数值/语言符号转换器(Q/S)阵列、概念合成器、知识库、数据库以及学习单元等组成,它是多维模糊传感器的核心部分,其中心任务是完成数值/语言符号的转换,即模糊转换,其输出量是语言符号。

知识库占据了一部分存储空间,它存放的知识主要包括模糊集合及其对应的隶属函数,可以生成概念的模糊推理规则、检测对象的特性背景知识以及有关测量系统的相关知识等等。它具体表现为可以产生对应于模糊集合的隶属函数,同时也可以在专家的指导下,通过学习和训练来产生和修正隶属函数。

学习单元的作用是调整语言的概念。当用户对测量系统有不同的测量要求时,或者用于不同的测量任务时,用户可以通过学习单元来调整隶属函数,以满足不同的测量需求。

语言概念合成的主要作用是合成 n 个语言概念,利用存放在知识库中的经验知识,通过模糊规则来实现。

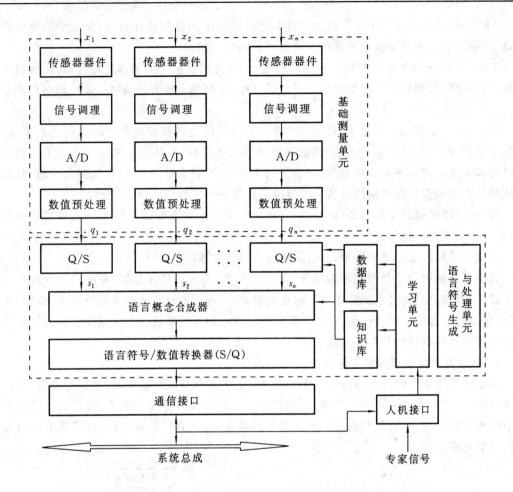

图 4-13　多维模糊传感器的基本结构框图

四、模糊传感器的应用举例

　　模糊传感器的研究最早出现于 20 世纪 80 年代末,是模糊集合理论应用中发展较晚的一个领域,但是由于它具有广泛的应用范围,特别是在模糊控制系统、涉及人类自身知识和经验的测量领域,以及经典传感器测量难以进行的应用场合等,都能发挥它的一技之长,体现了强大的生命力。因此它一出现就引起了法国、德国、日本及我国有关测量专家的广泛重视,特别在应用方面,引起了科技工作者极大的兴趣。

　　D. Stipanicer 教授介绍了一种"模糊眼"的模糊视觉传感器,它主要由一组光敏器件和一个模糊变换器件组成,通过对光敏器件生成的电信号进行模糊推理,可以有效地确定黑夜中光源的位置。

Abdelrahman M 于 1990 年提出了基本模糊逻辑传感器的设计思想,介绍了模糊距离传感器、模糊色彩传感器和模糊视觉传感器等产品的研制情况。

Schodel H 将模糊逻辑与智能传感器相融合,对传感器信息的不确定性传播、传感器的自标定、人机接口和模糊融合网络等课题进行了讨论,并利用上述方法解决了水中油污的测量问题。

Foulloy L 对模糊传感器在 Mandani 和 Seugeno 两类模糊控制器中的应用进行了探讨,提出了模糊传感器、模糊执行器、模糊推理器等模糊器件概念,从拓扑的角度提出了模糊传感器是能够实现被测量符号化的器件,可表述为由集合 X 到模糊子集 $F(L(X))$ 的映射,并对模糊传感器等模糊器件在模糊控制器局域网中的应用进行了讨论。

此外,已将模糊视觉传感器(模糊眼)成功地应用于移动的机器人身上,通过模糊眼视觉定位,实现了手眼协调动作。

下面以模糊温度传感器为例,介绍模糊传感器的具体应用。

温度是表征物质冷热程度的物理量,在工业生产、工业自动化过程、环保以及各种机电一体化技术和产品中,温度是测量和控制的重要参数之一。下面介绍一种采用热敏电阻器为敏感器件,以单片机为核心的硬件平台,以多级映射原理与简单的线性划分生成语言概念为软件支承的模糊温度传感器的基本工作原理。

1. 模糊温度传感器的基本结构

模糊温度传感器的基本结构如图 4-14 所示,它主要由基础测量单元(包括传感器器件、信号调理器、A/D 转换器)、单片机系统、显示器和专家信号接口等部分组成。温度信号经基础测量单元通过数据采集,将被测温度转换为数值量输出,经计算机运算处理后,以数值和语言符号两种形式输出。

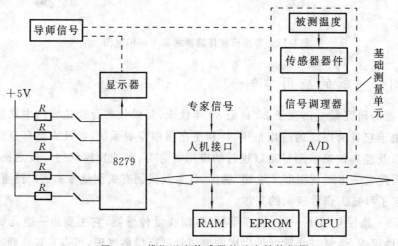

图 4-14　模糊温度传感器的基本结构框图

2. 数值/语言符号转换原理

模糊温度传感器采用简单线性划分、多级映射原理实现数值/语言符号的转换。

设某装置的被测温度范围是（0～120℃），则按照很热、热、较热、不冷不热、较冷、冷、很冷七个语言概念划分基础概念，第一级、第二级概念也按照线性划分的原理进行划分，如图 4-15 所示。假定被测温度为 57.7℃，如图 4-15(a)所示，按照线性划分的七个语言概念，$V_{t57.5℃}$ 则落在不冷不热和较冷两个语言概念的交集上，为提高语言变量描述细节程度，采用多级映射进行第一级子概念和第二级子概念的映射。如图 4-15(b)所示，第一级子概念映射 $V_{t57.5℃}$ 落在不高不低和较低两个语言概念的交集上；如图 4-15(c)所示，第二级子概念映射 $V_{t57.5℃}$ 落在较低和低两个语言概念的交集上，用符号表示的话，则有：

$$V_{t57.5℃} = \{不冷不热 / 较冷, 不高不低 / 较低, 较低 / 低\}$$

如果应用最大隶属函数判别准则，则还可以表示为：

$$V_{t57.5℃} = \{不冷不热, 不高不低, 较低\}$$

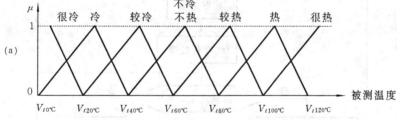

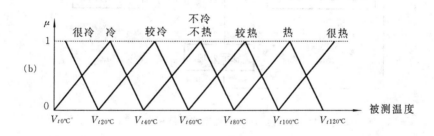

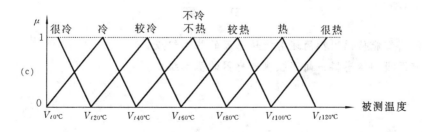

图 4-15 数值/符号转换示意图

3. 计算机主程序流程

模糊传感器必须以计算机为核心,模糊温度传感器的主程序流程如图 4-16 所示,系统启动后,首先进行初始化处理,然后进行数据采集和线性化处理,经 A/D 转换后获得数值量结果输出,这时,利用键盘可以产生中断(也可以查询键盘状态),决定系统工作在测量方式还是训练方式,如果需要工作在训练方式,则转到训练模块,如果需要工作在测量方式,则读入学习到的语言概念参数,对测量数值进行语言符号转换,转换结束以后进行显示处理,由显示处理器同时显示测量所得的数值结果和语言符号结果。

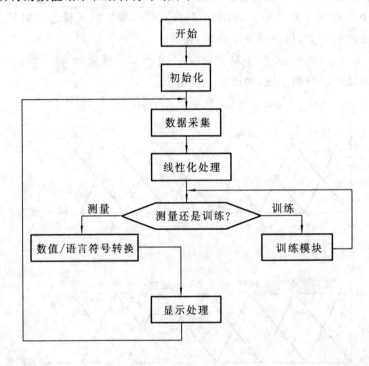

图 4-16　主程序流程框图

习　　题

4-1　何谓智能传感器? 简述智能传感器的基本组成。

4-2　何谓模糊传感器? 简述模糊传感器的基本组成。

信号调理方法

传感器输出的电信号,大多数不能直接输送到显示、记录或分析仪器中去。其主要原因是:大多数传感器输出的电信号很微弱,需要进一步放大,有的还要进行阻抗变换;有些传感器输出的是电参量,要转换为电能量;输出信号中混杂有干扰噪声,需要去掉噪声,提高信噪比;若测试工作仅对部分频段的信号感兴趣,则有必要从输出信号中分离出所需的频率成分;当采用数字式仪器、仪表和计算机时,模拟输出信号还要转换为数字信号等等。因此,传感器的输出信号要经过适当的调理,使之与后续测试环节相适应。常用的信号调理环节有:电桥、放大器、滤波器、调制器、模数转换器等。

各类放大器的知识在有关电子电路课程中已有详细介绍,本章主要介绍电桥、调制、滤波和模数转换等调理方法的基本知识。

5-1 电桥转换原理

一、电桥及其分类

1. 什么是电桥

电桥是图 5-1 所示的一个四端网络,网络中每一支路称为桥臂,桥臂上可接入电阻、电容或电感变化的传感器,其阻抗参数用 $Z_1 \sim Z_4$ 表示。网络的一个对角接入工作电压 u_0,另一个对角为输出电压 u_y。

桥式测量电路的作用是将电阻、电容或电感等电参量的变化转换为电压或电流输出。根据能量守恒的原理,在桥式电路中电参量是不能直接被转换为电能量的。转换的实质只是一种信息的传递,即通过电参量来控制工作电压的幅值变化,从而将电参量变化的信息加到输出电压信号上,其能量由工作电源提供。

设桥臂阻抗变化规律为 $f(Z)$,电桥的输出、输入关系式可以

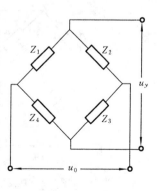

图 5-1 电桥的组成

表达为

$$u_y = f(Z)u_0 \tag{5-1}$$

可见，当 u_0 为幅值稳定的工作电压时，u_y 的变化规律取决于各桥臂阻抗的变化。输出电压可用指示仪表直接测量，也可以送入放大器进行放大。

2. 电桥的分类

电桥是工程测试中应用很普遍的一种测量电路，按工作电源性质可分为直流电桥和交流电桥两类；按输出测量方式可分为不平衡电桥（偏值法）和平衡电桥（零值法）两类；按桥臂接入的阻抗元件不同则可分为电阻电桥、电容电桥和电感电桥三类，且元件在桥臂上也有串联接法和并联接法之分。根据阻抗元件和接法不同，可以组成各种形式的电桥，用来测量不同的参数和进行不同范围的测量。此外，工程中还常用到一些特殊形式的电桥，如变压器电桥、双 T 电桥等。

二、电桥的平衡关系

当电桥四个桥臂的阻抗值 Z_1、Z_2、Z_3、Z_4 具备一定关系时，可以使电桥的输出 $u_y = 0$，此时称电桥处于平衡状态。

1. 直流电桥的平衡条件

当工作电源 U_0 为直流时，桥臂元件为电阻 $R_1 \sim R_4$。先研究图 5-2 所示输出 U_y 为开路电压的情况。设通过两条支路的电流分别为 I_1 和 I_2，由欧姆定律和 R_2、R_3 上的电压降可求出：

$$U_y = \frac{R_1R_3 - R_2R_4}{(R_1 + R_2)(R_3 + R_4)} \cdot U_0 \tag{5-2}$$

若要 $U_y = 0$，只须使 $R_1R_3 - R_2R_4 = 0$，即

$$R_1R_3 = R_2R_4 \tag{5-3}$$

由式(5-3)可知，直流电桥的平衡条件是两相对桥臂电阻值的乘积相等。

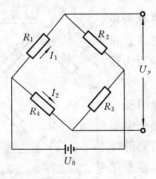

图 5-2 直流电桥

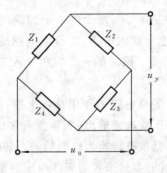

图 5-3 交流电桥

当后接电路的输入电阻很大时，上述结论也近似地成立。

2. 交流电桥的平衡条件

图 5-3 为交流电桥,工作电源为交流电压 u_0,桥臂元件可以为电阻、电容或电感。与直流电桥分析过程相同,用复数阻抗 Z 代替 R,则有平衡条件式:

$$Z_1 \cdot Z_3 = Z_2 \cdot Z_4 \tag{5-4}$$

由于复数阻抗中包含有幅值和相位信息,令 $Z_i = |Z_i| e^{j\varphi_i}$,代入式(5-3)中,有

$$|Z_1||Z_3| e^{j(\varphi_1 + \varphi_3)} = |Z_2||Z_4| e^{j(\varphi_2 + \varphi_4)}$$

在上式中,令两边的实部与虚部相等,可以导出用各桥臂阻抗模 $|Z_i|$ 和阻抗角 φ_i 表达的平衡条件:

$$\begin{cases} |Z_1||Z_3| = |Z_2||Z_4| \\ \varphi_1 + \varphi_3 = \varphi_2 + \varphi_4 \end{cases} \tag{5-5}$$

由式(5-5)可知,交流电桥平衡必须满足相对两桥臂阻抗模的乘积相等和阻抗角之和相等两个条件。因此,调节交流电桥平衡要复杂些,调节元件不少于两个,其中应包括电阻和电抗元件。

3. 不平衡电桥转换原理

当桥路中一个桥臂或几个桥臂的阻抗值发生变化时,电桥的平衡关系就会被破坏,输出 $u_y \neq 0$。将阻抗测量传感器接入桥臂,并适当选择桥臂的参数,可以使 u_y 的变化仅与被测量值引起的阻抗变化有关,这就是不平衡电桥的转换原理。

三、电桥的联接方式

1. 直流电桥的联接方式

为了分析简便,设直流电桥各桥臂原始电阻值相等,即 $R_1 = R_2 = R_3 = R_4 = R_0$;并以图 5-4 所示的用电阻应变片测弹性梁的动应变为例,说明直流电桥的三种联接方式。

(1)半桥单臂方式:如图(a)所示,弹性梁在交变力 $f(t)$ 的作用下产生动应变,应变片电阻值的变化为 $R_0 \pm \Delta R$。将应变片接入一个桥臂后,电阻值增量 ΔR 为电桥输入量,根据式(5-2)求出电桥输出电压为

$$U_y = \frac{\Delta R}{4R_0 + 2\Delta R} \cdot U_0 \tag{5-6}$$

由此可知,半桥单臂接法的输出和输入是非线性关系。在 $\Delta R \ll R_0$ 的条件下,即当应变引起的电阻值增量比应变片原始电阻小许多时,可以得到近似线性的输出与输入关系:

$$U_y \approx \frac{\Delta R}{4R_0} \cdot U_0 \tag{5-7}$$

(2)半桥双臂方式:在图(b)中,弹性梁上、下各贴一片应变片,当一片受拉应变时,另一片则受压应变,两片电阻值的增量为差动变化。将两片应变片分别接入相邻的两个桥臂中,则电桥的输出电压为

$$U_y = \frac{\Delta R}{2R_0} \cdot U_0 \tag{5-8}$$

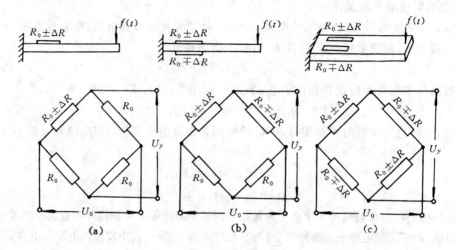

图 5-4　直流电桥的联接方式

(a)半桥单臂联接； (b)半桥双臂联接； (c)全桥联接

由此可知,相邻两桥臂有差动变化的联接方式,可以消除单臂接法所产生的非线性影响,并使电桥的灵敏度提高一倍。

(3)全桥方式:图(c)所示的是在弹性梁上、下各贴两片应变片的情况,将差动变化的一对应变片分别接入两个相邻的桥臂中,此时电桥输出电压为

$$U_y = \frac{\Delta R}{R_0} \cdot U_0 \tag{5-9}$$

输出信号比半桥双臂接法增大一倍,可见全桥接法灵敏度最高。

2. 交流电桥的联接方式

交流电桥桥臂上的阻抗元件可以有不同的组合,但各种组合方式除了要满足阻抗模的平衡条件外,还应注意阻抗元件的配合,以满足阻抗角的平衡条件。对容抗元件,$\varphi < 0$;对感抗元件,$\varphi > 0$;对纯电阻元件,$\varphi = 0$。

(1)电容电桥:图 5-5 是用于电容比较测量的电容电桥。在一对相邻臂上接入纯电阻 R_2、R_3,而在另一对相邻臂上则都接入电容元件,以满足对边阻抗角之和相等的要求。若 C_1 为被测量,R_1 视为电容介质损耗等效电阻,则 C_4、R_4 应作为可调元件。

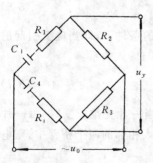

图 5-5　电容电桥

根据式(5-4)平衡条件式,有

$$\left(R_1 + \frac{1}{j\omega C_1}\right)R_3 = \left(R_4 + \frac{1}{j\omega C_4}\right)R_2$$

令上式两边的实数和虚数部分分别相等,则可得到以各元件参数表达的平衡条件:

$$\begin{cases} R_1 R_3 = R_2 R_4 \\ R_3/C_1 = R_2/C_4 \end{cases} \tag{5-10}$$

(2)电感电桥:图 5-6 是用于电感比较测量的电感电桥。在一对相邻臂上接入纯电阻 R_2、R_3,而在另一对相邻臂上则都接入电感元件。若 L_1 为被测量,R_1 视为电感线圈有功电阻,则 L_4、R_4 应作为可调元件。

电感电桥的平衡条件可推导为

$$\begin{cases} R_1 R_3 = R_2 R_4 \\ L_1 R_3 = L_4 R_2 \end{cases} \tag{5-11}$$

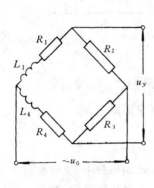

图 5-6 电感电桥

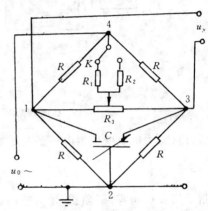

图 5-7 纯电阻交流电桥

(3)纯电阻交流电桥:对于四个桥臂都接入电阻的纯电阻交流电桥,由于导线间分布电容的影响,仍然要考虑阻抗角的平衡问题。图 5-7 是一种实用的,具有电阻、电容平衡的交流电阻电桥。可变电容器 C 可以使并联到相邻两臂的电容值产生差动变化,以实现电容平衡;粗调电阻 R_1、R_2 和微调电阻 R_3 可以调节电阻平衡。

四、其他形式电桥

1. 平衡电桥

不平衡电桥在转换时,输出信号会受到外界因素的影响,如工作电源波动,环境温度变化等。

测量静态量时,通常采用平衡电桥测量方法(零值法)来消除外界因素的影响。图 5-8 是平衡电桥工作原理。在电桥输出对角上接入一灵敏检流指示仪表 G,测量时,通过可调电位器使指针指示到零。这样,可以用标定好的电位器读数 H 来反映被测

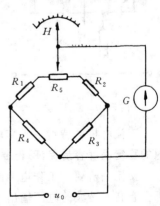

图 5-8 平衡电桥原理

量的大小。测量误差只与电位器的精度有关。

2. 变压器电桥

图 5-9 是利用变压器副边绕组或原边绕组与阻抗元件组成的电桥,其中图(a)为电压变压

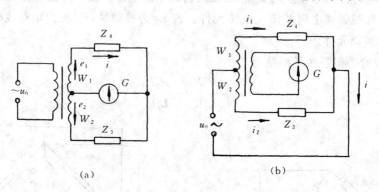

(a)   (b)

图 5-9　变压器电桥

(a)电压变压器电桥;　(b)电流变压器电桥

器电桥,图(b)为电流变压器电桥。变压器电桥在平衡时有关系式

$$\frac{Z_4}{Z_3} = \frac{W_1}{W_2} \tag{5-12}$$

此时指示仪表 G 指零。若阻抗 Z_4 为被测量,则可调节 Z_3 或线圈匝数 W 使电桥重新平衡,从而测出 Z_4。变压器电桥能消除外界因素的影响,测量精度高、工作性能稳定,频率范围广,在工程测量中被广泛应用。

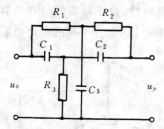

图 5-10　双 T 电桥

3. 双 T 电桥

图 5-10 是由两个 T 形网络构成的双 T 电桥。该电桥的输出电压 u_y 是被测信号频率 ω 和电路中各阻抗参数的函数。因此,该电桥常被用作阻抗检测电路和滤波电路。

五、电桥的使用性能及特点

电桥测量电路简单,测量精度和灵敏度高,对各桥臂阻抗变化引起的电压变化值能自动加减输出,在工程测试中用途广泛。

直流电桥的特点是平衡电路简单,对联接导线的要求较低,可采用直流仪表测量,直流电源的稳定程度容易保证;但要求后接比较复杂的直流放大器。

交流电桥要求工作电源的电压波形没有畸变,频率必须稳定,否则电桥对基波调平衡后,仍会有高次谐波的电压输出。交流电桥一般采用音频交流电源(5~10kHz),后接电路采用简单的交流放大器。交流电桥容易受寄生参数和外界因素的影响。

5-2　信号的调制与解调

一、概述

调制是工程测试信号在传输过程中常用的一种调理方法,主要是为了解决微弱缓变信号的放大问题。

1. 缓变信号的放大问题

工程中的一些物理量,如力、位移、温度等,经过传感器变换后,常常是微弱的直流或相对缓变的电信号。对这样一类信号,直接送入直流放大器或交流放大器放大会遇到困难。

(1)采用级间直接耦合式的直流放大器放大,将会受到零点漂移的影响。当漂移信号大小接近或超过被测信号时,经过逐级放大后,被测信号会被零点漂移淹没。

(2)用阻容耦合式交流放大器放大,虽然可以抑制零点漂移,但交流放大器的低频特性不好,会导致被测信号失真。

2. 调制式直流放大器

为了很好地解决缓变信号的放大问题,信息技术中采用了一种对信号进行调制的方法,即先将微弱的缓变信号加载到高频交流信号中去,然后利用交流放大器进行放大,最后再从放大器的输出信号中取出放大了的缓变信号。上述信号传输中的变换过程称为调制与解调。图5-11 描述了一种连续信号的调制与解调过程。

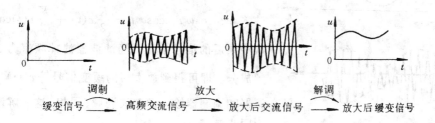

图 5-11　一种调制与解调过程

调制器、解调器加上交流放大器即组成了用于缓变信号放大的调制式直流放大器。图5-12 是幅度调制式直流放大器的工作原理框图。

(1)振荡器:振荡器向调制器和解调器提供一高频等幅振荡信号,由于这种高频振荡波在电路中的作用是载送缓变信号,因此称为载波。载波频率一般为 500kHz～20MHz。

(2)调制器:调制器的作用是将输入的缓变信号加载到载波上。在调制器中,缓变信号与载波相乘,输出的信号 $x(t)\cos\omega_0 t$ 称为已调波。已调波的幅值反映了缓变信号的变化,缓变信号在此称为调制信号。

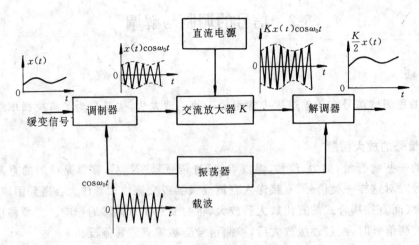

图 5-12　调制式直流放大器

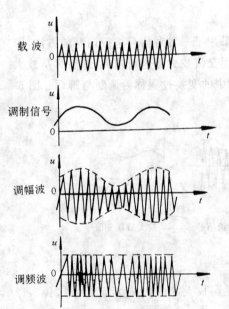

图 5-13　调幅与调频

（3）交流放大器：由于被放大的信号为高频交流信号，因此，零漂与放大的矛盾和交流放大器低频特性差的问题得到了很好的解决。

（4）解调器：解调器的作用是从放大后的已调波信号中取出缓变信号。在解调器中已调波 $Kx(t) \cdot \cos\omega_0 t$ 再一次与载波 $\cos\omega_0 t$ 相乘，由时域变换可知

$$Kx(t)\cos\omega_0 t \cdot \cos\omega_0 t = \frac{K}{2}x(t) + \frac{K}{2}x(t)\cos 2\omega_0 t$$

从相乘后的信号中用低通滤波器滤掉频率为 $2\omega_0$ 的高频成分，即可得到放大后的缓变信号 $\frac{K}{2}x(t)$。由于解调器和调制器输入的载波同频、同相，这一解调过程称为同步解调。

3. 调制的类型

利用调制信号可以控制载波的幅度、频率和相位，分别称为调幅（AM）、调频（FM）和调相（PM），已调波分别称为调幅波、调频波和调相波。对不同的调制类型，都有相应的调制方法和解调方法。工程测试中常用的是调幅和调频方式，两种调制过程的波形见图 5-13。

二、电桥调幅原理

从以上介绍的调制过程可知，幅度调制实质上是两个时域信号相乘，因此调制过程可以用各种线性乘法电路来实现。在工程测试中，电桥常常作为一种乘法电路，用来对电阻式、电容式和电感式传感器的输出信号进行转换。

图 5-14 是用电阻应变式传感器和采用半桥单臂方式接成的电桥，其调幅原理分析如下。

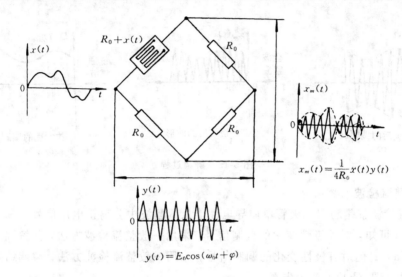

图 5-14　电桥调幅原理

在电桥电路中，作为载波的供桥电源 $y(t)$ 是频率为 ω_0 的高频等幅振荡波，应变片的变化规律 $x(t)$ 为调制信号，当 $x(t)$ 的变化范围远小于 R_0 值时，电桥有近似的线性输出

$$x_m(t) = \frac{E_0}{4R_0} x(t) \cos(\omega_0 t + \varphi) \tag{5-13}$$

$x_m(t)$ 即为已调波。由式(5-13)可知，已调波有以下特征：

（1）由于 E_0、R_0 为常数，已调波的幅值将随调制信号 $x(t)$ 的变化而变化。

（2）设调制信号的频谱为 $X(\omega)$，分析 $x_m(t)$ 的频谱可知

$$F[x_m(t)] = \frac{1}{2} \cdot \frac{E_0}{4R_0} [X(\omega - \omega_0) + X(\omega + \omega_0)] \tag{5-14}$$

已调波的频谱相当于将调制信号的频谱图形由原点向两边对称地移至载波频率 ω_0 处，幅值则减半。可见，调幅过程在频域中就是对调制信号实现频率搬迁的过程。

（3）已调波的相位变化取决于调制信号的极性变化，即 $x(t)$ 的符号变化一次，$x_m(t)$ 则反相一次。

在时域中，已调波 $x_m(t)$ 的包络线反映了被测信号 $x(t)$。为了使包络线能尽量真实地复原

为被测信号,载波频率必须远高于被测信号中的最高频率,一般在放大器截止频率范围内,载波频率可以高数倍至数十倍。

三、调幅波的解调

从调幅波中取出包络线信号,通常可以通过检波和低通滤波两个步骤来完成,如图 5-15 所示。对无极性变化的调制信号和有极性变化的调制信号,其调幅波的检波方法有所不同。

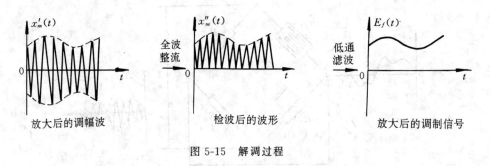

图 5-15　解调过程

1. 一般整流检波

一般整流检波就是利用二极管单向导电性能从调幅波中分离正电压信号。

从图 5-16 可知,对无极性变化的调制信号,采用一般整流检波方法,其解调结果能恢复原信号(图(a));但对有极性变化的调制信号,采用一般整流检波方法,解调结果却不能反映原信号极性(图(b)),产生失真。

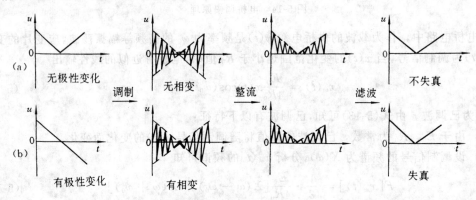

图 5-16　一般整流检波
(a)无极性变化;　(b)有极性变化

对有极性变化的调制信号,可以采用直流偏置的方法,即先叠加一足够的直流分量,使信号都具有正电压,通过一般整流检波和滤波后,再减去叠加的直流分量。除此以外,还可以采用下面介绍的相敏检波技术。

2. 相敏检波器

相敏检波器是一些能敏感信号极性的电路，通常由二极管、三极管或场效应管组成。图 5-17 是一种能识别调制信号极性的二极管环形相敏检波器。其解调原理分析如下：

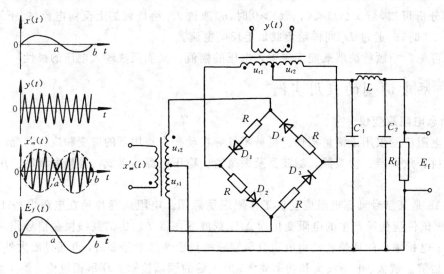

图 5-17　相敏检波器及信号波形

该相敏检波器由四个二极管 D_1、D_2、D_3 和 D_4 首尾相接组成环形，R 为四个限流、调平衡电阻。四个顶点分别与两个变压器相接，变压器的中点作为输出，输出端接有 LC 低通滤波器和指示、记录仪等负载，负载电阻为 R_f。图中，$x(t)$ 为调制信号，$y(t)$ 为载波，$x'_m(t)$ 是放大后的调幅波，E_f 则是解调后的信号电压。u_s 称为信号电压，其原绕组电压由 $x'_m(t)$ 提供；u_t 称为控制电压，原绕组电压由 $y(t)$ 提供，控制电压用来控制四个二极管的导通和截止。该相敏检波器能正确工作的前提条件是：$u_t \geqslant 2u_s$；环形电路的四个臂对称；变压器副绕组对称，即 $u_{t_1} = u_{t_2}$、$u_{s_1} = u_{s_2}$；$y(t)$ 与调制器载波同频、同相。

以下分三种情况讨论输出电压 $E_f(t)$ 的取值。

(1) 当 $x'_m(t) = 0$，$u_s = 0$ 时，$E_f(t) = 0$。

因为此时流过二极管的电流仅由 u_t 决定，当 $y(t)$ 在正半周时（如图中所示瞬时极性），电流经 D_2、D_3 闭合；在负半周时则经 D_1、D_4 闭合。由于各臂参数相同，电流不流过负载。u_t 相当于给二极管加上了一个偏压，可以减小非线性影响。

(2) 当 $x'_m(t) \neq 0$，且与 $y(t)$ 同相时（波形图中 0～a 段），$E_f(t)$ 为正，与调制信号极性相同。

由第一种情况可知，$y(t) > 0$ 时，D_2、D_3 是导通的；$y(t) < 0$ 时，D_1、D_4 是导通的。因此，$x'_m(t) > 0$ 时（图中瞬时极性所示），u_{s_1} 能通过 D_2 导通，给负载加上正向电流（向上）；$x'_m(t) < 0$

时，u_{s_2} 通过 D_4 给负载加上仍是正向的电流。应说明的是，由于 $u_t \geqslant 2u_s$，尽管 u_{s_1}、u_{s_2} 分别给 D_3、D_1 加上了反向电压，D_3、D_1 仍保持导通，使 u_t 产生的电流不流经负载。

（3）当 $x'_m(t) \neq 0$，且与 $y(t)$ 反相时（波形图中 $a \sim b$ 段），$E_f(t)$ 为负，与调制信号极性保持一致。

同理分析可知，当 $x'_m(t) < 0，y(t) > 0$ 时，u_{s1} 通过 D_3 给负载加上反向电流（向下）；$x'_m(t) > 0，y(t) < 0$ 时，u_{s2} 通过 D_1 同样给负载加上反向电流。

由此可见，相敏检波器既能反映输入电压的幅值，又能反映输入电压的极性。

四、幅度调制的应用实例

1. 动态电阻应变仪

动态电阻应变仪用于测量构件、机械零件等在动态力作用下的应变和应力情况。应变仪主要由电桥、放大器、检波器、滤波器及振荡器、稳压电源等组成，是幅度调制应用的典型测试仪器。

图 5-18 是某型号动态电阻应变仪工作原理示意图。电阻应变片接在电阻电桥 1 的桥臂上，由被测试件应变所产生的电阻变化为 ΔR；载波振荡器 7 输出的高频振荡信号作为电桥的工作电压；电桥输出的调幅波经由电阻分压衰减的量程选择电路 2 后，再通过放大器 3 放大，放大器包括前置放大、电压放大和功率放大；放大后的调幅波输入环形相敏检波器 4 解调，检波器的控制电压由同一振荡器提供；相敏检波器输出的脉动信号经 π 形 LC 低通滤波器 5 滤波，高频成分被滤掉，最后输出放大后的应变信号，由记录仪 6 记录下来。直流电源 8 向放大器和振荡器提供稳定的直流电压。

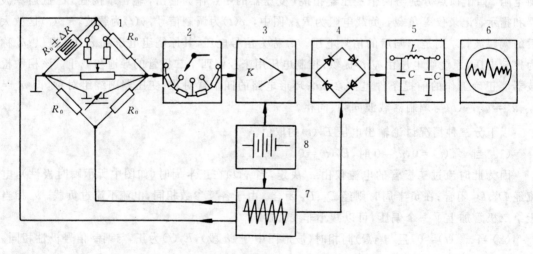

图 5-18　动态电阻应变仪工作原理

动态电阻应变仪可测量频率变化在 0～2000Hz 内的动态应变信号。为了便于进行多线同步测量，仪器通常具有 2、4、8 个通道。

2. 电容传感器调幅测量电路

电容传感器测量电路中，有一类是采用幅度调制方法工作的。图 5-19 是由差动式电容传感器和电感组成变压器式电桥，被测非电量引起的电容变化被转换为电桥的电压输出。电桥输出的调幅波经放大、相敏检波、低通滤波后，输出被测信号。

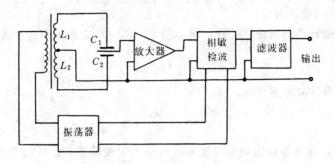

图 5-19　变压器式交流电桥测量电路

五、调频方法

调频是将被测信号的变化转换为载波频率的变化，因此，调频波是随调制信号变化的疏密不等的振荡波。常用调频方案有谐振参数调频和压控调频。

1. 谐振调频与鉴频

应用电容式、电感式、电涡流传感器测量在小范围内变化的参数时，可采用谐振调频方式，即将电容 C 或电感 L 直接作为 LC 自激振荡器谐振回路的一个调谐参数，使振荡频率按被测信号规律变化。

图 5-20 是电容传感器谐振调频测试系统方框图。图中，LC 振荡器的振荡频率为

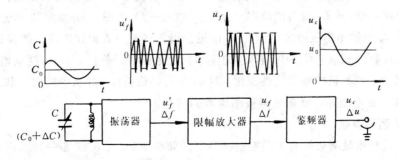

图 5-20　谐振调频测试系统

$$f = \frac{1}{2\pi} \cdot \frac{1}{\sqrt{LC}} \tag{5-15}$$

设电容传感器初始电容为 C_0，则振荡器的初始频率为 $f_0 = \frac{1}{2\pi} \cdot \frac{1}{\sqrt{LC_0}}$；又设测量非电量时，电容变化为 ΔC，则此时振荡频率应为

$$f = \frac{1}{2\pi} \cdot \frac{1}{\sqrt{L\,(C_0 + \Delta C)}} = \frac{1}{2\pi} \cdot \frac{1}{\sqrt{LC_0}} \cdot \frac{1}{\sqrt{1 + \Delta C/C_0}} = f_0 \cdot \frac{1}{\sqrt{1 + \Delta C/C_0}} \tag{5-16}$$

当 $\Delta C \ll C_0$ 时，对上式进行线性化处理，可以得到 f 与 ΔC 之间近似的线性关系

$$f = f_0 \left(1 - \frac{\Delta C}{2C_0} \right) \tag{5-17}$$

因 ΔC 变化引起的载波频率变化为

$$\Delta f = - \frac{\Delta C}{2C_0} \cdot f_0 \tag{5-18}$$

可见，在小范围内，振荡器输出频率与被测信号呈近似线性关系，从而实现了调频。要求测量精度高时，在后续电路中应考虑非线性补偿。为了同时获得较高的灵敏度和一定的测量范围，一般将载波初始频率 f_0 取得很高（达兆赫级），而使初始电容 C_0 保持一定的值。

随着频率的改变，振荡器输出的幅值也往往要改变；干扰的影响通常也会改变调频波的幅值。因此，在振荡器之后接入限幅放大器放大，可以得到不丢失频率信息的等幅调频波。

从调频波中取出被测信号的解调过程称为鉴频，鉴频有多种方案。一种鉴频方案是，将调频波直接限幅放大为方波，并利用方波上升沿或下降沿将方波转换为疏密不等的脉冲，再将脉冲触发定时单稳，得到时宽相等、疏密不等的单向窄矩形波。由于矩形波的疏密随调频波频率而变，也即与被测信号相关，因此取其瞬时平均电压即可反映被测信号电压的变化。

另一种简单的鉴频方案是采用谐振鉴频器，其鉴频过程分两步，即先通过频率-电压线性变换电路，将等幅的调频波变换为电压幅值也随频率变化的调幅、调频波，然后利用检波器取出其中幅值的变化信息。频率-电压线性变换采用图 5-21 (a) 所示的变压器耦合 LC 谐振回路来完成。分析可知，L_2C_2 回路的频率-电压关系（$u_a - f$）为图 (b) 所示的非线性特性，在回路谐振频率 f_n 处输出电压最大，但在 f_n 附近亚谐振区有一近似线性段。等幅调频电压 u_f 通过 L_1C_1 回路耦合到 L_2C_2 回路中，若 u_f 的频率变化范围恰好落在 L_2C_2 线性亚谐振区内，则 u_a 的幅值也将会随调频波的频率线性变化。对 u_a 进行幅值检波，并从中减去与载波初始频率 f_0 对应的直流偏置电压 u_0，就能获得被测信号的信息。

2. 压控振荡器调频

压控调频是利用被测信号电压来控制振荡器的频率变化。图 5-22 是一种采用乘法器的压控振荡器原理图，它由乘法器 M、积分器 A_2、正反馈放大器 A_1 和两只稳压管 D_w 组成。乘法器的输入为 u_x 和 u_y，u_x 是经直流偏置为正电压的被测信号，u_y 是振荡器的输出电压，是一幅

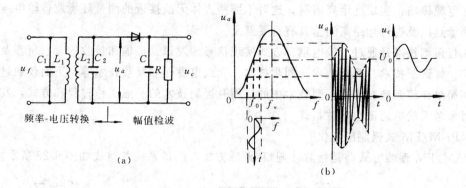

图 5-21 谐振鉴频器原理

（a）变压器耦合谐振回路；（b）非线性特性

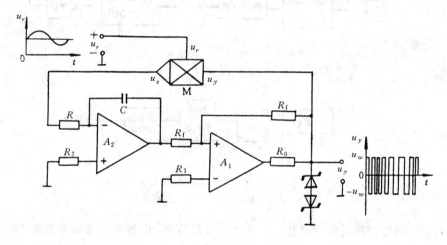

图 5-22 压控振荡器原理图

值恒定、频率变化的方波。分析电路工作原理可知，调频波 u_y 的幅值取决于稳压管的翻转电压 u_w，极性取决于双向稳压管的翻转状态，而频率的变化则取决于积分器 A_2 的输出通过放大后达到翻转电压 u_w 的积分时间 t。积分器积分时间 t 由输入电压，即乘法器的输出 u_z 来决定，由于 u_y 的幅值为常数，故乘法器的输出仅与 u_x 的取值有关。这样，积分时间 t，也即 u_y 的频率仅随被测信号 u_x 变化而改变，从而实现了压控调频。由于 u_x 没有极性变化，u_z 的极性、积分器输出电压极性和稳压管翻转状态由稳压管初始状态和 u_y 本身极性来决定。

六、调频在工程遥测技术中的应用

调频方法在对缓变信号的调理中用得比较普遍，如电容式、电感式、电阻式传感器的测量电路有很多采用调频方式。信号经调频后，抗干扰能力强，便于远距离传输，特别是可以通过非电缆传输，实现远距离遥测，这对于那些人体无法接近的测量环境或传输电缆无法引入的测量点以及进行远距离测量具有重要意义。

工程遥测技术是通过无线电耦合方式实现信号的发送、传输和接收的，它所涉及的知识面较广，如调制技术、锁相技术、同步技术、无线电发送和接收技术等。下面仅通过两个应用实例简单介绍调频在工程遥测技术中的应用及遥测技术的一般工作过程和方式，其他有关技术可参考无线电通讯技术教材。

1. PAM/FM 式遥测应变仪

PAM/FM 遥测方式即是指脉冲调幅/调频方式，测试系统的组成如图 5-23 所示。

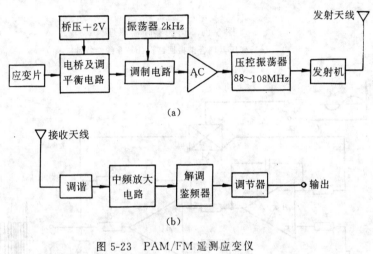

图 5-23 PAM/FM 遥测应变仪
(a)发射机部分； (b)接收机部分

将测量用的应变片式传感器接入直流电桥进行转换，电桥工作电压为直流 2V。电桥的输出通过脉冲调制电路对 2kHz 的载波幅值进行调制，调幅波经交流放大后加于压控振荡器，得到 88～108MHz 的调频波。调频波通过发射机和天线发射。接收天线接收到电磁波后，经过调谐和中频放大，成为具有一定幅值的调频波，再经过鉴频器和由检波、滤波环节组成的调节器，最后输出被测信号。

2. 频分制 FM/FM 遥测系统

进行多点测量时，将有多路信号要同时进行传输和处理，采用频分制调频/调频式遥测系统可以很方便地解决这个问题。图 5-24 是一典型的六通道调频/调频式遥测仪工作原理图。

六个测量电桥的工作电压分别由六个副载波振荡器提供，电桥输出由被测信号调制的调幅信号。由于各路副载波振荡器的中心频率不同，可以使各路被测信号调制到不同频率的副载波上。若各路被测信号都是有限频宽信号，适当选择各中心频率，就能使调制后的各路调幅波的频谱互不重叠并有一定的间隔频带。各路调幅信号通过波道混合器（线性相加网络）相

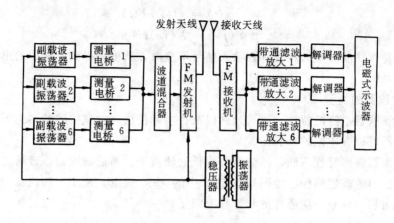

图 5-24　频分制 FM/FM 遥测仪

加后送入调频发射机，将发射机的主载波信号调制成调频波，由发射天线发射。接收天线接收电磁波后，送入接收机对调频波进行解调。解调后的信号通过中心频率对应的六路带通滤波器，将各副载波信号分离开来并再次进行幅值解调。解调后的被测信号可以通过示波器记录和显示出来。

5-3　滤波器原理

一、概述

1. 什么是滤波器

在上一节介绍的动态电阻应变仪和谐振鉴频器中，π 形 LC 回路和 RC 回路可以将缓变的调制信号从高频的载波中分离出来，这些电路起的作用称为滤波作用。在机械设备中，经常采用各种隔振、防噪声的装置，这些装置起的作用也是滤波作用。各类仪器、仪表都有一定的工作频率范围，这说明它们本身都有滤波作用。广义地讲，凡是可以使信号中特定的频率成分通过，而极大地衰减或抑制其他频率成分的装置或系统都称之为滤波器。

图 5-25 表示一滤波器系统，系统的脉冲响应函数为 $h(t)$，频率响应函数为 $H(j\omega)$。设输入信号为 $x(t)$，输出信号为 $y(t)$，则输出、输入与滤波器系统特性在时域和频域中的关系分别为

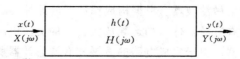

图 5-25　滤波器系统

$$y(t) = x(t) * h(t) \tag{5-19}$$
$$Y(j\omega) = X(j\omega)H(j\omega) \tag{5-20}$$

可见，只要改变滤波器的特性，在输入信号不变时，就可以得到不同的输出，即会产生不同的滤波效果。

2. 滤波器的类型

根据滤波器本身的特性、组成元件以及在实际使用时对滤波器的结构形式和性能要求不同，滤波器可以有不同的分类。

（1）根据频率特性不同，滤波器分为低通滤波器、高通滤波器、带通滤波器和带阻滤波器四类，它们的理想幅频特性图如图 5-26 中的（a）～（d）所示。滤波器中能使信号通过的频带称为通带，信号不能通过的频带称为阻带。

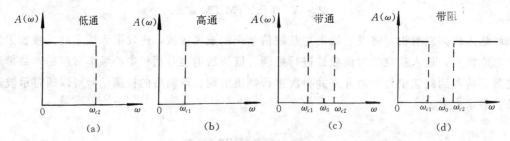

图 5-26 四类滤波器的幅频特性

低通滤波器用上截止频率 ω_{c_2} 描述，$0 \sim \omega_{c_2}$ 内的信号可以不受衰减地通过；高通滤波器用下截止频率 ω_{c_1} 描述，$\omega_{c_1} \sim \infty$ 内的信号不受抑制。带通滤波器的通带为 $\omega_{c_1} \sim \omega_{c_2}$，通带在频域上的位置可以用上、下截止频率的几何平均值，即中心频率 $\omega_0 = \sqrt{\omega_{c_1} \cdot \omega_{c_2}}$（或 $f_0 = \sqrt{f_{c_1} \cdot f_{c_2}}$）来表示，通带宽记为 $B = \omega_{c_2} - \omega_{c_1}$（或 $B = f_{c_2} - f_{c_1}$）。与带通滤波器相反，带阻滤波器是专门用来抑制某一频段的信号，其阻带宽 $B = \omega_{c_2} - \omega_{c_1}$，阻带在频域上的位置也用其中心频率 $\omega_0 = \sqrt{\omega_{c_1} \cdot \omega_{c_2}}$ 来表示。

由幅频特性图可知，低通滤波器与高通滤波器，带通滤波器与带阻滤波器呈一种互补关系；带通、带阻滤波器也可由低通和高通滤波器串、并联得到。因此，高通、带通和带阻滤波器的频率特性，都可以用频率变换的方法从低通滤波器的频率特性中推导出来。

（2）滤波器还有其他不同的分类方法。根据滤波器的物理原理，可分为机械式滤波器和电路式滤波器。在非电量测试过程中，由于信号多转换成电压或电流形式，因此电测法中常采用由电子元件组成的网络做滤波器。根据构成滤波器的元件类型，可分为 RC、LC 和晶体谐振滤波器。在电路中含有有源器件（如运算放大器）的滤波电路称为有源滤波器；不含有源器件的称为无源滤波器。由于集成电路的发展和有源滤波器所具有的独特优点，现在有源滤波器已成为滤波器的主要应用形式。此外，根据滤波器处理信号的形式，滤波器分为处理连续信号的模拟滤波器和处理离散信号的数字滤波器。随着数字计算技术和计算机在工程测试中的广泛应用，数字滤波方法用得越来越普遍。

3. 滤波器的作用

滤波器是现代测试系统中的一个重要环节，滤波器的选频特性在测试过程中、在信号的传输和分析中有着重要的作用。

滤波器可以将有用的信号与大量的干扰噪声分离开来，这样，可以提高信号传输过程中的抗干扰性，提高信噪比。由于在测试过程中干扰信号总是与被测信号并存的，因此信号检测与处理过程中一个重要的内容是解决滤波问题。滤波器还可以用来滤掉被测信号中不感兴趣的频率成分。如用低通滤波器滤掉调制波中的高频成分，从而得到低频的调制信号；在数字信号分析系统中，输入的模拟信号要进行抗频混滤波处理，即将不感兴趣的高频成分滤掉，这样，一方面可以提高分析精度，另一方面可以降低对分析仪器的性能要求。滤波器的另一种重要用途是对动态信号进行频谱分析，即通过分辨力高的窄带滤波器从具有复杂频率成分的信号中分离出单一的频率分量，进行幅值和相位分析。

二、理想滤波器与实际滤波器

1. 理想滤波器的频率特性

滤波器实现滤波的功能可以通过滤波器的频率特性来说明。理想滤波器是指，能使通带内信号的幅值和相位都不失真，阻带内的频率成分都衰减为零的滤波器，其通带和阻带之间有明显的分界线。也就是说，理想滤波器在通带内的幅频特性应为常数，相频特性的斜率为常值；在通带外的幅频特性应为零。图 5-27 表示一理想低通滤波器的幅频及相频特性，其频率响应函数为

$$H(j\omega) = \begin{cases} A_0 \mathrm{e}^{-j\omega t_0} & (|\omega| \leqslant \omega_c) \\ 0 & (|\omega| > \omega_c) \end{cases} \tag{5-21}$$

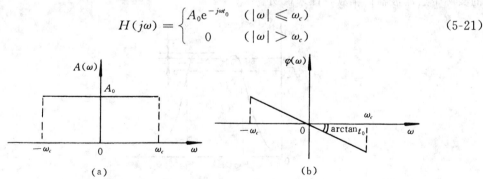

图 5-27 理想低通滤波器的幅频和相频特性

(a)幅频特性；(b)相频特性

分析式（5-21）表示的频率特性可知，该滤波器在时域内的脉冲响应函数 $h(t)$ 为 sinc 函数，图形如图 5-28 所示。脉冲响应的波形沿横坐标左、右无限延伸，从图中可以看出，在 $t=$

0 时刻单位脉冲输入滤波器之前，即在 $t < 0$ 时，滤波器就已经有响应了。显然，这是一种非因果关系，在物理上是不能实现的。这说明在截止频率处呈现直角锐变的幅频特性，或者说在频域内用矩形窗函数描述的理想滤波器是不可能存在的。实际滤波器的频域图形不会在某个频率上完全截止，而会逐渐衰减并延伸到 $\omega \to \infty$。

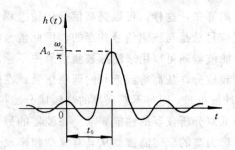

图 5-28　理想低通滤波器的脉冲响应

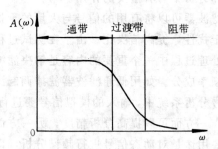

图 5-29　实际低通滤波器的幅频特性

2. 实际滤波器的描述

如上分析，在实际滤波器的幅频特性图中，通带和阻带之间应没有严格的界限。实际低通滤波器的幅频特性如图 5-29 所示，在通带和阻带之间存在一个过渡带。在过渡带内的频率成分不会被完全抑制，只会受到不同程度的衰减。当然，希望过渡带越窄越好，也就是希望对通带外的频率成分衰减得越快、越多越好。因此，在设计实际滤波器时，总是通过各种方法使其尽量逼近理想滤波器。

与理想滤波器相比，实际滤波器需要用更多的概念和参数去描述它。下面用图 5-30 所示的实际带通滤波器的幅频特性来说明。

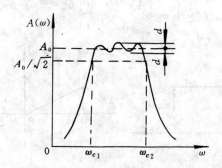

图 5-30　实际带通滤波器的幅频特性

（1）通带内的幅频特性用平均值 A_0 来描述。实际滤波器在通带内的幅频特性不像理想滤波器那样平直，而是波动变化的，其波动量 d 称为波纹幅度。波纹幅度 d 与平均值 A_0 相比，应越小越好，一般应远小于 -3dB。

（2）上、下截止频率用－3dB 截止频率来描述。由于实际滤波器没有明显的截止频率，为了保证通带内的信号幅值不会产生较明显的衰减，一般规定幅频特性值为 $A_0/\sqrt{2}$ 时的相应频率值 ω_{c_2}、ω_{c_1} 作为带通滤波器的上、下截止频率，这样，通带内信号幅值的衰减量不会超过－3dB。相应的通带宽 $B=\omega_{c_2}-\omega_{c_1}$ 称为－3dB 带宽。

（3）实际滤波器的选择性用倍频程选择性或滤波器因素 λ 来描述。实际滤波器过渡带幅频曲线的倾斜程度表达了滤波器对通带外频率成分的衰减能力，即选择性。选择性是滤波器的一个重要指标，倍频程选择性和滤波器因素 λ 就是用来描述过渡带曲线倾斜程度即选择性指标的。

倍频程选择性是指与上、下截止频率处相比，频率变化一倍频程时幅频特性的衰减量，即

$$倍频程选择性（dB）=20\lg\left[A\left(2\omega_{c_2}\right)/A\left(\omega_{c_2}\right)\right] \tag{5-22}$$

或

$$=20\lg\left[A\left(\frac{1}{2}\omega_{c_1}\right)/A\left(\omega_{c_1}\right)\right] \tag{5-23}$$

显然，计算结果的衰减量越大，表示选择性越好。

滤波器因素 λ 是用带宽的变化来定义选择性的，其含义是滤波器幅频特性值为－60dB 处的带宽与－3dB 处的带宽之比值，即

$$\lambda=\frac{B_{-60dB}}{B_{-3dB}}>1 \tag{5-24}$$

λ 愈小，表明滤波器选择性愈好。

（4）实际带通滤波器的分辨力，即分离信号中相邻频率成分的能力，用滤波器品质因素 Q 来描述。品质因素 Q 值用滤波器的中心频率 ω_0 与－3dB 带宽的比值来表达，即

$$Q=\frac{\omega_0}{B_{-3dB}}=\frac{\sqrt{\omega_{c_2}\cdot\omega_{c_1}}}{\omega_{c_2}-\omega_{c_1}}=\frac{\sqrt{f_{c_2}\cdot f_{c_1}}}{f_{c_2}-f_{c_1}} \tag{5-25}$$

Q 值越大，表明分辨力越高。

3. 实际带通滤波器的形式

带通滤波器在测试工作中常用来作信号频谱分析。将信号通过幅频特性相同而中心频率不同的多个带通滤波器后，滤波器的输出即可反映信号在该通频带内的幅值和相位信息。

根据带通滤波器带宽 B 与中心频率 f_0 的关系不同，可分为恒定带宽带通滤波器和恒定百分比带通滤波器。恒定带宽带通滤波器的带宽 B 为定值，不随中心频率 f_0 变化而变化；恒定百分比带通滤波器的带宽 B 与中心频率 f_0 的比值（B/f_0）始终保持不变，频率愈高，带宽愈宽。这两种带通滤波器的特性如图 5-31 所示。从特性图可知，在高频区恒定百分比带通滤波器由于带宽增加，分辨力要比恒定带宽带通滤波器差。

恒定百分比带通滤波器通常做成邻接式滤波器来覆盖所需分析的频率范围，对信号进行分段滤波。所谓邻接式，就是前一个滤波器－3dB 上截止频率即为后一个滤波器－3dB 下截止频率，首尾相接，各滤波器中心频率是固定和有级变化的。组成邻接式滤波器组最常用的恒

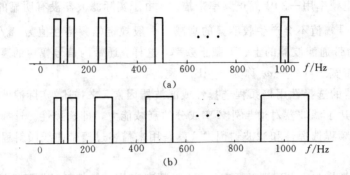

图 5-31　两种带通滤波器的特性

(a) 恒定带宽带通滤波器；　　(b) 恒定百分比带通滤波器

定百分比带通滤波器，是 1 倍频程滤波器和 1/3 倍频程滤波器，表 5-1 给出了 1 倍频程和 1/3 倍频程滤波器的中心频率 f_0 以及带宽 B 之值，它们的比值 (B/f_0) 分别为 0.71 和 0.23。

表 5-1　常用倍频程滤波器的参数

1 倍频程				1/3 倍频程			
下截止频率 f_{c1}/Hz	上截止频率 f_{c2}/Hz	中心频率 f_0/Hz	带宽 B/Hz	下截止频率 f_{c1}/Hz	上截止频率 f_{c2}/Hz	中心频率 f_0/Hz	带宽 B/Hz
11	22	16	11	14.1	17.8	16	3.7
				17.8	22.4	20	4.6
				22.4	28.2	25	5.8
22	44	31.5	22	28.2	35.5	31.5	7.2
				35.5	44.7	40	9.2
				44.7	56.2	50	11.5
44	88	63	44	56.2	70.8	63	14.6
				70.8	89.1	80	18.3
				89.1	112	100	22.9
88	177	125	89	112	141	125	29
				141	178	160	37
				178	224	200	46
177	355	250	178	224	282	250	58
				282	355	315	73
				355	447	400	92
355	710	500	355	447	562	500	115

1 倍频程				1/3 倍频程			
下截止频率 f_{c1}/Hz	上截止频率 f_{c2}/Hz	中心频率 f_0/Hz	带宽 B/Hz	下截止频率 f_{c1}/Hz	上截止频率 f_{c2}/Hz	中心频率 f_0/Hz	带宽 B/Hz
				562	708	630	146
				708	891	800	183
710	1420	1000	710	891	1122	1000	231
				1122	1413	1250	291
				1413	1778	1600	365
1420	2840	2000	1420	1778	2239	2000	461
				2239	2818	2500	579
				2818	3548	3150	730
2840	5680	4000	2840	3548	4467	4000	919
				4467	5623	5000	1156
				5623	7079	6300	1456
5680	11360	8000	5680	7079	8913	8000	1834
				8913	11220	10000	2307
				11220	14130	12200	2910
11360	22720	16000	11360	14130	17780	16000	3650
				17780	22390	20000	4610

为了提高滤波器的分辨力,通常希望用具有恒定带宽的窄带滤波器来覆盖所需分析的频域,但这样做需要很多滤波器才能邻接起来。如果一个窄带滤波器的中心频率可以根据需要在频域上连续变动,对信号进行跟踪滤波,这样,就能实现窄带邻接式滤波器的功能。这类滤波器的中心频率无级变化,称为扫描式滤波器,在第七章振动测量中将作简单介绍。

三、RC 模拟式滤波器分析

RC 调谐式滤波器是测试系统中常用的一类滤波器,其电路简单,抗干扰能力强。由于 RC 滤波器低频特性较好,故多用于频率相对不高的信号处理和分析。RC 模拟式滤波器分无源滤波器和有源滤波器两类。

1. RC 无源滤波器

(1)RC 低通滤波器的典型电路和幅频特性如图 5-32 所示。设输入和输出信号电压分别为

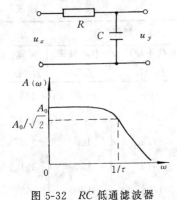

图 5-32　RC 低通滤波器

u_x 和 u_y，电路时间常数 $\tau = RC$。滤波器为一阶系统，其频率响应函数和幅频特性分别为

$$H(j\omega) = \frac{1}{1 + j\omega\tau} \tag{5-26}$$

$$A(\omega) = \frac{1}{\sqrt{1 + (\omega\tau)^2}} \tag{5-27}$$

—3dB 截止频率 $\omega_{c_2} = 1/\tau$

分析该系统特性可知，当输入信号频率 $\omega \ll 1/\tau$ 时，$A(\omega)$ 为常数，信号可以不受衰减地通过滤波器；当 $\omega = 1/\tau$ 时，信号衰减 —3dB；当 $\omega \gg 1/\tau$ 时，信号受到很大衰减。分析可知，在 $\omega \gg 1/\tau$ 时，$H(j\omega)$ 近似等于 $1/(j\omega\tau)$，此时滤波器相当于积分器。

（2）RC 高通滤波器的典型电路和幅频特性如图 5-33 所示。分析电路特性可知，该电路能让高于截止频率的信号通过。RC 高通滤波器也是一阶系统，时间常数 $\tau = RC$，其频率响应函数和幅频特性分别为

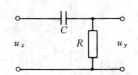

$$H(j\omega) = \frac{j\omega\tau}{1 + j\omega\tau} \tag{5-28}$$

$$A(\omega) = \frac{\omega\tau}{\sqrt{1 + (\omega\tau)^2}} \tag{5-29}$$

—3dB 截止频率 $\omega_{c_1} = 1/\tau$

当输入信号频率 $\omega \gg 1/\tau$ 时，$A(\omega) \approx 1$，信号可以不受衰减地通过，当 $\omega = 1/\tau$ 时，信号衰减 —3dB；当 $\omega \ll 1/\tau$ 时，幅频特性为衰减段，此时 $H(j\omega) \approx j\omega\tau$，相当于一个微分器。

图 5-33　RC 高通滤波器

（3）从 RC 低通和高通滤波器幅频特性图可知，当 $\omega_{c_2} > \omega_{c_1}$ 时，将两者串联起来，就可以组成 RC 带通滤波器。考虑到两个串联环节之间存在的负载效应会削弱传输中的信号和改变整个系统的频率响应特性，因此，通常在两个环节之间串入具有高输入阻抗的放大器进行隔离，组成图 5-34 所示的 RC 带通滤波器。这实际上将 RC 无源带通滤波器做成了有源滤波器。

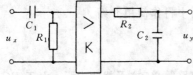

图 5-34　RC 带通滤波器的组成

RC 带通滤波器的频率响应函数由三个环节的频率特性串联而成，即

$$H(j\omega) = \frac{j\omega\tau_1}{1 + j\omega\tau_1} \cdot \frac{1}{1 + j\omega\tau_2} \cdot K \tag{5-30}$$

$$\tau_1 = R_1 C_1, \quad \tau_2 = R_2 C_2$$

—3dB 截止频率：$\omega_{c_1} = 1/\tau_1$，　　$\omega_{c_2} = 1/\tau_2$

分别调节时间常数 τ_2 和 τ_1，就可以得到不同的上、下截止频率和带宽 B。

当高通滤波器的下截止频率 ω_{c_1} 大于低通滤波器的上截止频率 ω_{c_2} 时，将它们并联起来就组成了 RC 带阻滤波器，其电路图如图 5-35 所示。

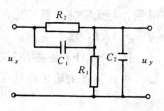

图 5-35　RC 带阻滤波器

2. RC 有源滤波器

上述仅由阻容元件组成的 RC 无源滤波器，具有线路简单、体积小、成本低的优点，但它们都是低阶系统，由于过渡带衰减缓慢（一阶滤波器过渡带斜率为 $-20\mathrm{dB/dec}$），因此选择性差。将几个一阶滤波器串联起来可以提高阶次，但级间耦合的负载效应会使信号逐级减弱。采用有源滤波器可以克服这些缺点。RC 有源滤波器是用 RC 无源网络和运算放大器等有源器件结合在一起构成的。其特点：一是可以放大信号；二是具有高输入阻抗的运算放大器可以进行级间隔离，消除或减小负载效应的影响。这样，有源滤波器可以多级串联组成高阶滤波器，从而明显地提高了滤波器的选择性。

（1）根据 RC 网络与运算放大器的联接方式，一阶 RC 有源低通滤波器有两种形式。

图 5-36（a）所示的是将 RC 低通网络直接接到运算放大器的输入端，组成 RC 有源低通滤波器，其输出特性推导如下：

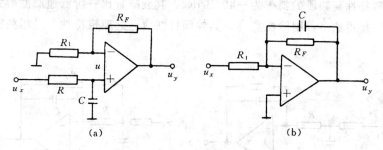

(a)　　　　　　　　　　　　(b)

图 5-36　一阶 RC 有源低通滤波器

设滤波器输入端电压为 u_x，输出端电压为 u_y，运算放大器输入端电压为 u。忽略通过放大器的电流，则对反相输入端，由于流经 R_1 和 R_F 的电流相等，故可求出

$$R_1 u_y = (R_1 + R_F)u \tag{5-31}$$

对同相输入端，由于流经 R、C 元件的电流相等，故可求出

$$Z_c u_x = (R + Z_c)u \tag{5-32}$$

将两式相除，得到输出、输入关系为

$$u_y = \left(1 + \frac{R_F}{R_1}\right) \cdot \frac{Z_c}{R + Z_c} \cdot u_x \tag{5-33}$$

代入 $Z_c = 1/(j\omega C)$，将输出特性转换到频域，得到频率响应函数为

$$H(j\omega) = \left(1 + \frac{R_F}{R_1}\right)\frac{1}{1 + j\omega RC} \tag{5-34}$$

可见，与无源滤波器相比，该低通滤波器将信号放大了 $(1+R_F/R_1)$ 倍，-3dB 截止频率仍为 $\omega_c=1/(RC)$。

图 5-36（b）是将 RC 高通网络接入运算放大器的负反馈通道而形成的 RC 有源低通滤波器。由比例器的输出特性可得到

$$\frac{u_y}{u_x}=-\frac{Z_F}{R_1} \tag{5-35}$$

式中，

$$Z_F=\frac{Z_cR_F}{Z_c+R_F}=\frac{R_F}{1+j\omega R_FC}$$

因此，该滤波器的频率响应函数为

$$H(j\omega)=-\frac{R_F}{R_1}\cdot\frac{1}{1+j\omega R_FC} \tag{5-36}$$

这种接法的滤波器放大倍数为 R_F/R_1，-3dB 截止频率 $\omega_c=1/(R_FC)$。

（2）为了改善滤波器的选择性、增大通频带以外信号的衰减量，应提高滤波器的阶次。二阶有源低通滤波器可由前述的两种一阶低通滤波器组合而成，如图 5-37 所示。其中，图（a）是简单的组合，图（b）是改进后的组合，由于形成了多路负反馈，滤波器特性更好些。二阶低通滤波器幅频特性高频段的斜率为 -40dB/dec，其衰减量比一阶低通滤波器大，故选择性要好。滤波器串接得愈多，则阶次愈高，其幅频特性愈逼近理想特性，但相频特性非线性会增加。

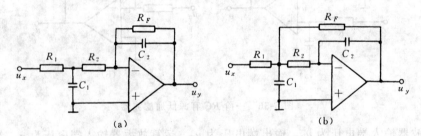

图 5-37　二阶 RC 有源低通滤波器

在设计实际滤波器时，除了考虑滤波器的阶次外（即要求过渡带窄），还要考虑通频带内幅频特性的波动情况和相频特性。工程中可实现的典型低通滤波器类型有巴特沃思滤波器和切比雪夫滤波器，这两类滤波器各有所长。如前所述，高通滤波器、带通滤波器和带阻滤波器都可以通过低通滤波器频率特性的变换来设计，这方面内容可参考其他有关书籍。

四、数字滤波器简介

利用数字技术分析和处理信号时，面对的将是由模拟信号转换而来的离散数字信号。有关模数转换的知识将在下一节作介绍。所谓数字滤波，就是通过一定的计算方法和计算程序

对离散信号进行加工，将其改造成为所要求的离散信号，例如，使其中有用的信号成分被增强，各种干扰和噪声被消除或削弱。与模拟滤波器相似，数字滤波器也有低通、高通、带通与带阻之分。数字滤波方法是在模拟滤波方法的基础上发展起来的，它是对模拟滤波的一种模拟。因此，各类模拟滤波器的数学模型都是数字滤波器设计的基础。下面用低通滤波器来说明这种模拟过程。

对图 5-32 所示的 RC 低通滤波器，其输出与输入的关系可推导为

$$\tau \frac{\mathrm{d}u_y}{\mathrm{d}t} + u_y = u_x, \quad \tau = RC \tag{5-37}$$

用数字技术处理信号时，要对输入的模拟电压 u_x 进行采样，使其离散化，这样，滤波的结果 u_y 也应是离散值。设信号的离散值为

$$u_{xn} = u_x(n, \Delta t), \quad u_{yn} = u_y(n, \Delta t) \tag{5-38}$$

式中，n 为采样序号；Δt 为采样间隔。

当采样间隔足够小时，根据导数的定义，式（5-37）可以用离散值表示为

$$\tau \frac{u_y(n, \Delta t) - u_y(n-1, \Delta t)}{\Delta t} + u_y(n, \Delta t) = u_x(n, \Delta t)$$

即

$$\left(1 + \frac{\tau}{\Delta t}\right) u_{yn} = u_{xn} + \frac{\tau}{\Delta t} u_{y(n-1)}$$

整理得

$$u_{yn} = \frac{1}{1 + \tau/\Delta t} u_{xn} + \frac{\tau/\Delta t}{1 + \tau/\Delta t} u_{y(n-1)} \tag{5-39}$$

按上式表达的计算过程编写程序对输入的离散信号 u_{xn} 进行运算，就会得到原 RC 低通滤波器的滤波效果，u_{yn} 即为经过低通滤波后的数字输出信号。

在上述滤波方法中，由于第 n 次采样值 u_{xn} 的计算要用到前一次采样值的计算结果 $u_{y(n-1)}$，因此这种滤波方法称为递归型滤波。数字滤波的计算方法各种各样，一般根据被测参量变化的特征和对被测信号改造的要求，可以选择或编出所需的数字滤波计算方法和程序。从系统的观点来看，在时域中滤波器的输出 y_n 等于输入 x_n 与滤波器脉冲响应 $h(n)$ 的卷积，即

$$y_n = x_n * h(n) \tag{5-40}$$

可见，只要改变滤波器的数学模型 $h(n)$，就可以得到具有各种特性的滤波器，从而得到所需的输出 y_n。

与模拟滤波器相比，数字滤波精度高，可靠性高，不存在阻抗匹配问题；使用灵活、方便，滤波器参数可以根据需要修改；特别是能处理频率很低的信号，这对模拟滤波器来说几乎是不可能的。但由于运算程序需要一定时间，运算速度不能做得很高，因而不能处理频率很高的信号。数字滤波还可以采用硬件来实现，即根据计算要求，将各种数字运算电路联接起来，构成数字滤波运算器。随着大规模集成电路技术的发展，数字滤波速度问题将会得到解决。数字滤波可以时分复用，一套数字滤波运算器或一段数字滤波程序可以供多个测量通道共用，从而降低了成本。

数字滤波器主要用于由微型计算机组成的自动测试和信号处理系统以及计算机控制系统中。若在数字滤波器前后配置模数转换器和数模转换器，则其作用相当于模拟滤波器，也可以直接处理模拟信号。

5-4　模拟-数字转换原理

在非电量电测过程中，传感器或其他调理电路输出的信号多是随时间连续变化的模拟电压或电流。当采用数字式仪器、仪表以及计算机对这些信号进行处理或显示时，有必要将模拟量转换为数字量，这个转换过程称为模数转换（A/D），通常由模数转换器来完成。反之，在计算机控制系统和某些数字化测试系统中，需要将数字量转化成模拟量去驱动执行元件或模拟式显示、记录器，这个转换过程称为数模转换（D/A），所用的装置是数模转换器。模拟信号和数字信号之间的转换过程如图 5-38 所示。

图 5-38　模拟-数字转换过程

本节主要介绍模拟-数字之间转换的基本过程以及常用 A/D 转换器的转换原理。

一、模拟-数字转换基本过程

1. A/D 转换过程

将模拟信号转换为数字信号通常分为三个步骤，即采样、量化和编码。转换过程及信号形式如图 5-39 所示。

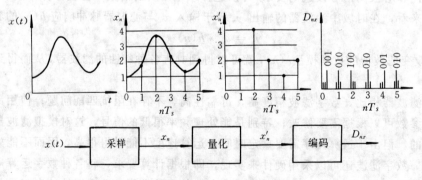

图 5-39　A/D 转换过程

（1）A/D 转换首先要对模拟信号进行采样。采样是将连续的模拟信号 $x(t)$ 转换为离散的模拟量 x_n，也就是将连续信号在时间上进行离散化。其方法是，每隔一定时间 T_s，从 $x(t)$ 中抽出一个瞬时数据。T_s 称为采样间隔，$f_s=1/T_s$ 称为采样频率。为了能根据采样值恢复原来的信号曲线，对采样频率有一定要求，即应满足采样定理。采样定理表明，若连续信号 $x(t)$ 的最高变化频率为 f_m，则当采样频率 $f_s \geqslant 2f_m$ 时，采样值序列 $\{x_n\}$ 足以完全代表 $x(t)$，一般采用 $f_s=(3\sim4)f_m$。

由于后续的量化过程需要一定的时间 τ，对于随时间变化的模拟输入信号，要求瞬时采样值在时间 τ 内保持不变，这样才能保证转换精度。采样和保持的功能可以用图 5-40 所示的采

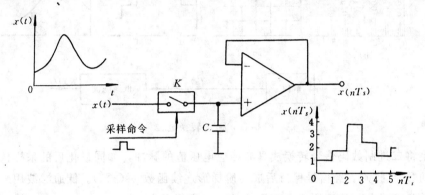

图 5-40 采样保持器（S/H）原理

样保持器来完成。当采样命令到来时，电子采样开关 K 闭合，$x(t)$ 向电容 C 充电，在相当短的时间内（毫微秒级以下），电容很快就充电到 $x(t)$ 的电压数值并断开开关。K 断开后，电容没有放电通路，能一直把电压保持到下一个采样命令到来。由此可见，实际上采样后的信号是图中所示的阶梯形连续函数 $x(nT_s)$。

（2）通过采样，已将时间上连续的信号 $x(t)$ 变成了时间上离散的模拟量序列，但由于序列中每个采样值的大小可取任意实数值，还不是有限个值的数字量，因此需要进行量化。量化是将离散模拟量转化为数字量的过程。其方法是，将模拟量与一模拟基准量进行比较，就像用砝码称重一样。设离散模拟量为 x_n，用于比较的基准量为 Δx，则按四舍五入规则取整后，x_n 转化为 x'_n（见图 5-39），所对应的数字量为 $D_{nx}=x'_n/\Delta x$。很明显，量化过程中的取整会带来量化误差，量化误差的大小取决于 Δx 的大小，Δx 又称为量化增量。减小量化增量可以减少量化误差，提高量化分辨力，但要求增加 A/D 转换器的位数。

（3）量化后的采样值已不是任意的数值了，而是在规定范围内的有限个值的数字量。这些数字量所用的数字符号仍很多，不便于用数字电路直接传输和处理，还必须进行编码。模数转换中一般用 0、1 两个符号将各数字量转换为二进制数码。一个 8 位字长的 A/D 转换器，除第一位用来表示正、负符号外，其余 7 位可用来代表 $2^7=128$ 个数值，最末一位变化一个字

所表示的量值即为量化增量。

2. D/A 转换过程

D/A 转换是将二进制数码信号还原成模拟量，转换过程分两个步骤，即解码和低通滤波。转换过程和信号形式如图 5-41 所示。

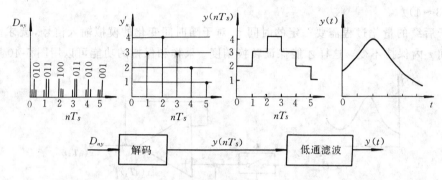

图 5-41　D/A 转换过程

解码是将二进制数码信号转换成具有相应电压值的脉冲，如同量化后的采样值一样，是有限个值的数字量 y'_n，经信号保持后成为阶梯形连续函数 $y(nT_s)$。低通滤波用来去除阶梯形信号中的高频成分，使还原后的模拟信号 $y(t)$ 变得平滑。

D/A 转换较 A/D 转换过程简单。一种常用的解码方法是使二进制数码的每一位对应一个权电压，如位 0 产生 2^0V 电压值，位 1 产生 2^1V 电压值，位 2 产生 2^2V 电压值，依此类推，位 n 产生 2^nV 电压值。然后把待转换数码中相应有"1"的各位权电压相加便得到转换结果。按上述原理设计的解码器常用的有 T 型电阻解码网络。有关解码器的设计请参阅其他教材。

二、常用 A/D 转换器转换原理

实现电压信号 A/D 转换的方法很多，有将模拟电压直接与基准电压进行比较的方式；也有通过中间量转换的间接方式，如模拟电压先转换为频率或时间量，再变为数字量。能实现转换的电路形式也多种多样，目前已有许多 A/D 转换集成电路芯片，它们通常用来将采样后的离散模拟电压转换为二进制码，因此又称为编码器。以下简要介绍集成 A/D 转换器经常采用的三种转换原理。

1. 计数式 A/D 转换器

计数式 A/D 转换器原理方框图如图 5-42 所示，它由加减计数器、D/A 转换器和比较器三部分组成。该转换器的工作原理是让采样后的模拟信号电压 u_x 直接与一标准模拟电压 u_B 进行比较，若两者相等，则电压 u_x 即转换成该标准电压所对应的数字量输出。比较电压 u_B 由时钟脉冲经加减计数器和 D/A 转换器得到。在比较过程中，若 $u_x > u_B$，比较器输出一个控制

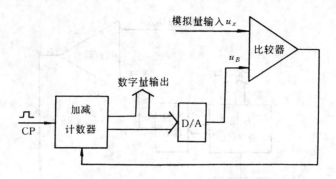

图 5-42　计数式 A/D 转换器原理

信号给加减计数器作加法计数，每输入一个时钟脉冲，计数器加 1，直到 u_B 与 u_x 相等为止；若 $u_x < u_B$，则比较器输出一个作减法计数的控制信号，每输入一个脉冲，计数器减 1，直到 u_B 与 u_x 相等为止；当 $u_x = 0$ 时，计数器的最终计数也会是 0。u_x 为正电压时，计数器输出相应的二进制代码；若 u_x 为负值电压时，则计数器在相应二进制代码前设置负值标志。该转换器的量化增量 Δu_B 是计数器输入的一个脉冲所代表的模拟电压值。由于对每个采样值都要从计数器低位开始从头计数逐渐逼近，因此这种转换器的转换速度慢，而且对不同的模拟输入量，其转换时间不同。但该转换器结构简单、工艺性好、易于集成化。

2. 逐位逼近式 A/D 转换器

逐位逼近式 A/D 转换器也是利用电压比较原理，但由于让初始标准模拟电压值取为全量程电压值的一半，即计数时从高位开始，逐位比较，因此，转换速度大大提高，而且要求转换的精度越低（量化增量大），转换速度就越快。

逐位逼近式 A/D 转换器由比较器、N 位寄存器、N 位 D/A 转换器和控制电路组成，如图 5-43 所示。将采样后的模拟电压 u_x 加在比较器的一个输入端上，控制电路先使 N 位寄存器的最高位 $D_N = 1$，其余各位均为零。这样，这个二进制代码经 D/A 转换为全量程电压值的一半，作为比较电压 u_B 输入比较器与 u_x 进行比较。若此时 $u_x > u_B$，则保留最高位为 1；若 $u_x < u_B$，则最高位清零。接下来控制电路再使寄存器的 $N-1$ 位 $D_{N-1} = 1$，以下各位仍保持为零，并与上一位结果加在一起，经 D/A 转换后再去与 u_x 比较。同上述原则，比较结果用来决定 $N-1$ 位是保持 1 还是清零。重复以上过程，只到寄存器最低位取 1，连同各次比较结果，最后一次与 u_x 相比较。经过上述比较过程后，N 位寄存器中的状态即为 u_x 所对应的二进制代码。寄存器最低位变化一个字所对应的模拟量输入值即为该 A/D 转换器的量化增量。

3. 双积分式 A/D 转换器

双积分式 A/D 转换器是采用间接转换方式工作的，即先将模拟电压转换为时间量，然后再将时间量转换为数字量。这种转换器的主要电路是积分器，此外还有比较器、正负基准电压源、控制电路、计数器和时钟脉冲，其结构原理如图 5-44 所示。

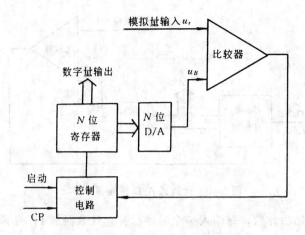

图 5-43 逐位逼近式 A/D 转换器原理

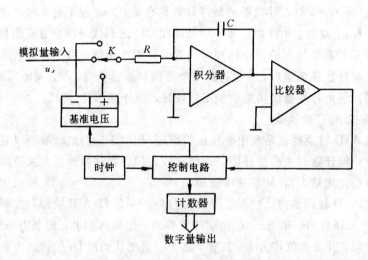

图 5-44 双积分式 A/D 转换器原理

积分器输入端先接入模拟电压 u_x，在一固定积分时间 T_1 内积分，积分器的输出电压值由 u_x 的大小决定。u_x 大时，积分值大，反之则积分值小，如图 5-45 中积分曲线 A 和 B 所示，积分值 $u_A > u_B$。积分过程结束后，控制电路将输入端开关 K 合向基准电压源，进行反向积分。当 u_x 为正时，接负基准电压；u_x 为负时，接正基准电压。由于基准电压是恒定值，因此对不同的正向积分值，其反向积分速度都是一样的，从而导致反向积分回到零值的时间不同。如图 5-45 中的 A'、B' 曲线斜率相同，其回零时间 $T_{2A} > T_{2B}$。由此可见，u_x 的大小可以通过反向积分时间 T_2 来表达，至此实现了模拟电压与时间量之间的转换。

反向积分开始时，控制电路同时打开计数器开始计时钟脉冲数，在积分值回到零值时，检零比较器发出信号令计数停止。这样，与 u_x 成比例关系的时间量 T_2 通过计数器所计的脉冲

数，转换成了数字量，并以二进制代码输出。双积分式
A/D 转换器的量化增量为一个时钟脉冲所代表的模拟
电压值。由于积分需要一定时间，因此该转换器转换速
度较慢，但抗干扰能力强，转换精度高。

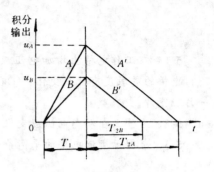

图 5-45　积分器的积分曲线

三、A/D 转换器主要技术指标

1. 分辨力

A/D 转换器的分辨力用其输出二进制数码的位数
来表示。位数越多，则量化增量越小，量化误差越小，分
辨力也就越高。例如，某 A/D 转换器输入模拟电压的变化范围为 $-10\sim10\mathrm{V}$，转换器为 8 位，
若第一位用来表示正、负符号，其余 7 位表示信号幅值，则最末一位数字可代表 80mV 模拟
电压（$10\mathrm{V}\times1/2^{7}\approx80\mathrm{mV}$），即转换器可以分辨的最小模拟电压为 80mV。而同样情况用一个
10 位转换器能分辨的最小模拟电压为 20mV（$10\mathrm{V}\times1/2^{9}\approx20\mathrm{mV}$）。

2. 转换精度

具有某种分辨力的转换器在量化过程中由于采用了四舍五入的方法，因此最大量化误差
应为分辨力数值的一半。如上例 8 位转换器最大量化误差应为 40mV（$80\mathrm{mV}\times0.5=40\mathrm{mV}$），
全量程的相对误差则为 0.4%（$40\mathrm{mV}/10\mathrm{V}\times100\%$）。可见，A/D 转换器数字转换的精度由最
大量化误差决定。实际上，许多转换器末位数字并不可靠，实际精度还要低一些。

由于 A/D 转换器通常包括有模拟处理和数字转换两部分，因此整个转换器的精度还应考
虑模拟处理部分（如积分器、比较器等）的误差。一般转换器的模拟处理误差与数字转换误
差应尽量处在同一数量级，总误差则是这些误差的累加和。例如，一个 10 位 A/D 转换器用其
中 9 位计数时的最大相对量化误差为 $1/2^{9}\times0.5\approx0.1\%$，若模拟部分精度也能达到 0.1%，则
转换器总精度可接近 0.2%。

3. 转换速度

转换速度是指完成一次转换所用的时间，即从发出转换控制信号开始，直到输出端得到
稳定的数字输出为止所用的时间。转换时间越长，转换速度就越低。转换速度与转换原理有
关，如逐位逼近式 A/D 转换器的转换速度要比双积分式 A/D 转换器高许多。除此以外，转换
速度还与转换器的位数有关，一般位数少的（转换精度差）转换器转换速度高。目前常用 A/D
转换器转换位数有 8、10、12、14、16 位，其转换速度依转换原理和转换位数不同，一般在
几微秒至几百毫秒之间。

由于转换器必须在采样间隔 T_{s} 内完成一次转换工作，因此转换器能处理的最高信号频率
就受到转换速度的限制。目前已有能在 50ns 内完成 10 位 A/D 转换的高速转换器，这样，其
采样频率可高达 20MHz。

习　题

5-1　在工作电桥上增加电阻应变片数是否可以提高电桥的灵敏度？试分析在下列情况下，电桥的灵敏度有什么变化：①在半桥双臂中各串联一片应变片；②在半桥双臂中各并联一片应变片。

5-2　为什么在动态电阻应变仪上除了设有电阻平衡旋钮外，还设有电容平衡旋钮？

5-3　求图示交流电桥的平衡条件。

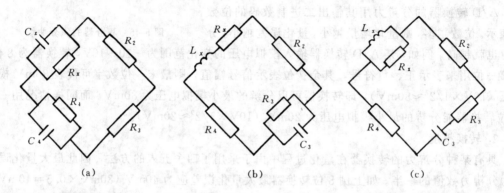

题 5-3 图

5-4　试述调制式直流放大器的工作原理。

5-5　分析调幅波的频谱特征，说明为什么动态电阻应变仪的电桥激励电压频率远高于应变仪的工作频率。

5-6　对有极性变化的调制信号，其对应的调幅波应如何解调才能反映原信号的极性变化？

5-7　简述滤波器在测试工作中的作用。

5-8　描述实际带通滤波器的参数有哪些？如何改善滤波器的选择性？

5-9　与 RC 无源滤波器相比，RC 有源滤波器具有什么特点？

5-10　将 RC 高、低通网络直接串联，求出该网络的频率响应函数 $H(j\omega)$，并与式（5-30）比较，说明负载效应的影响。

5-11　为什么 A/D 转换器和 D/A 转换器常被称为编码器和解码器？

5-12　比较计数式 A/D 转换器、逐位逼近式 A/D 转换器和双积分式 A/D 转换器的工作方式，说明各自的特点。

5-13　被转换的模拟电压变化范围为 $-10 \sim 10\text{V}$，要求 A/D 转换器能分辨 5mV 的电压，试求 A/D 转换器要用多少数字位？其转换精度又是多少？

记录及存储仪器

记录仪器是用来记录电信号以供观察和分析的装置,它是测试系统的一个必不可少的组成部分。记录仪器可以将被测信号的变化规律真实地记录下来,能方便地对研究对象实现在线或离线分析。特别对于那些瞬变过程,不可重复的过程,或需投入大量人力、财力的实验过程,记录就显得更加必要了。

记录仪器可分为模拟式记录仪器和数字式记录仪器两大类。模拟式记录仪器用来记录连续变化的模拟电信号。常用的模拟式记录仪器有:光线示波器,笔式记录仪,磁带记录器等。数字式记录仪器用于数字信号的记录(采用二进制记数)。目前广泛应用的数字式记录仪器有:数字磁带机,数字函数记录仪,数字打印机,纸带穿孔机以及磁盘存储器和光盘记录器等。

由于各种记录仪器的结构性能、工作方式、使用范围都不同,在选择记录仪器时应根据具体情况合理选择。本章介绍当代常用的磁带记录器、磁盘存储器和光盘记录器。

6-1 磁带记录器

磁带记录器是利用磁记录技术在磁带上记录(存储)被测信息的一种记录仪器。它作为一种记录时间函数的装置,既可以用作模拟记录,也可将信号经过模-数转换后,以数字量的形式记录下来。也就是说,根据记录信号的特征,磁带记录器可分为模拟式记录器和数字式记录器两大类。因此,磁带记录器不但可以用于自动检测与控制中的信息记录,也可以作为计算机或数据处理装置的输入与输出设备。

磁带记录器之所以获得了广泛应用,是由于它具有记录频带宽(0~2MHz),记录和存储的信息密度高,容量大,输入与输出信息速度快,存储的信息可以长期保存,多次重放,也可以抹除,磁介质可多次使用,存储的信息稳定性高,抗干扰能力强等优点。

一、结构与工作原理

磁带记录器又称磁带机,它由三部分组成,其基本构成如图 6-1 所示。

(1)放大器:它包括记录放大器和重放放大器。记录放大器把被测信号放大成最适于磁记录的形式供给记录磁头;重放放大器则将重放磁头检测到的信号进行放大和变换,然后输出。

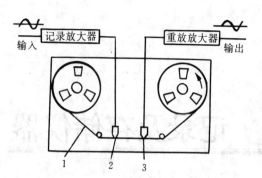

图 6-1　磁带记录器的基本构成
1—磁带；2—记录磁头；3—重放磁头

（2）磁头：它是一种磁电换能器，包括记录磁头和重放磁头。在记录过程中，前者将电信号转换为磁带的磁化状态，实现电-磁转换；而后者把磁带的磁化状态变换为电信号，实现磁-电转换。

（3）磁带传动机构：其主要作用是保证磁带按一定的线速度在磁头上平滑地运动，以实现记录和重放过程。

磁带是一种坚韧的塑料薄带（厚度约 $50\mu m$），由塑料基带、磁性材料涂层和粘着层三部分组成。磁性材料采用硬磁材料，通常采用三氧化二铁，其矫顽力大，剩余磁感应强度大。

磁头通常是由导磁率高、磁阻小、涡流损失小、耐磨性好的软磁材料制成，其形式通常为两个 C 形薄片叠成的形式（如图 6-2 所示）。在它们之间夹着极薄的非磁性材料形成前后磁隙，在铁芯上绕有线圈。磁带在传动机构的驱动下，紧贴记录磁头或重放磁头的前磁隙匀速运动。当

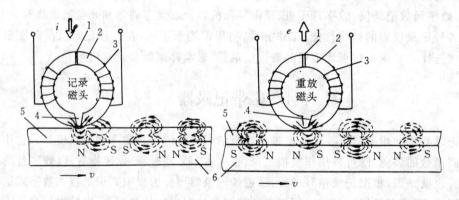

图 6-2　磁头结构与工作原理示意图
1—后磁隙；2—铁芯；3—线圈；4—前磁隙；5—磁性层；6—基带

输入信号经记录放大器放大后输给记录磁头的线圈时，在磁头的磁路中将产生与电流信号的变化规律完全相同的磁通。由于磁隙处磁阻很高，当磁带从磁头的前磁隙（工作磁隙）下方经过时，由前磁隙溢出的交变磁通便通过磁带上磁阻很低的磁性层，从一磁极到另一磁极构成了封闭回路。当磁带运动速度恒定时，磁性层受到的磁化程度与溢出的磁通成正比。由于磁性层具有较大的剩余磁感应强度和矫顽力，使被磁化部分形成一个个小磁化单元，相当于一个个小永久磁铁。磁带离开前磁隙之后，被磁化的部分仍保持其磁化状态。这样，被测信号就以永久性剩余磁化的形式录在了磁带上。

当录有信号的磁带以相等的线速度从重放磁头下面扫过时,磁性层上的磁化单元将按时间先后顺序经过重放磁头的前磁隙,在前磁隙处形成一个与被录信号变化规律相同的磁场信号。由于前磁隙的磁阻大,而磁头的铁芯是良导磁材料,所以磁带上的信号磁通将通过磁头的铁芯闭合,使铁芯上的检测线圈感应出电动势 e。该电动势 e 与剩磁磁通的变化率成比例,即:$e=-Kd\Phi/dt$(K 为常数)。剩磁磁通的变化率 $d\Phi/dt$ 与磁化单元的磁场强度、磁头铁芯的导磁率及磁带、磁头之间的相对运动速度有关。电动势 e 经放大电路恢复成原来被录信号的波形后,即可输出到示波器等显示单元,重新显示出来。后磁隙的作用是调整磁头的感度和改善带磁性能。

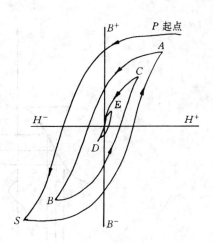

图 6-3 磁带存储信息的消除

磁带存储的信息可以消除。消除的方法是,利用"消去磁头"通入高频大电流(100mA 以上)产生的磁场,将磁带向某一方向磁化到饱和状态,然后又向相反方向磁化,多次反复。在磁带离开磁头的过程中,磁化单元所受的高频强磁场作用逐渐减弱,剩磁减少,磁化过程沿图 6-3 中的 PSABCD…逐渐变小的磁滞回线进行。最后,磁带上的所有磁畴磁化方向变成完全无规则状态,即宏观上不再呈磁性。

二、记录方式

按照信息记录方式,磁带记录可分为模拟记录与数字记录两类。

1. 模拟记录

模拟记录可分为直接记录式、频率调制式、脉宽调制式等记录方式。

(1)直接记录方式(DR 方式):它是将输入信号放大后,不进行波形变换,直接将信号记录在磁带上。由图 6-4 可知,由于磁化磁场 H 和磁滞磁性材料的剩磁 B_R 之间不是线性关系,在零点附近和饱和区都呈非线性,只有中间一段是线性区。因此,剩磁曲线的非线性,将使记录信号重放时,产生严重的失真。为解决失真问题,通常在输入信号上,叠加一个振幅恒定的高频信号,称为偏磁信号,使被记录信号的变化范围(即高频偏磁信号的包络线),始终保持在 B_R-H 特性曲线的线性区内,这样可以消除重放信号的畸变现象,提高线性指标。偏磁信号的频率一般是记录信号最高频率的五倍左右。

直接记录方式的优点是结构简单、工作频带宽(50Hz~2MHz),常用于记录声音和高频过程等。缺点是信号迭落较大,即当磁带和磁头接触不良时,如磁带上铁磁体粒子不均匀,附着尘埃脏物,损伤和磁头不光滑等,使输出信号显著变化。其次是低频响应性能差,50Hz 以下信号记录有困难。

(2)调频记录方式(FM 方式):其工作原理如图 6-5 所示。信号输入调制器被调制成调频

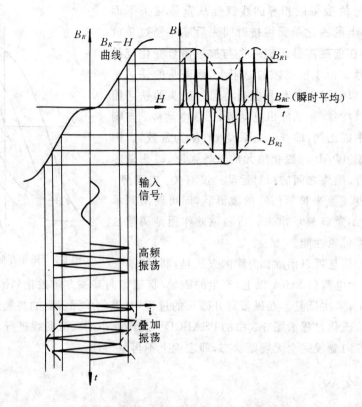

图 6-4   具有偏磁信号的 DR 方式原理图

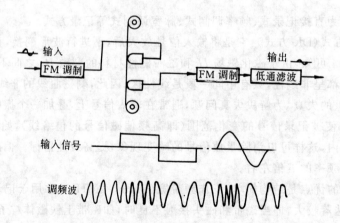

图 6-5   调频记录方式

波后进入记录磁头。重放时,重放磁头从磁带上取出频率信息,经过解调、低通滤波后输出记录信号。调频记录方式是测量用磁带记录器中用得较广的一种方式。调频方式应选择一个特定频率作为载波中心频率,载波频率的偏移正比于输入信号的幅值。按 ISO 标准满幅输入时载波频率的偏移可达到中心频率的±40%。

　　FM 记录方式的优点是,完全克服了 DR 记录方式的缺点,可以记录低频甚至静止过程。信号迭落小,频率变化对相位偏移的影响极小,所以记录波形失真小。缺点是走带速度变化会产生与载波频率偏移相同的效果,所以易产生"速度偏差"或"抖动",因此走带系统精度要求高。其次是工作频带比直接记录方式窄,一般在 0~40kHz 左右,适于记录低频信号。如机械振动、噪声等。

　　(3)脉宽调制记录方式(PWM 方式):其工作原理见图 6-6。通过作为标准的锯齿波电压与输入信号相比较,把输入信号调制成脉冲宽度的变化。然后将被调制的矩形波在磁带上实行饱和记录,重放磁带,接收的信号经低通滤波器滤出高频分量,再输出信号。

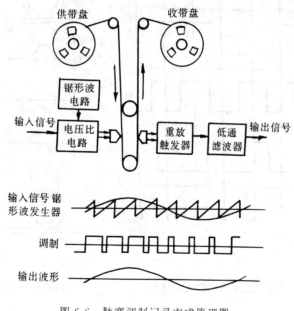

图 6-6　脉宽调制记录方式原理图

　　PWM 记录方式运带系统的稳定性对测量对象影响很小,可实现高精度记录;传动机构较简单,可多路记录。特别适用于长时间记录和接近静态的大量低频信号的记录。

2. 数字记录方式

　　数字式磁带记录器用于数字信号记录。由于数字计算机的广泛应用,与之配合的数字式磁带记录器也得到了发展。

数字记录方式,使用二进制记数,即只有"0"和"1"两个基本数,这不仅便于记录而且便于运算。用磁带记录"0"和"1"时,是分别利用磁带正负方向磁层的饱和磁化。

图 6-7 表示数字式记录器写入、读出"1"与"0"的过程。在写入"1"时,记录磁头电流方向由 $a \rightarrow b$,此时磁层磁化方向为 S—N,磁通 Φ 为正值。当读出"1"时,在重放磁头线圈输出端为先负后正的感应电势,这一电势通过放大器和鉴别线路后取出"1"信号。在写入"0"时,记录磁头电流方向由 $b \rightarrow a$,磁通方向相反,同样可从先正后负的感应电势中取出"0"信号。

将二进制数记录在磁带上可以按不同的方式进行,如回零制(RZ)、回基线制(RB)、不回零制(NRZ)、不回零遇 1 换向制(NRZ1)、调相制(PE)、改进调频制(MEM)、成组编码制(GCR)等。目前已列入数字磁带记录器记录方式标准的有 NRZ1、PE 和 GCR。图 6-8 表示了这三种记录方式。

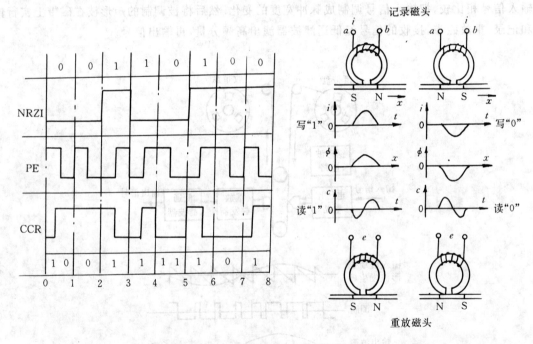

图 6-7　数字式记录器"写""读"过程　　　图 6-8　三种数字记录方式

(1)NRZ1:"1"代表正向写电流,"0"代表负向写电流。每当遇"1"时电流方向改变,而遇"0"时电流方向不变,逢"1"就翻。

(2)PE:它是通过改变电流信号的相位记录信息。是一种绝对相位编码记录方式,写电流为双极性脉冲,作基本频带信号。记录"1"时,写电流的前半周期为负而后半周期为正;记录"0"时,写电流的前半周期为正而后半周期为负。

(3)GCR:它是指将四位信息变换为五位进行记录。变换的原则是,禁止用连续三位以上为"0"的代码组合。变换后的编码花样按 NRZ1 方式写入磁带。

数字记录的优点是：准确可靠，记录带速度不稳定对记录精度基本上无影响，记录重放的电子线路简单，储存的信息可直接送到计算机进行处理。

三、磁带记录器的技术性能及特点

磁带记录器是比较复杂的记录仪器，表达其特性的指标也较多。为了正确选择与使用磁带记录器，必须了解其技术性能与特点。这里介绍几个主要性能参数。

1. 磁带速度和频率特性

在国际上常见的 IRIG 和 ISO 标准中，按记录密度对磁带记录器进行分类，可分为窄频带、中频带、第一宽频带和第二宽频带四种型式。

在各种记录密度中，对应不同的带速将有各种工作频带，记录信号中不可忽视的最高次谐波的频率应在工作频带内。磁带速度与工作频率的关系见表 6-1。表中给出的工作频带是在规定不平直度条件下的频率范围。一般不平直度为 $\pm 1 \sim \pm 3$dB。

表 6-1　调频(FM)和直接(DR)记录方式的带速与工作频率的关系

磁带速度 /(cm/s)	记录方式	窄频带 /kHz	中频带 /kHz	宽频带 /kHz	
				第 I 频带	第 II 频带
2.38	FM	0~1.5	0~0.313	0~0.625	—
	DR	0.1~1.5	0.1~3.8	0.4~11.5	0.4~15.63
4.76	FM	0~0.313	0~0.625	0~1.25	0~6.25
	DR	0.1~3	0.1~7.5	0.4~23	0.4~31.25
9.52	FM	0~0.625	0~1.25	0~2.5	0~12.5
	DR	0.1~6	0.1~15	0.4~4.6	0.4~62.5
19.05	FM	0~1.25	0~2.5	0~5	0~25
	DR	0.1~12	0.1~30	0.4~0.3	0.4~125
38.10	FM	0~2.5	0~5	0~10	0~50
	DR	0.1~25	0.1~60	0.4~137	0.4~250
76.20	FM	0~5	0~10	0~20	0~100
	DR	0.1~50	0.1~120	0.4~375	0.4~500
152.4	FM	0~10	0~20	0~40	0~200
	DR	0.1~100	0.1~250	0.4~750	0.4~1000
304.8	FM	0~20	0~40	0~30	0~400
	DR	0.1~200	0.1~500	0.4~1500	0.4~2000
记录密度		6.55×10^3Hz/m (167Hz/in)	13.1×10^3Hz/m (333Hz/in)	26.2×10^3Hz/m (666Hz/in)	131×10^3Hz/m (3330Hz/in)

为了保证记录、重放的精度以及磁带的互换性,磁带速度须保证有较高的精度

$\left(\dfrac{带速偏差}{带速额定值}\times 100\%\right)$。一般的带速精度为±0.2%。

2. 磁道数

磁道数为能够同时记录信号的个数,亦称通道数,它与磁带宽度有关。如:1英寸磁带有 14、28、42 磁道;$\dfrac{1}{2}$ 英寸有 7、14 磁道等。随着制作技术的发展,磁道在不断增多,以提高磁带记录器同步记录的能力。

3. 信噪比

在记录规定的频率和电压时(例如 1V),信噪比是指重放信号有效值与输入端开路时重放输出噪声电压有效值的比值,用 dB(分贝)表示。一般 FM 记录方式的信噪比为 40~45dB,DR 记录方式为 32~45dB。

4. 失真率

当输入规定的频率和电压时,在记录和重放信号中引起的其他谐波电压和规定电压值之间的比值。约±1%左右。

5. 直流漂移

记录放大器输入短路时,重放放大器直流输出电压的变化值,对额定满幅的输出(例如 ±1V)值的比值。一般为±1%。

6. 抖动率

亦称变音颤动,指瞬时的带速变化。用规定带速下偏差峰-峰值的百分比表示。一般抖动率为 0.5%。

四、磁带记录器的应用

磁带记录器有着广泛而多样的用途,归纳起来,主要有以下几方面:

1. 信号记录

磁带记录器可将科学研究中大量的信号进行记录、储存,然后进行分析。特别对付出昂贵代价而得到的数据信号,或由于条件限制不可能再次实验的信号更为重要。

2. 时间轴变换

利用磁带记录器某时间轴变换功能作为与各种数据处理装置相配的缓冲存储器。如用于高频信号的分析,超低频信号的频谱分析,高速率分析长时间记录的数据等。

3. 可使数据反复重现

通过反复重放、倒带的方法或环带方式可使数据反复出现。运用这一功能可对数据进行统计性处理,也可将偶发性过渡现象变成连续波,使一般的频率分析器能够解释偶发性突出现象。

4. 便于同步分析

用多路频率调制方式能同时同步记录多达数百路的信号,便于同步分析。

　　磁带记录器可以与许多仪器组合配套,用来测量各种模拟量和数字量。图6-9概略表示了应用磁带记录器时仪器的组合方案。

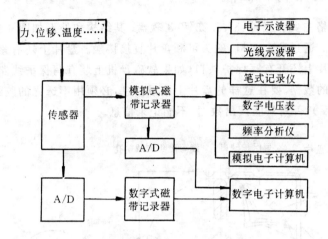

图 6-9　应用磁带记录器时仪器组合方案

　　一般磁带记录器的额定输入为 $1\sim10V$ 左右。如果输入信号超过此值,应采用衰减器;如信号微弱,则采用放大器。在选用放大器时,需考虑与磁带记录仪的匹配问题。

6-2　磁盘存储器

　　磁盘存储器与磁鼓、磁带存储器(数字磁带机)一样,也用作电子计算机的外存储器。磁带存储器容量大,可以脱机保存,但存取速度比较慢。磁鼓容量比较小,但存储速度快。磁盘存储器则兼有磁鼓和磁带的优点,存储量大,速度快,可脱机保存。因此,在计算机系统中,磁盘被广泛作为外存储器。作为"信息交换中心",磁盘不断向计算机的中央处理单元输送所需的数据,同时又不断接收从中央处理单元送来的计算结果,将其存放起来。此外,磁盘存储器还不断地以其所寄存的程序指令供给控制器,使控制器按程序指挥计算机的各个部件和所有外部设备执行程序指令规定的各种操作。磁盘存储器一般分为硬磁盘和软磁盘存储器两大类。

　　硬磁盘存储器的功能、基本原理、结构和主要电路与软磁盘存储器类似,数据存储方式也相同。它们的主要差别是片基材料不同,因而在性能、结构等方面各具特点。例如,软盘的主轴转速较低,一般为每分钟 360 转,而硬盘的主轴转速则从每分钟一千多转到上万转。软盘的容量较低,而硬盘的容量可从几兆字节到几百兆字节甚至上千兆字节。软盘采用接触式磁头,而硬盘采用浮动式磁头。硬盘的道密度、位密度、数据传输率也远高于软盘。但是,软盘的结构简单,成本很低;而硬盘的结构复杂得多,故成本也高得多。下面仅就软磁盘存储器的工作原理、结构性能、技术特点作一介绍。

一、软磁盘的结构和性能

目前软磁盘规格主要有三种：8″、5.25″和3″软盘。其结构和外形如图6-10所示。在盘套上开有数据读写窗孔。通过这个窗口，磁头可和盘片直接接触。盘片上还有索引孔，这是磁道的起始标志。有的盘片上还开有写保护缺口，如果软磁盘机上装有写保护线路，那么使用这种盘片可以保护盘片上的数据。要在这样的盘片上记录信息，必须用不透光的胶纸把写保护缺口封住(5.25″盘与此相反)，否则则只能读出数据，不能记录信息。

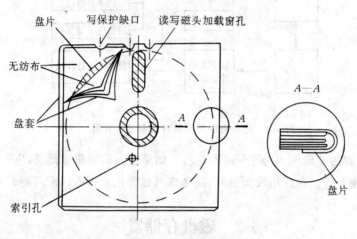

图 6-10　软磁盘片结构图

磁盘沿着半径方向分成一个个磁道，在一个磁道上又分成若干个扇区。磁盘属于磁性介质，在使用时必须注意防外磁场干扰，防曝晒、防尘、防划伤、防擦抹、防折迭，在电源接通或切断时不插入磁盘。

二、信息在磁盘上的记录方式

所有信息在磁道上都是以二进制形式记录的。通常采用不回零(NRZ)技术：即"0"磁化为一个方向，"1"磁化为另一个方向，没有中间状态(实际0状态)。

磁盘上的数据通常采用频率调制(FM)编码：每一位二进制数带有一个时钟位，如图6-11所示。从一个时钟位前沿到下一个时钟位前沿的时间称为一个位单元，在位单元的中间是数据位。一个字节是由相邻的八个位单元构成，最高位单元称为0位单元，而最低位单元称为7位单元。当向软盘写一个字节时，0位单元首先写入，而7位单元最后写入。在读出时，0位单元先读出，而7位单元最后读出。在读写一个数据块时，数据的高位字节首先写入，低位字节后写入；读出时，也是高位字节先读出，而低位字节后读出。当从盘上读出数据时，必须要检测和区分开时钟和数据。通常,用一个锁相振荡器去精确地检测和区分时钟与数据。

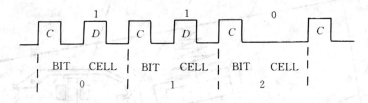

图 6-11　盘上数据格式

　　磁盘上的所有数据是以字节作为基本单元的,字节也必须同步。这是由每一个信息块起始处一个规定的标记来实现的。磁盘第一次使用时,必须经过初始化,经过初始化,磁盘上形成了各个磁道,划分了各个扇区和标上了所需的标记。在把 8 位数变成一个字节时,必须先完成串行(从盘上读出信息是串行的)到并行的转换,而在写入时要完成从并行到串行的转换。这是由磁盘控制器来完成的。

三、软磁盘存储器的组成及工作原理

　　软磁盘存储器由软磁盘机和软磁盘控制器两部分组成。软磁盘机包括软磁盘片和软磁盘驱动器。它的功能是,按照软磁盘控制器的命令完成数据的存储与读出,并发出表示驱动器状态的信号。软磁盘控制器通常是由一块大规模集成电路及一些辅助电路组成的。它的功能是,根据计算机的命令控制软磁盘机的动作,并在主机与软磁盘机之间实现数据和信号传输。

　　软磁盘驱动器的结构原理、电路组成及接口线分别如图 6-12 和图 6-13 所示。从图 6-12 可以看出,同步电机 9 通过皮带传动 10 带动主轴 1 旋转,盘片装入驱动器以后,压紧装置 3 将盘片紧压在主轴上,由主轴带动它旋转。门机构 2 和压紧装置联动。关门时夹紧盘片(图中是开门位置)。步进电机 6 通过丝杠螺母传动机构 7 带动小车 8,磁头 11 就装在小车上。步进电机每走一步,磁头就移动一条磁道。加载继电器 5 动作时,加载臂 4 把盘片压向磁头,使两者相接触,以便进行读写操作。

　　软磁盘机的电路部分包括读写电路、磁头定位控制电路、索引检出和准备好电路(见图 6-13),分别完成读写数据和控制驱动器的动作。根据功能不同,软盘驱动器的基本结构组成和特点如下:

　　1. 盘片驱动定位机构

　　盘片驱动定位机构的作用是,将盘片快速、准确地定位于主轴中心位置,并使它以一定速度匀速转动。它由盘片插入引导机构、主轴驱动轮系、盘片压紧机构、以及盘片弹射机构等部分组成。

　　2. 磁头驱动定位机构

　　它的作用是驱动磁头,使之定位在需要进行读写的目标磁道上。对它的主要要求是,定位

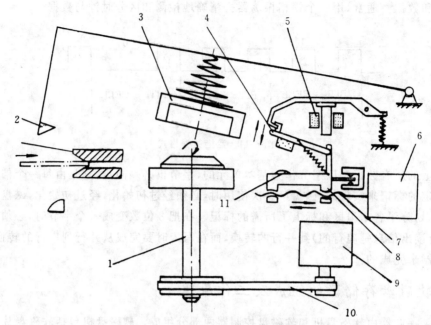

图 6-12   软磁盘驱动器结构原理图

1—主轴;2—门机构;3—压紧装置;4—加载臂;5—加载继电器;6—步进电机;

7—丝杠螺母传动机构;8—小车;9—同步电机;10—皮带传动;11—磁头;

准确,动作迅速及结构简单。磁头驱动定位机构按驱动和控制方式的不同,分为步进电机开环控制和音圈电机闭环控制两大类。在软盘机中普遍采用结构简单,控制方便的开环控制方式。

3. 磁头及磁头加载机构

软盘机使用的是接触式磁头。这种磁头的铁心常用坡莫合金经精密加工制成。磁头的前板面通过与记录盘片表面接触和相对运动完成信号的读写。

磁头加载机构的作用是保证磁头工作时与盘片接触良好。单面盘和双面盘均采用外加载方式。由加载继电器操纵加载臂对磁头加载。

4. 索引和区段信号检测、写保护检测等附属机构

通常,盘片以每分钟 360 转的速度旋转。当盘片上的索引孔转到发光二极管和光敏三极管之间时,光敏三极管导通,产生一个索引脉冲,该脉冲被整形放大后输出。两个索引脉冲的间隔时间为 166.7ms,索引脉冲宽度为 1ms。在连续测得三个索引脉冲后,准备就绪电路发出准备就绪信号。

软盘机的控制电路除上述以外,还有加载电路、选面电路、写保护电路及稳压电源等,不再一一介绍。

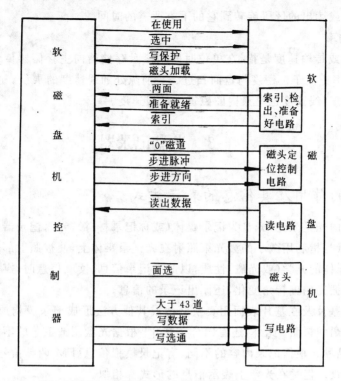

图 6-13 软磁盘机的电路组成及接口线

四、磁盘存储器的主要技术参数

对于计算机的所有"外存"来说,存取速度和存储量是表征其技术性能的两个重要参数。磁盘存储器也不例外。此外,磁盘还有区别于其它存储器的技术参数。磁盘存储器的主要性能参数有:

1. 存储密度

存储密度常以道密度与位密度来评定,也可用两者的乘积,即用单位面积上的存储位数来评定。

道密度是指沿磁盘径向单位长度内的磁道数。

位密度是指磁道单位长度上所记录的二进制数码的位数(比特)。

2. 存储容量

存储容量是指存储器所能容纳的二进制数码的总量(以位数或字节数计量)。

3. 平均存取时间

存储时间是指磁头从起始位置到达所要求的某一位置,并完成写入或者读出所需的全部时间。它包括两部分:一部分是寻找磁道所需的找道时间(或称驱动定位时间),另一部分是磁头等待所需写入或读出的区段旋转到它的下方所需的时间。

4. 数据传输率

数据传输率或传输速度是指,在单位时间内磁盘存储器向主存储器传送数码的位数或字节数。数据传输率正比于位密度与盘面扫过磁头前隙处的线速度的乘积。通常,位密度取最内圈磁道上的位密度,线速度也是最内圈磁道上的线速度。

6-3 光盘记录器

一、光盘的作用及其信息的表示方式

在这里所指的光是激光,光盘为记录媒体(或称记录材料),光盘记录器是用光盘存储和读信息的设备,记录是指利用微小的激光束照射在光记录媒体上,使被照射部位发生热效应或光效应,从而改变媒体的光学(或光磁)性质,以此来记录信息。读取信息时,媒体表面的状态转变为反射光强或偏振光的偏转角变化,还原出记录的信息。

光盘一般由基片及在基片表面用真空蒸镀或其他方法形成记录膜构成,基片的材料有化学强化玻璃和丙烯酸树脂。此外,还有铝合金基片。根据光盘制造工艺的不同和记录信息内容的不同,有很多品种。根据记录内容的不同,有记录模拟信息(FM 调频信号)的光盘和记录数字编码信号的光盘。但是在光盘上表示信息的形式都相似。

光盘及其信息的表示方式如图 6-14 所示,一般来说,光盘表示信息的形式都是用光盘上螺旋形排列的一圈圈的坑槽来表示的。激光头读出的脉冲信号与光盘上的坑槽相对应。对于数字信号,激光头输出的脉冲相当于二进制数字信号的"0"或"1"。对于模拟信号,以记录声信号为例,激光头输出的脉冲信号中的频率分量与视频调频(FM)信号和音频调频(FM)信号相对应,即脉冲信号中包含视频和音频调频信号的分量;在读取时,只要施以相应的解调或解码

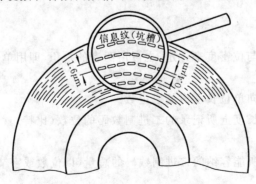

图 6-14 光盘及信息表示方式

处理方法,就能将光盘上的信息还原出来。

二、光盘记录器记录的基本原理

光盘记录有多种类型,但是除了磁光型以外,其记录和读取原理都大同小异,下面以 CD 光盘记录为例,简述光盘记录的信号处理过程。如图 6-15 所示,有两个声道的音频信号要录制到 CD 光盘上,左、右两个声道的模拟音频信号先分别经过低通滤波器和 A/D 变换器进行处理,转变成数字信号,然后,合成为一个数字信号,合成的信号又经过 CIRC 处理(即交叉交织处理的里德索罗门码),经交叉处理后再与控制信号合成,进行 EFM 调制(即 8 到 14 位调制),然后与同步信号合成,使每一帧信号中都有用于进行同步控制的信号。经过三次合成以后的数字信号就成为了要记录到光盘上的信号。在光盘刻制机中用此信号控制刻制用的激光,使激光束的通断按照数字信号的规律变化,在光盘上连续不断刻录坑槽,表示被记录的数字信号。

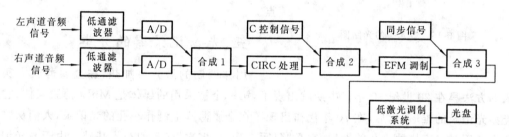

图 6-15 CD 记录信号处理过程

三、光盘记录器读取的基本原理

激光在光盘上刻制的坑槽形成记录信息,若要从光盘上读取信息,也要用激光。下面以图 6-16 所示激光头的光路图为例,说明从 CD 光盘上读取信息的基本过程。半导体激光器发出的激光束经过光栅、半反射镜、1/4 波长板、平行光镜、反射镜和物镜,照射到光盘的盘面上,然后经光盘再反射回来,又穿过物镜、反射镜、1/4 波长板,经半反射镜折射后,通过柱面透镜照射到光电检测器上。检测器由光电二极管和相关的检测电路组成,光电二极管将反射激光的信号转换成电信号,该电信号就包含了被记录的图像和伴音信息,经相应的显示器即获得这些信息。

四、光盘记录器的特点

与磁记录器比较,光盘记录器有以下几个突出的特点:

(1)面密度高。由于光记录是以光束聚焦于记录媒体表面上的坑槽来进行读/写的,在一

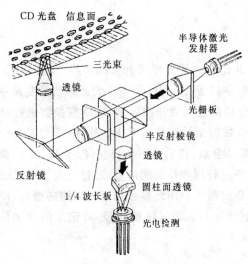

图 6-16　激光头的光路图

一般情况下,与磁记录比较,其面密度略高一些,但如果考虑到短波长、多光束、多层媒体等光记录技术的出现和成熟,则面密度的提高更具发展前景。

(2) 位成本低。因光盘的容量大,盘片可更换,故每位信息存储的成本很低。

(3) 可用一个光盘头实现多通道工作。相互独立的多激光束可通过透镜聚集在盘面的多个信道上,它能创造出高数据传输率的光盘系统。

(4) 只读光盘可通过模压复制。通过模压复制的只读光盘有利于信息的交换和使用。

此外,与磁记录器比较,光盘记录器有原始误码率较高、存取速度较慢以及重写能力较差等缺点。

五、光盘记录器的分类

用非调制的激光束加热,在金属薄膜上实现写入的方法早在 20 世纪 60 年代中期就出现了,第一个被采用的媒体是 MnBi 薄膜媒体,它是磁光型光记录的雏形。而后,在 70 年代初出现了在金属薄膜上制作小孔的光记录,人们从物理上研究了用激光束烧蚀小孔的性质,它是"只写一次,读多次"光盘的技术基础。由于激光记录器具有道密度和面密度都很高的优点,故首先在影视领域引发了世界性的研究激光记录器和开发激光光盘存储器的浪潮,与此同时,人们希望将激光记录器(或光盘存储器)应用于各行各业,于是,近年来,光盘记录技术已在很多领域中迅速得到了广泛应用,展示出了激光记录器的广阔前景。

当前,光盘记录器(或光盘存储器)按其性能可归并为三类,即只读光盘记录器(Read-only System);写一次读多次光盘记录器(Write-once System)和可擦除光盘记录器(Erasable System)。

(1) 只读光盘记录器。只读光盘包括许多品种,如 CD 唱机、CD-ROM、VCD、SVCD、DVD 播放机等,它们只有读取光盘信息的功能。光盘上的信息在光盘出厂时已模压其上,其中 CD-ROM 光盘用于计算机上,其记录格式与 VCD、SVCD 和 DVD 不同,CD-ROM 可用以存储各类软件产品,如系统软件、应用软件、专家系统、多媒体信息以及各种电子出版物等。

(2) 写一次读多次光盘记录器。这类光盘记录器(或存储器)的媒体可为用户提供一次写入的记录空间。写后不能修改,但可多次读取。因为它有这些使用特点而称之为 WORM(Write Once Read Many),它常用于存储文件、档案和资料等场合,也可用于制作 CD-ROM 之前的暂存设备,俗称光盘刻录机(CD-R)。一种称为 DRAW(Direct Read-After-Write)的追记型光盘存储器也有类似的功能。

（3）可擦除光盘记录器。这种光盘记录器具有可擦除原记录信息,重新写入新信息的功能,或者说具有实现重写覆盖的功能。按照媒体的物理性质的不同,可擦除光盘记录器可分为两种类型:一类称为相变型光盘记录器,它利用媒体在激光束照射后引起晶态到非晶态,或者相反的多相组织的转变,从而实现写入和擦除信息;另一类称为磁光型光盘记录器,它利用媒体在激光束照射后的热磁效应写入或擦除信息,而利用克尔效应和法拉第效应读出信息。

所谓克尔效应和法拉第效应,是法拉第于 1848 年和克尔于 1867 年先后发现的这样一种物理现象:在磁场作用下,偏振光的偏振面发生旋转,偏转角的大小和方向与磁场的大小和方向相同。偏振光在磁物质上反射所产生的偏振面旋转现象称为克尔(Kerr)效应,偏振光在磁场中透射产生的偏振面旋转现象称为法拉第(Faraday)效应。这两种磁光效应,特别是克尔效应,可用于检测纵向和垂直磁化状态,此外的偏振旋转称为纵向和极性克尔效应。同样,法拉第效应也可用于磁化翻转时的检测。

可擦除光盘记录器的存储容量很大,速度适中,是具有发展前景的一种存储设备。但由于它价格较昂贵(单台设备售价较高,但因媒体可更换,故单位信息存储的价格很低),故当前应用尚未普遍。

六、激光光源的选择原则

激光光源是光盘记录器的重要组成部分,不可忽视。光盘记录器使用半导体激光器作光源。它与常用二极管类似,其核心器件也是 P-N 结,故称之为激光二级管。选择激光光源时,应考虑以下因素:

（1）激光器的外形尺寸要小。通常可供光盘驱动器使用的激光器只有几百微米长。

（2）价格要低廉。

（3）应能调制激光的光强和光脉冲宽度,通常脉冲频率可达 GHz 级。

（4）效率要高。激光二极管的效率约为 10%。

（5）电特性要好。要求光束输出强度与电流大小成线性关系,在低电压(1～2V)下能工作,不需特殊要求的电源。

（6）光波波长要短。目前使用的 AiCaAs 激光器工作波长为 780nm,CaAs 激光器工作波长为 840nm,更短波长的半导体激光器正在研究开发中。

（7）功率应适当。一般半导体激光器的功率在 3～15mW,用于读出的激光器的功率只有 3～5mW。

（8）光束的准直线应较好。如果半导体激光器不太准直,则光束断面会呈椭圆形。

（9）适宜的像散。若有像散出现,则只需几微米的移位,光束质量便有差别。

（10）噪声要小。半导体激光器比其他品种(如气体激光器)的激光器噪声要大。

（11）耐用性要好。若激光器耐电流冲击的能力差,则在电流冲击下瞬时便导致损坏,故对于电源的设计与调整要细心。其正常寿命为 10^5 小时,高温(60℃)下寿命减少到只有额定值的 10%。

习 题

6-1 某模拟磁带记录器满度输出±5V,信噪比为 5dB 峰值,则噪声峰值为 16mV,对 5V 满度的 A/D 变换器来说 8 位有效。但如果仪器信噪比是 50dB 有效值,则噪声峰值可按噪声有效值的 5 倍来考虑,说明 A/D 变换器的有效位数是几? 应选择几位 A/D 变换器比较适合?

6-2 磁带记录器及磁盘记录器的使用特性及通常的使用范围。

6-3 模拟磁记录器主要由哪几部分组成,简述各组成部分的作用。

6-4 模拟磁记录器的记录方式主要分为哪几种,分述其记录原理,比较它们的优越性。

6-5 简述光盘记录器的一般记录原理和读取原理。

信号分析仪及微机测试系统简介

7-1 信号分析仪简介

一、概述

通过信号检测电路检测或记录下来的信号,携带着反映被测对象动态物理变化过程的各种信息,如信号的类别信息、强度信息、幅值分布信息、相关性信息、频率信息等。从信号中提取这些有用信息的装置称为信号分析仪。工程中出现的大多是具有随机性质的信号,其中的信息通常用各种统计参数来表达,如信号的均值、方差、均方值、概率密度函数、联合概率密度函数、自相关函数、互相关函数、自功率谱密度函数、互功率谱密度函数等。根据需要,有的还要分析相干函数、倒频谱,进行模态分析、频率响应函数分析等。信号分析仪就是根据这些特征参数的算法和物理意义设计出来的。从广义上讲,信号分析还可以包括为了获取特征参数而对信号进行的各种调理,如滤波、变换、调制、放大等。

信号分析仪也是随着科学技术的发展而发展起来的。早期的信号分析仪只能对信号进行简单的幅值分析,如信号的最大值、最小值、平均值等,提取的信息量很少。要对实际检测到的复杂信号进行深入的分析和研究,仅停留在简单的分析方法上是远远不能满足要求的。目前,国内外信号分析技术发展很快,信号分析仪的品种繁多,其功能和性能有很大提高。

20 世纪 60 年代以模拟分析方法为主。用模拟分析方法分析信号比较直接、方便,仪器品种也很多,但分析仪的功能单一,分析精度和分辨率都不高。尽管人们做了大量的研究工作,但受原理的限制,技术指标难以再提高。到 20 世纪 70 年代初期,利用时间压缩原理设计了模拟数字混合式频谱分析仪,在一定程度上提高了分析速度。随着计算机技术和大规模集成电路的发展,尤其是快速傅里叶变换(FFT)技术的应用,出现了一大批以 FFT 硬件、FFT 软件为中心的分析仪和通用微机信号分析仪。这些数字信号分析仪的分辨率高、功能多、运算能力强、灵活性好、速度快,在信号分析领域有逐步取代模拟式分析仪的趋势。

二、模拟信号分析仪

模拟量分析法是使用模拟分析设备,直接对被检测的模拟信号进行分析处理。模拟分析设备可以是机械式的、电子式的、光学式的或混合式的。其中,利用各种运算网络组成的模拟式电子信号分析仪使用最为普遍,如各类电压表、波形分析仪、模拟相关分析仪、模拟频谱分析仪等。

1. 均值、均方值、均方根值的测量电路

信号 $x(t)$ 在时域中的强度信息用均值、均方值、均方根值来描述,可采用专门的电压测量电路来测量。由于对信号的观测时间 T 不可能趋于无穷大,因此,测量值都是估计值,它们用下式来描述:

$$\hat{\mu}_x = \frac{1}{T}\int_0^T x(t)\mathrm{d}t \tag{7-1}$$

$$\hat{\psi}_x^2 = \frac{1}{T}\int_0^T x^2(t)\mathrm{d}t \tag{7-2}$$

$$\hat{\psi}_x = \sqrt{\hat{\psi}_x^2} \tag{7-3}$$

根据上述计算式设计的专用电压测量电路如图 7-1 所示。

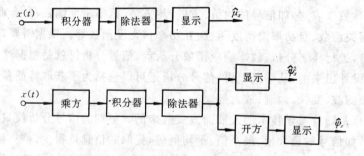

图 7-1　均值、均方值、均方根值的测量电路

2. 概率密度函数分析仪

概率密度函数用来描述随机信号中各幅值出现的几率,因此,概率密度函数分析仪又称波形分析仪。

信号 $x(t)$ 的概率密度函数定义为

$$p(x) = \lim_{\Delta x \to 0} \frac{1}{\Delta x}\left[\lim_{T \to \infty} \frac{T_x}{T}\right]$$

式中,T 为观测时间;T_x 为 $x(t)$ 落在中心为 x,宽度为 Δx 的幅值区间内的时间。

实际上,在有限观测时间 T 和有限小幅值宽度 Δx 的情况下,其估计值为

$$\hat{P}(x) = \frac{T_x}{T\Delta x} \tag{7-4}$$

根据式(7-4)设计的概率密度函数分析仪的框图和波形说明如图 7-2 所示,其工作原理说明如下:

被测信号 $x(t)$ 与直流信号 X 叠加后送入窗宽为 Δx 的固定窄幅值窗中,对信号作幅值滤波。当幅值 x 落在 Δx 的范围内时,振幅窗驱动时钟脉冲发生器的与门,使时钟脉冲通过,通过的脉冲数与 T_x 成正比。再将脉冲送入平均电路中进行时间平均,然后在除法器中除以窗口宽 Δx 即得到此幅值的 $\hat{p}(x)$。当直流偏压信号 X 连续变化时,可以实现 $x(t)$ 的所有幅值在窗口区间内的扫描,从而得到 $\hat{p}(x)$-x 曲线。

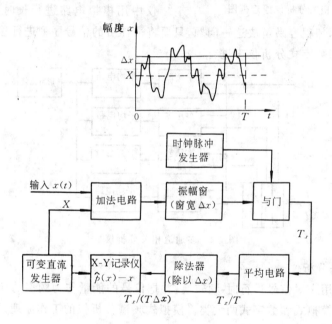

图 7-2　概率密度函数分析仪

3. 相关分析仪

信号的相关函数可以根据定义直接用相应的模拟运算电路求出来,也可以通过信号的功率谱密度函数进行傅里叶变换而间接获得。

根据相关函数的定义,在有限观测时间内自相关函数 $R_x(\tau)$ 和互相关函数 $R_{xy}(\tau)$ 的估计值为

$$\hat{R}_x(\tau) = \frac{1}{T}\int_0^T x(t)x(t+\tau)\mathrm{d}t = \frac{1}{T}\int_0^T x(t-\tau)x(t)\mathrm{d}t \tag{7-5}$$

$$\hat{R}_{xy}(\tau) = \frac{1}{T}\int_0^T x(t)y(t+\tau)\mathrm{d}t = \frac{1}{T}\int_0^T x(t-\tau)y(t)\mathrm{d}t \tag{7-6}$$

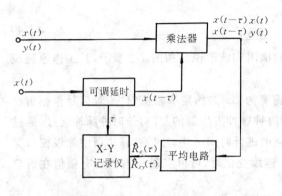

图 7-3　相关分析仪原理框图

相关分析仪通过乘法、延时和平均电路可以实现上述数学模型的运算,其原理框图如图 7-3 所示。$x(t-\tau)$ 表示 $x(t)$ 滞后时间 τ 后的信号。

　　上述单通道相关分析仪需要按时间顺序测量相关的函数值,并要依次调整延迟时间,因此,分析时间较长。图 7-4 所示的多通道相关分析仪能同时计算所有的 $R_x(\tau)$ 或 $R_{xy}(\tau)$ 值,可以大大缩短分析时间。相关分析仪中用模拟电路进行长时间的延时处理较困难,但用数字技术却很容易解决这一问题,只要将采样后的信号序列进行移位就可以了。因此,相关分析多采用数字式分析仪来进行。

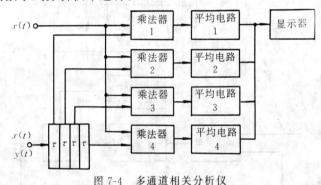

图 7-4　多通道相关分析仪

4. 模拟式频谱分析仪

　　频谱分析仪是用来对信号进行时-频转换,并把信号的能量作为频率的函数显示出来的仪器。频谱分析仪有模拟式和数字式两大类。模拟式频谱分析仪的工作原理是基于以下信号的数字处理变换方法。

　　信号 $x(t)$ 的自功率谱 $S_x(f)$ 是偶函数,将负频段的功率谱值全部折叠到正频段,记为

$$G_x(f) = 2S_x(f) \tag{7-7}$$

$G_x(f)$ 称为信号的单边功率频谱密度函数。根据信号自功率频谱的物理意义,即自功率频谱表示单位频率宽度上的平均功率,故 $G_x(f)$ 可以用以下方便、可行的方法求得:

$$G_x(f) = \lim_{B \to 0} \frac{\psi_x^2(f,B)}{B} = \lim_{\substack{B \to 0 \\ T \to \infty}} \frac{1}{BT} \int_0^T x^2(t,f,B)\mathrm{d}t$$

在有限观测时间 T 内,其估计值为

$$\hat{G}_x(f) = \frac{1}{BT} \int_0^T x^2(t,f,B)\mathrm{d}t \tag{7-8}$$

由此可见,对信号 $x(t)$ 依次进行频率扫描滤波、平方、积分和除法运算后,即可得到功率频谱 $G_x(f)$ 的估计值,送到显示器中可以显示出 $\hat{G}_x(f)$-f 频谱曲线。上述分析功率频谱的方法称为滤波法。除此以外,还有相关法和直接傅里叶变换法。

根据滤波法设计的模拟式频谱分析仪的基本结构如图 7-5 所示。由于可以采用各种形式的滤波器从信号中逐次选出所需的频率成分进行分析,模拟式频谱分析仪分带通滤波式、扫描滤波式和外差式。

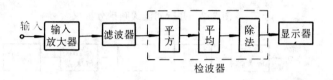

图 7-5　模拟式频谱分析仪

图 7-6 是用一组中心频率依次增大的恒带宽比带通滤波器组成的顺序滤波式频谱分析仪。输出信号是通过开关 K 顺序接入检波器中而得到的。

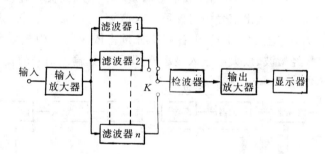

图 7-6　顺序滤波式频谱分析仪

若每个滤波器都接一个检波器,并通过逻辑电路和电子开关,高速、依次重复地将各通道和显示器瞬时接通,则分析速度可以大大加快,做到实时频谱分析。这类滤波分析方法称并行滤波式频谱分析方法,原理如图 7-7 所示。

利用中心频率可以在一定频率范围内扫描的恒带宽带通滤波器组成的频谱分析仪称扫描滤波式频谱分析仪,原理如图 7-8 所示。调制滤波器中心频率的信号由扫描信号发生器提供。

外差式频谱分析仪是根据外差原理设计的。由三角恒等式变换可知,频率分别为 f_e 和 f_x 的两个余弦信号相乘,可以得到两个频率分别为 (f_e-f_x) 和 (f_e+f_x) 的余弦信号之和。设 f_x 为被测输入信号的频率,f_e 为已知机内振荡信号的频率,从而可获得频率为 (f_e-f_x) 的差频信号。这种处理信号的方法称外差法。在图 7-9 所示的原理图中,将输入信号与幅值恒定的本机振荡信号送入混频器中,就可得到频率为 (f_e-f_x) 的差频信号。若将中频放大器中恒定带宽滤

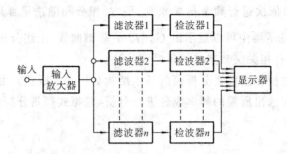

图 7-7   并行滤波式频谱分析仪

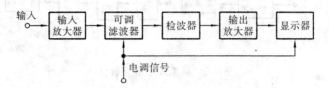

图 7-8   扫描滤波式频谱分析仪

波器的中心频率设定为 f_0,这样,只有当差频信号的频率在该滤波器带宽以内,即 $f_e - f_x = f_0$ 时,放大器才会有输出信号。输出信号中将保留输入信号 f_x 的幅值信息。通过扫频发生器连续调节本机振荡频率 f_e,则输入信号 f_x 中各频率分量将依次落入中频放大器的带宽内。将中频放大器的输出信号经检波、放大后送入显示器,即可得到输入信号的幅值频谱。

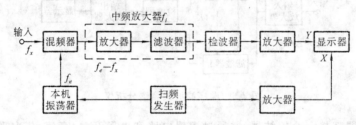

图 7-9   外差式频谱分析仪

工程中为了缩短分析时间,在频谱分析前可以采用时间压缩技术来处理信号,即通过加快原记录信号的重放速度来达到时间压缩的目的。时间压缩技术通常是将信号转换为数字进行存取,先低速存入,然后高速取出,经数模转换后送入频谱分析仪中。

三、数字信号分析仪

随着大规模集成电路以及微型计算机的发展,出现了将信号采集、模/数转换、信号分析和处理等多种功能溶为一体的数字信号分析仪或数字信号分析系统。由于数字信号分析仪的整个分析过程都是数字化了的,因此,克服了模拟信号分析仪分析速度慢,精度和分辨率不高等缺点,使它们在工程测试中得到了愈来愈广泛的应用。下面首先介绍与数字分析有关的基本知识,然后介绍两类常用的数字信号分析仪。

1. 离散傅里叶变换(DFT)及其快速算法

(1)信号分析的主要理论基础是傅里叶变换,它沟通了信号在时域和频域中的信息。对连续信号 $x(t)$ 的傅里叶变换,可以通过式(1-21)表达的傅里叶变换式来进行。用数字方法进行傅里叶变换,则要在有限观测时间内对连续信号 $x(t)$ 进行采样离散化,采样后将得到一个有限序列 $\{x_n\}, n = 0, 1, 2, \cdots, (N-1)$,其中 n 为时域采样序号。利用计算机对有限序列 $\{x_n\}$ 进行傅里叶变换,称作离散傅里叶变换(DFT)。

有限序列 $\{x_n\}$ 的 DFT 是一个新的有限频谱序列 $\{X_K\}$,它定义为

$$X_K = \sum_{n=0}^{N-1} x_n \mathrm{e}^{-j(2\pi Kn/N)}, \quad K = 0, 1, 2, \cdots, (N-1) \tag{7-9}$$

式中,K 为频域谱线序号。

根据式(7-9),计算每条谱线值 X_K 要做 N 次形如 $x_n \mathrm{e}^{-j(2\pi Kn/N)}$ 的复数乘法和 $(N-1)$ 次加法,若直接计算出 N 条谱线值,则总共需要进行 N^2 次复数乘法和 $N(N-1)$ 次加法。做复数乘法是很费时的,特别是当 N 很大时,计算工作量将急骤增大。例如,当 $N=1024$ 时,复数乘法就要进行一百多万次。由于计算工作量太大,在一般计算机上直接对序列 $\{x_n\}$ 进行傅里叶变换是很困难的,因此,必须寻找一种简便而快速的算法。

(2)1965 年,美国库利(J. W. Cooley)和图基(J. M. Tukey)首先找到了一种 DFT 的快速算法,实现了计算离散傅里叶变换方法的突破,使傅里叶变换分析技术能在计算机上轻而易举地达到实用化。这种算法被称为快速傅里叶变换(FFT),随后又有人不断地发展了许多 FFT算法,极大地推动了数字分析技术的发展。(有关 FFT 的详细介绍可参阅其他专门教材)

2. 频混、泄漏与栅栏效应

连续信号经过采样、截断等处理,变为离散的有限序列,再经过离散傅里叶变换后得到的频谱只能是原连续信号频谱的估计值,这其中存在着由于频混、泄漏和栅栏效应引起的误差。

(1)当采样频率较低,不满足采样定理时,采样过程中会漏掉一些高频成分的瞬时值,出现频率混淆现象。频混现象会将高频成分的幅值和功率错误地折算到低频成分中去,从而歪曲了真实的幅值频谱和功率频谱。解决频混的办法:一是在分析仪容量允许的前提下,提高采样频率;二是在采样之前利用低通滤波器滤掉信号中不需要的高频成分,称之为抗频混滤波。设低通滤波器的上截止频率为 f_{c2},根据采样定理,采样频率此时应为 $f_s \geqslant 2f_{c2}$,一般取为 $f_s = (3 \sim 4)f_{c2}$。

(2)计算机只能计算有限长度的序列,因此信号要经过时域截断。在时域中截断信号相当于将原信号乘上了一个矩形窗函数,这样一来,原信号在频域中的频谱就会产生畸变。下面以图 7-10 所示的无限长余弦函数、矩形窗函数、被截断余弦函数及它们的频谱图来说明这一现象。

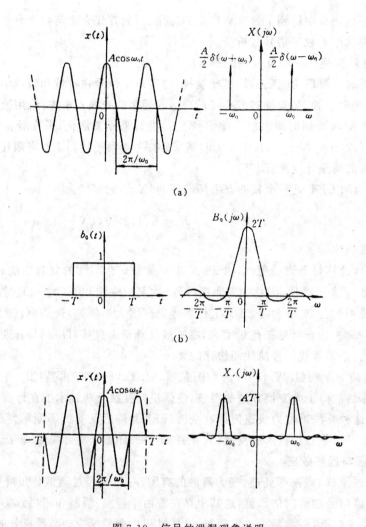

图 7-10 信号的泄漏现象说明

(a)无限长余弦函数及其频谱； (b)矩形窗函数及其频谱； (c)被截断的余弦函数及其频谱

由第一章所学知识得知,图(a)中无限长余弦函数的频谱是两条 δ 函数谱线;图(b)中矩形窗函数的频谱是个 sinc 函数,其特点是除主瓣外,还有许多旁瓣。当无限长余弦函数在时域与矩形窗函数相乘后,得到图(c)中所示被截断的余弦函数。根据傅里叶变换的卷积定理,两个时间函数乘积的傅里叶变换等于两个函数傅里叶变换后的卷积。又由 δ 函数的卷积性质,不难得到图(c)中被截断的余弦函数的频谱图,它是对矩形窗函数的频谱进行搬迁的结果。与原信号的两条谱线相比,截断信号的频谱是两段连续谱,这说明原来集中在 ω_0 处的能量被扩散到 ω_0 两侧的频率上,这种现象称为泄漏,泄漏使真实的频谱产生了畸变。为了减少泄漏,一种方法是可以增大矩形窗的宽度,但这样会增加采样点数和分析时间;另一种方法是设法使窗函数频谱的主瓣加强,旁瓣相对于主瓣尽可能减弱,这就要人为地设计一些特殊的窗函数,用这些特殊的窗函数去截断信号,就能减少泄漏。信号分析中常用的窗函数有汉宁(Hanning)窗、汉明(Hamming)窗、三角窗、高斯(Gauss)窗等。图 7-11 是汉宁窗与矩形窗的频谱比较情况。相比而言,汉宁窗的旁瓣减弱,减少了泄漏,但由于主瓣加宽,使其频谱的分辨力有所降低。

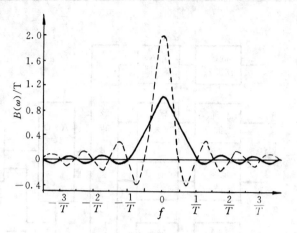

图 7-11　汉宁窗与矩形窗的频谱
———汉宁窗;　……矩形窗

（3）由离散傅里叶变换得到的是离散频谱。离散频谱就像是一个栅栏,通过这个栅栏观看原连续频谱时可以发现,在两条离散谱线之间所应看到的连续频谱中的频率分量在离散频谱中没有被反映出来,从而导致频谱分析的不完全。这种由于频谱离散所出现的现象称之为"栅栏效应"。减小这种效应的方法是在有限序列后填一些零,人为地增加原信号的截断长度 T,这样可以减小谱线的间隔 $1/T$,使原来有些看不到的频率成分也能被反映出来。

3. 以 FFT 为中心的信号分析仪

FFT 算法解决了用数字方法对信号进行时频转换的难题。由于信号在时域、频域中的各种信息之间有内在联系,以 FFT 算法为核心的分析仪不仅仅是单一功能的频率分析仪,而且是可以进行多种运算和分析的多功能分析仪。它们可以进行傅里叶变换、傅里叶逆变换、自功率谱分析、互功率谱分析、自相关分析、互相关分析、相干函数分析、频率响应函数分析、卷积运算、平均运算等。由于 FFT 运算可以用硬件和软件来完成,因此,以 FFT 为中心的分析仪有硬件控制和软件控制两类。

（1）硬件控制的分析仪运算速度快,1024 点的 FFT 运算只需毫秒级;频率分辨力很高,有的分析仪还带有频率细化(ZOOM)功能,即能在频域进行局部放大。这样,在低频段分辨力很容易达到千分之几赫兹。仪器的操作、显示、存储、记录、再处理等较方便,但由于是靠硬件来实现功能,分析功能不能更改和扩展。这类分析仪如丹麦 B&K2031、日本 CF-300 及 CF-500 等,主要用于实时性要求高,分析要求比较单一的场合。

（2）软件控制的分析仪内装有专用的计算机,各种信号分析功能由厂家事先编制好程序录制在磁带上,使用时调入相应的程序即可工作。这类分析仪的分析速度较硬件控制的慢,适合于重复处理大量的实验数据。图 7-12 所示的 7T08 型信号处理仪是日本三荣测器公司生产的以软件 FFT 为中心的分析仪。7T08 型机有四个通道,可对同时输入的四路信号进行处理;既可以在测试现场进行实时分析,也可以对记录的模拟信号作离线分析。处理程序由盒式磁带机

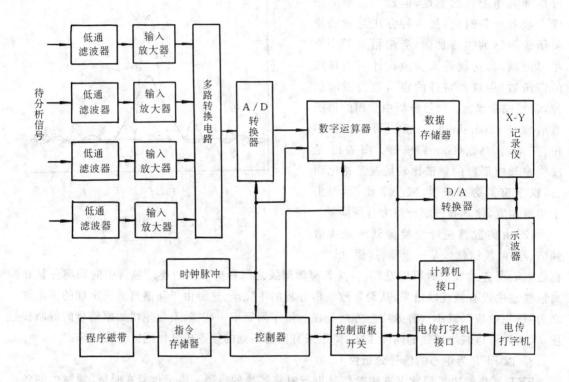

图 7-12   7T08 型信号处理仪框图

输入,存入指令存储器内,并通过控制器控制整个系统的分析工作。待分析的模拟信号通过低通滤波器进行抗混滤波处理,再输入到放大器,并通过多路转换开关分时送到 A/D 转换器转换为数字量。在运算器中根据运算程序的要求进行运算,运算结果存入数据存储器中,也可以用电传打字机打印出数据处理结果;或进一步通过 D/A 转换器转换为模拟信号,在显示屏或 X-Y 记录仪上显示和画出模拟图形。若需要对运算结果作进一步处理,还可通过专用的计算机接口与小型通用计算机连接。该处理仪配有 100 余种专用程序,能满足工程领域或其他领域中信号分析的需要。

4. 以通用微机为中心的信号分析系统

通用微机信号分析系统是以通用微机为中心,并配以适当的外围设备组成的。

图 7-13 所示为日本 PS-85 型通用微机信号分析系统框图。与专用分析仪比较,其特点是能充分发挥软件的功能。系统不仅备有一些标准的常用信号分析程序,而且还可以自行编写程序,分析功能不受限制,使用灵活。另外,系统备有常用算法语言及汇编语言,可供作一般性的科学计算。

通用微机信号分析系统具有 A/D 和 D/A 输入、输出通道,可以方便地完成数据采集、存

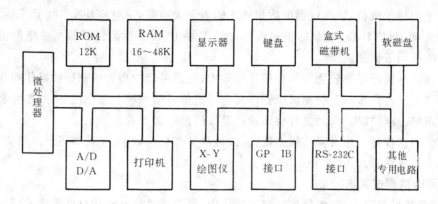

图 7-13　PS-85 型通用微机信号分析系统

储、分析和控制功能。系统还配有并行通用接口 GP-IB 和串行通用接口 RS-232C,便于和其他微机、仪器通信以及通过电话线远距离传输和接收数据信息。

　　与专用信号分析仪相比,通用微机信号分析系统运算速度较慢。如果将小型计算机与 FFT 硬件结合起来,组成信号分析系统,不仅可以利用 FFT 硬件运算速度快的优点,而且具有小型机的软件丰富、编程灵活的特点。这是目前较高水平的综合信号分析系统,其结构复杂,价格昂贵,如 H·P 公司生产的 HP-5451C 快速傅里叶分析仪等。

7-2　微机测试系统简介

　　现代测试技术的发展方向是自动化、集成化、数字化和智能化。现代生产和科研工作,要求测量的参数越来越多,要求测量的精度越来越高,对综合测试能力以及快速实时测量与控制能力都提出了新的要求。要实现这些目标,应大力开发和推广应用微机测试系统。微机测试系统是以微型计算机或微处理器为核心,配以信号输入和数据输出设备组成的数字化测量系统。微型计算机具有体积小、重量轻、功耗小、功能完善、工作可靠等特点,特别是其高性能、低价格的优势,是其他装置所不能比拟的。由于在测试环节中应用了微机,使测试工作实现上述目标已成为可能。

一、微机在测试技术中的应用形式

　　微机在测试技术中的应用形式主要有两种:一种是构成针对专门测量对象的各类智能测试仪器;另一种是能用于各种测量对象的通用微机测试系统。

1. 智能测试仪器

　　由微处理器配上几片辅助器件构成的微型计算机体积微小,可以装入测试仪器中,使仪器具有一定的智能,从而使仪器的功能增多,性能得到提高。

（1）由于使用了微机，智能仪器的数据处理能力大大提高，一般均具有各类算术运算、统计分析、坐标变换、量纲转换、误差修正和线性化处理等功能，从而使仪器的测量精度得到了提高，测量功能得到了扩展。

（2）智能测试仪器具有较完善的程序控制能力，仪器可以在预先编制好的操作程序控制下自动进行操作。有些高级的智能测试仪器还具有一定的可编程和自动化能力，如指令和数据的存储、自动调整、自动校准、自动进行故障诊断及故障消除能力等。

（3）智能测试仪器使用时操作很方便，其面板都具有显示数字、字符和图形的功能，并配有打印机，便于人机联系。

2. 通用微机测试系统

在测试参数种类很多、数值很多的测试工作中，可以通过计算机接口电路将不同的测试仪器结合在一起，组成一个通用计算机自动测试系统。计算机在系统中完成数据采集、数据处理和测试过程自动控制等项任务。这种测试系统具有积木式的特点，根据需要可以组成各种测试系统，对多种参数进行数据的自动采集和数字信号的自动分析与处理，并能通过编程改变测试功能来完成各种测试任务。因此，系统的适应性和通用性极强。

微机测试系统的测量和分析速度高，可用于生产过程的在线测量和控制。这时，微机既是测试过程的自动控制装置，又是信号的实时分析装置。当然，微机测试系统也可以用于离线测量，即先在现场用磁记录器记录下被测信号，然后再输入微机测试系统中，这时计算机只是作为信号的处理和分析装置。

二、微机测试系统的基本组成

微机测试系统由信号输入通道、数据输出通道和主计算机三个最基本的部分组成，其组合关系如图 7-14 所示。输入通道的功能是对被测信号进行数据采集；输出通道则用来输出和显示测试结果。主计算机是系统的核心部分，主要完成对信号数据的变换、分析和处理工作，同时还对输入、输出通道进行控制管理，以协调整个系统的工作。

1. 信号输入通道的基本组成

工程中被测的物理量大多为模拟量。对输入信号为模拟量的单通道数据采集输入电路，其基本组成如图 7-15 所示。输入通道包括传感器、信号调理电路、采样/保持电路和模拟/数字（A/D）转换电路。

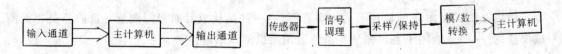

图 7-14　微机测试系统的基本组成　　　　　　图 7-15　单通道输入电路基本组成

由传感器检测到的物理信号不能直接送到 A/D 转换电路和主计算机中,还需要经过信号调理,使之适合 A/D 转换电路的要求。信号调理电路的主要功能有阻抗变换、信号放大或衰减、滤波、线性化处理、数值运算和电气隔离等。采样/保持电路的作用是按一定时间间隔对被测信号数据进行采集,并将采集到的信号数据保持一段时间,以便给 A/D 转换电路提供一个稳定、可靠的采样数据。采样/保持电路和 A/D 转换电路在计算机的控制下,按一定工作频率协调工作,将连续变化的被测信号变成离散的数字信号,成为计算机可以接受的数字量。

为了充分利用微机资源和满足工程中对多个物理量检测的需要,微机测试系统更普遍采用的是多通道数据采集输入电路。多通道输入电路常用的结构形式有以下三种。

1) 多路分时采集单端输入结构形式

此种电路结构如图 7-16 所示。多个被测物理量分别由各自的传感器检测并输入各自的信号调理电路中,形成多通道;然后由多路转换开关电路分时轮流切换进入共用的采样/保持和 A/D 转换电路,最后输入主计算机。该结构形式的特点是电路结构简单,成本低。但

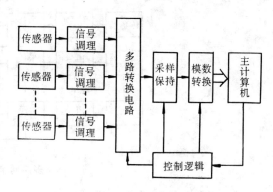

图 7-16 多路分时采集单端输入结构

由于信号的采集方式是分时轮流切换方式,不能获得多个信号在同一时刻的数据。该结构广泛用于多路中速和低速测试系统中。

2) 多路同步采集分时输入结构形式

图 7-17 是多路同步采集分时输入结构,它是在前一种结构形式的基础上改进的。在多路转换开关电路之前,各通道增加一个采样/保持电路,各保持器保持着同一时刻检测到的数据,

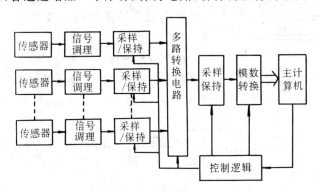

图 7-17 多路同步采集分时输入结构

等待多路转换开关的分时切换。这样,就可以实现同步采集信号数据。数据再通过共用的采样/保持电路和 A/D 转换电路送入主计算机。这种结构可以在电路不太复杂的情况下满足同步

采集数据的要求。但当测量通道数目较多时，会使采样间隔时间延长，导致保持器的信号值由于电荷的泄漏而衰减。

3）多路同步采集多通道输入结构形式

图 7-18 所示为多路同步采集多通道输入结构，它是由多个单通道输入电路并列而成。各被测信号在时间上和数值上都不会产生上述结构所带来的误差，可以实现完全的同步采集。但这种结构电路复杂、成本高，一般适用于高速和同步采集要求较高的测试系统。

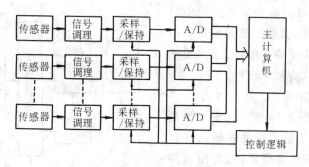

图 7-18　多路同步采集多通道输入结构

2. 数据输出通道的基本组成

一类较简单的数据输出通道是：将主计算机分析处理的数据结果通过串行或并行输出端口直接送入各类数字式显示和记录装置中。如图 7-19 所示，微机测试系统常用的输出数据显示和记录方式有：在七段数码管上显示数据；在 CRT 显示屏幕上显示测试结果；由打印机打印出数据以及用绘图仪绘制出数据曲线和图形等。

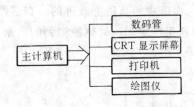

图 7-19　输出数据显示和记录方式

另一类较复杂的数据输出通道是：将主计算机输出的数字量再转换为模拟量，用来驱动模拟式指示仪表、记录设备或者馈送到控制装置中，对被测对象进行控制。

这类输出通道也分为单通道和多通道两种类型。单通道输出电路一般由数据缓冲寄存器、D/A 变换和信号调理电路等基本部分组成，如图 7-20 所示。

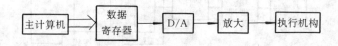

图 7-20　单通道输出电路结构

多通道输出电路有两种基本结构。图 7-21 为多路分时转换输出结构，图 7-22 为多路多通道同步转换输出结构，它们都是以单通道输出电路的结构为基础演变而成的。

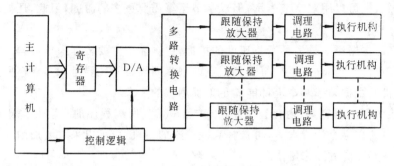

图 7-21　多路分时转换输出结构

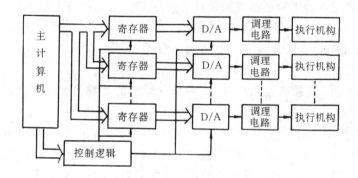

图 7-22　多路多通道同步转换输出结构

有关组成输入、输出通道的基本电路,如采样、保持、D/A 转换、A/D 转换、多路转换开关、隔离放大、微机接口等电路的详细原理和设计方法,读者可参考有关书籍。

三、微机测试系统的设计

微机测试系统由上述三个基本部分组成,设计时,系统总体结构的复杂程度和各环节的设计参数要根据测试任务和对系统的性能指标要求具体确定。此外,还要充分运用实际工程知识和实践经验,使设计的系统达到最佳的性能价格比指标。

以下仅从主计算机选型、输入输出通道设计和软件设计三方面阐述一些设计时需要考虑的问题,具体设计过程请参考有关书籍。

1. 主计算机选型

适合于测试工作使用的计算机类型有单片机、微型机和小型机,它们的规格、型号按计算机的字长、主振频率和内存容量不同而区分。

(1)微机测试系统的许多功能都是与微机的字长密切相关的。一般来说,微机能处理的位数越长,其运算及控制能力越强,目前测试工作使用的主要有 8 位、12 位、16 位和 32 位机。字长的选择一般根据被测参数可能变化的最大范围和测量精确度的要求来进行估算。被测量可以用定点数表示,也可以用双字节表示,但双字节运算需要更多的时间,因此,还要综合考虑运算速度指标。

(2)计算机的主振频率是表征运算速度的指标,主振频率主要根据采集数据的间隔时间来选择。对具有多点检测功能的系统,每个数据点的采集间隔时间还要考虑多点巡回采集一遍的时间。目前微机的主振频率基本上都能满足工程测试的要求。

(3)计算机的存储器容量(内存容量)可以按测试任务所编程序的长度和采集数据量的多少来估计。需要的内存容量过大时,可选择高一档次的主机,也可以采取增加内存扩展板或缩短数据刷新时间间隔的方法来解决。

2. 输入、输出通道设计

(1)输入通道数应根据需检测参数的数目来确定。输入通道的结构可综合考虑采样频率要求及电路成本按前述的三种基本结构来选择。

输出通道的结构主要决定于对检测数据输出形式的要求,如是否需要打印、显示,是否有其他控制、报警功能要求等。

(2)在测试系统中,传感器是第一环节,对系统性能的影响较大。传感器的选用应参考3-1节中所述的原则。

若各测点检测的物理量不同,使用了不同原理的传感器,则各传感器输出电压的范围会有所不同。因此,在信号进入公共的 A/D 转换器之前,信号应经过增益不同的放大器进行调理。此外,还应考虑 A/D 转换器与其前置环节的阻抗匹配问题,以消除负载效应的影响。

(3)对公共的 A/D 转换器,其分辨力和位数应根据所有被测参数中的最高精确度要求来确定。所采用的 A/D 转换原理主要考虑转换时间的要求,转换时间根据数据采样时间间隔确定。在转换时间满足要求的前提下,应尽可能考虑线性度、抑制噪声干扰能力等方面的要求。A/D 转换器的极性方式由传感器输出电压变化的极性确定。

(4)采样/保持器在输入通道中是必需的,其电路形式有单片形式,也有和 A/D 转换器集成在同一芯片上的形式。在有些情况下可以简化电路,降低成本,例如,在被测信号变化相当缓慢的情况下,可以用一个电容器并联于 A/D 转换器的输入端来代替采样/保持电路的功能。

多路转换开关电路主要根据信号源的数目和采样频率参数选择。当采样频率不高时,转换开关的转换速度不必太高,以降低成本。

3. 软件设计

微机测试系统的软件应具有两项基本功能:其一是对输入、输出通道的控制管理功能;其二是对数据的分析、处理功能。对高级系统而言,还应具有对系统本身进行自检的功能和故障自诊断的功能以及软件开发、调试功能等。下面介绍两种基本功能软件设计时须考虑的问题。

(1)输入通道数据采集、传送的方式有程序控制方式和 DMA 方式。当不需要以高速进行数据传送时,应采用程序控制方式。在测试系统中,数据采集、传送控制最常用的是查询方式和中断方式,对多路数据采集则常用轮流查询方式。

（2）微机测试系统的采样工作模式主要有两种。一种工作模式是先采样、后处理，即在一个工作周期内先对各采样点顺序快速采样，余下的时间作数据分析、处理或其他工作。另一种工作模式是边采样、边处理，即将一个工作周期按采样点数等分，在每个等分的时间内完成对一个采样点的采样及数据处理工作。若在测试中既有要求采样快的参数，也有要求采样慢的参数，则可以采用长、短采样周期相结合的混合工作模式。

（3）采样周期由被测参数变化的快慢程度和测量准确度要求确定。在程序中实现采样周期的定时方法有两种：一种是程序执行时间定时法，另一种是CTC中断定时法。由于程序指令执行时间是固定不变的，因此，可以将程序中的全部指令执行时间加起来作为计时手段。这种方法简单易行，通常用于采样周期比较短的情况。如果采样周期比程序指令执行时间稍长，则可在程序中增加若干条"空操作"指令，达到延时目的。如果采样周期比较长，则不宜采用上述定时方法，此时可采用CTC时钟芯片中断定时法。由程序初始化确定CTC的定时状态和所需计时时间，一旦计时时间到了，芯片就向CPU发出中断信号，中断响应后就可进入采样周期。

7-3 微机测试系统应用实例

水位和温度是工业控制中常见的两种被测物理量。本节介绍某型号工业洗衣机模糊控制系统中水位、温度的测量。该系统采用主从式双CPU控制，由从机完成水位、温度、混浊度、水量等数据采集任务，采集的数据以高速串行通信方式发送给主机。主机管理系统的人机接口控制系统的输入、输出。两个CPU进行合理的功能分配，使系统运行稳定、可靠，且具有良好的响应实时性。

控制系统硬件的结构原理图如图7-23所示。

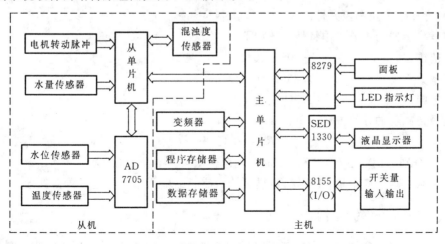

图 7-23 控制系统硬件的结构原理图

　　水位、温度测量环节的输入通道由传感器、A/D 转换器（AD7705）组成，采用多路、分时采集单端输入结构。AD7705 片内集成了信号调理、采样保持电路。

　　数据输出通过主机实现。系统主机将从机发来的水位、温度值送到液晶显示屏上显示，并根据系统运行状况通过 8155 芯片的 I/O 口控制的继电器决定相应电磁阀（如进水阀、排水阀、加热阀）的开关状态，从而实现系统的水位、温度自动控制。

一 、水位、温度传感器的选择

1. 水位传感器的选择

　　测试系统通过测量水柱的压力间接测量水位。测量水位量程为 0～100 cm，分辨力要求达到 1mm，故选用 MOTOROLA 公司生产的精度较高的 MPX10 型流体压力传感器。该型号传感器内部有一个电桥，能提供精确的、直接与流体压力成正比的线性电压输出，是标准的无补偿型压力传感器，测量方式有表压（GP）和差压（DP）两种。本测试系统选择差压测量方式。

　　该型号传感器的主要工作特性参数如下：

压力测量范围：　　　　　　0～10kPa

满量程输出（V_{FSS}）：　　　　35mV

灵敏度：　　　　　　　　　3.5 mV/kPa

线性度：　　　　　　　　　±1％ V_{FSS}

响应时间（10％～90％）：　1.0 ms

2. 温度传感器的选择

　　系统对温度测量的精度要求不高，测量量程为 −10～100℃，分辨力要求达到 1℃。采用 Cu100 型的铜电阻温度传感器，该型号传感器将温度变化量转换成电阻变化量输出，具有良好的稳定性，常作为工业测控元件。

　　该型号传感器的主要工作特性参数如下：

测温范围：　　　　　　　　−50～150℃

温度系数 α：　　　　　　　$4.265 \times 10^{-3}/℃$

零度电阻：　　　　　　　　100Ω

　　该型号传感器的计算方法如下：

$$R_t = R_0(1 + \alpha)t$$

式中，R_t、R_0 分别为铜电阻在 t℃和 0℃时的电阻值。

　　温度和水位均为模拟量，需经 A/D 转换为数字量后输入单片机进行数据处理。

二 、AD7705 的结构与原理

　　系统对水位测量的精度要求较高，量程较宽，普通的 8 位 A/D 转换器不能满足要求，故采用 AD 公司的双通道 16 位 A/D 转换器（AD7705）。AD7705 器件包括由缓冲器和增益可编程放大器(PGA)组成的前端模拟调节电路,Σ-Δ调制器,可编程数字滤波器等部件,能直接将传感器测量到的多路微小信号进行 A/D 转换。AD7705 还具有高分辨率、宽动态范围、自校准、优良的抗噪声性能以及低电压、低功耗等特点,非常适合应用在仪表测量、工业控制等领域。

1. 主要特点

两个全差分输入通道的 ADC;16 位无丢失代码;0.003%非线性;可编程增益;三线串行接口;

3V 或 5V 工作电压;3V 电压时,最大功耗为 1mW;等待模式下的电源电流为 $8\mu A$。

2. 使用说明

AD7705 是完整的 16 位 A/D 转换器,外接晶体振荡器、精密基准源和少量去耦电容后,则可连续进行 A/D 转换。

AD7705 包括两个全差分模拟输入通道,片内的增益可编程放大器 PGA 提供了 1、2、4、8、16、32、64、128 八种增益供选择,能将输入信号中的最大幅值先放大到接近 A/D 转换器的满标度电压,这样有利于提高转换精度。当电源电压为 5V,基准电压为 2.5V 时,器件可直接接受从 $0\sim20$ mV 至 $0\sim2.5$V 幅值范围的单极性信号和从 $0\sim\pm20$mV 至 $0\sim\pm2.5$V 范围的双极性信号。由于在器件的任何引脚上施加相对于 GND 为负电压的信号会损坏芯片,因此,这里的负极性电压是相对 AIN(−)或 COMMON 引脚而言的,这两个引脚应偏置到恰当的正电位上。

输入的模拟信号被 A/D 转换器连续采样,采样频率 f_s 由主时钟频率 f_{CLK} 和选定的增益来决定。虽然 AD7705 的采样频率为 $f_{CLK}/128$ 与增益无关,但由于增益 1、2、4、8 是通过在每个调制周期中多重输入采样得到的,增益 16、32、64、128 则是通过多重采样并与基准电容、输入电容两者的比值相关,因此作为多重采样的结果,实际采样频率会随增益的不同而变化。

模拟信号由 Σ-Δ 调制器变换为占空比被模拟电压调制(调宽)的数字脉冲串,随后由低通数字滤波器将其解释成 16 位的二进制数码并滤去噪声,完成 A/D 转换。AD7705 采用 $(\sin Nx/\sin x)^3$ 函数低通数字滤波器,N 为采样序号,其幅频特性为:

$$H(f) = \left| \frac{1}{N} \times \frac{\sin(N\pi f/f_s)}{\sin(\pi f/f_s)} \right|^3$$

三、水位、温度的数据采集硬件结构

在图 7-24 所示的数据采集电路中,由从机 AT89C51 管理 AD7705,对水位传感器信号和温度传感器信号进行模数转换。AD7705 的 $\overline{CS}$ 接到低电平。$\overline{DRDY}$ 的状态可通过访问 AD7705 片内通信寄存器的 $\overline{DRDY}$ 位,或监视 $\overline{DRDY}$ 线上的电平得到。根据 $\overline{DRDY}$ 的状态,AT89C51 用查询的方法控制 AD7705,读取转换数据。

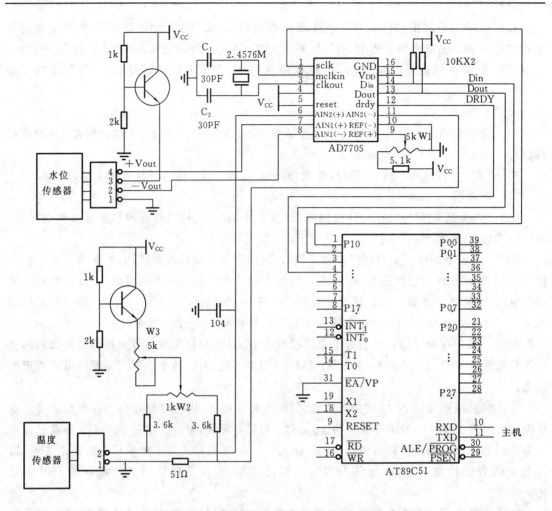

图 7-24　水位、温度的数据采集电路原理图

　　MPX10 型压力传感器能输出差分电压,因此可直接接入 AD7705 的模拟输入通道。当在传感器上施加满标度的压力 40kPa 时,输出差分电压与激励电压的关系为 3mV:1V。如 5V 激励电压,则输出 15 mV 的满标度差分电压。5V 激励电压经分压后还为 AD7705 提供的基准电压,因此激励电压的变化不会产生系统误差。通过调节 W1 可调电阻产生 1.92V 的基准电压。当器件的可编程增益为 128 时,对应的满标度输出电压即为 15 mV。AD7705 的另一个模拟输入通道用于采集温度数据,温度传感器的阻值变化通过电桥输出差分电压送入 AD7705。

　　因为 AT89C51 串行口资源被混浊度传感器及主从机通信所占用,因此用 I/O 口线模拟串行口来对 AD7705 读取数据。AD7705 的 DIN 接单片机的 P1.1 脚,DOUT 引脚接单片机的 P1.2 脚,并且每个引脚接一个 10kΩ 的上拉电阻,DRDY 接单片机的 P1.3 脚。单片机的 P1.0

与 AD7705 的 SCLK 相连,为数据传输提供时钟脉冲。无数据传送时,SCLK 应闲置为高电平。在写操作模式下,AT89C51 的数据输出为 LSB 在前,而 AD7705 希望 MSB 在前,所以数据写之前必须重新排列;同样在读操作时,AD7705 输出的数据是 MSB 在前,AT89C51 要求 LSB 在前,所以在读操作之前,需要重新排列数据的顺序。

四、数据采集系统的软件设计

从机主要完成水位、温度、混浊度的数据采集以及电机转速脉冲计数等任务,没有控制任务要求。因此在软件设计时,将系统任务主要划分为水位数据采集、温度数据采集、混浊度数据采集、电机转速脉冲计数、数据处理。从机以串口中断的方式将采集的数据经过处理后发给主机,故数据的传送任务不在从机主程序调度范围内。从机主程序流程图如图 7-25 所示。

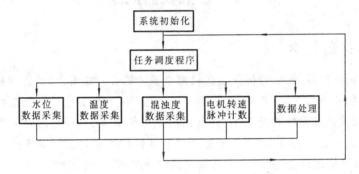

图 7-25　从机的主程序流程图

软件设计采用多任务软件设计思想,数据采集和数据处理作为两个并行任务。但在微观时间上数据采集先于数据处理,显示的数据是处理之后的数据。水位、温度、混浊度、电机转动量脉冲测量由主机发来相应的任务激活标志,从机的任务调度程序根据激活标志及时间分片原理轮流调用相应的任务模块。

习　　题

7-1　模拟式频谱分析仪有哪些类型?

7-2　在信号处理过程中,频率混淆和能量泄漏现象是如何产生的?怎样减少因频混和泄漏所带来的误差?

7-3　微机测试系统的输入通道的结构有几种?各有什么特点?

7-4　微机测试系统的主计算机选型主要考虑哪些指标?应如何选定这些指标?

7-5　微机测试系统的输入、输出通道设计应注意哪些事项?

7-6　微机测试系统的软件设计应考虑哪些问题?

虚拟仪器及工程应用

8-1 虚拟仪器概述

一、虚拟仪器概念

从前两章的记录仪器、信号分析仪及微机测试系统简介不难看出,计算机技术的发展推动了各种测试仪器的飞速发展,工程测试趋向数字化、智能化、自动化和系统工程化。各种数字化、智能化的测试仪器和系统种类繁多,这既给测试工作带来了便利,同时又因为需要连接各种仪器而使测试工作繁杂,并造成了大量的硬件和软件的冗余,仪器、系统的升级换代也不方便。因此,虚拟仪器应运而生,并推动了测试仪器的新变革。

虚拟仪器(Virtual Instrument,简称VI)是指在通用计算机平台上加上一组软件和硬件或接通其他仪器,用户根据自己的需要定义和设计仪器的测试功能,以实现对被测对象的数据采集、信号分析、数据处理、数据存储、可视化显示等功能,完成测试、测量、控制等任务。

二、虚拟仪器的发展

一般来讲,虚拟仪器的发展至今可以分为三个阶段,这三个阶段可以说是同步进行的。

第一阶段,利用计算机技术增强传统仪器的功能

由于计算机技术的成熟和普及,性能价格比不断上升,用计算机技术控制测控仪器,并构成计算机测控系统成为新的发展趋势。计算机为了通信的需要在硬件上确立了GPIB总线标准。因此,系统仪器只要通过GPIB或RS-232接口就能实现与计算机的通信,速度上也能满足测试要求。计算机软件技术的发展更快,能提供各种驱动程序、数据分析函数、图形接口函数等,完全可以依据软件功能增强仪器系统的功能。因而,用户和厂商将大量的独立仪器与计算机相连形成虚拟仪器。

第二阶段,开放式的虚拟仪器

仪器厂商和用户都企图尽可能地以计算机为共用平台。减少在个人虚拟仪器上的软、硬件设计,充分共用计算机上的标准件,以提高效率、降低成本。将许多特殊功能的A/D转换、D/A

转换、数字 I/O、时间 I/O 等电路构成卡式结构,直接插在计算机扩展槽或仪器内,相关软件也由固化在 ROM 内改为存在软盘上的文件中,这样,软件可以安装在任何计算机上,即一台计算机可以是一台或多台仪器。因此,这种仪器的构建具有很大的开放性和灵活性,应用更广泛,性能更好,升级和维护更方便。

第三阶段,面向对象的虚拟仪器

硬件的标准化程度虽然提高得很快,但由于测试对象越来越多,项目越来越复杂,测试的指标要求越来越高,计算机的多任务特点愈来愈突出,因此,软件成为虚拟仪器发展和应用的关键。美国国家仪器公司(NI 公司)总结并提出"软件即仪器"的概念,并推出了 LabVIEW 和 Labwindows/CVI 两种较好的面向对象的可视化开发环境,配合 NI-DAQ(插入式数据采集卡),提供虚拟仪器的软、硬件框架,供用户设计虚拟仪器,从而大大缩短了开发周期。这种框架得到了广泛的认同和采用。

三、虚拟仪器的构成

一般虚拟仪器的系统由计算机、仪器硬件、应用软件三要素构成。计算机是共用平台,仪器硬件用于信号的输入、输出,软件决定仪器的功能和构成用户接口。几种测试仪器系统的原理框图如图 8-1 所示。其中,以 DAQ 卡和信号调理为硬件部分组成 PC-DAQ 测试仪器系统;以 GPIB 卡、GPIB 接口仪器为硬件部分组成 GPIB 测试仪器系统;类似地,以 VXI 总线、串行总线和现场总线等标准总线为硬件部分分别组成 VXI 仪器系统、串行总线仪器系统、现场总线仪器系统等。

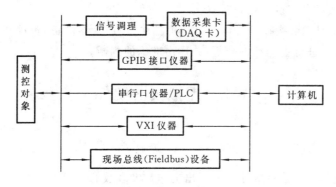

图 8-1　虚拟仪器系统

四、虚拟仪器与传统仪器比较

与传统仪器相比,虚拟仪器在智能化程度、处理能力、性能价格比及资源共享等方面都具有明显的优势。传统仪器的所有功能,包括信号的输入输出、用户界面,如开关、显示器等,都固定在机箱内,由生产厂商事先定义好了,用户是无法对它们进行改动的。虚拟仪器与传统仪器之间的对比见表 8-1。

表 8-1　虚拟仪器与传统仪器的对比

	传统仪器	虚拟仪器
1	厂商定义仪器功能	用户自己定义仪器功能
2	关键是硬件	关键是软件
3	成本高	成本低
4	封闭式,固定功能	开放式,灵活功能组态
5	技术更新周期长	技术更新周期短
6	开发与维护的费用高	开发与维护的费用低

五、虚拟仪器特性

虚拟仪器具有以下性能优点:

(1)组建快捷:带上一块接口卡和一盒软件,就可以在任何一台计算机上安装使用,使组建虚拟仪器十分方便快捷。

(2)维修方便:对于虚拟仪器来说,硬件仅仅用于解决信号的输入、输出,而软件是决定性因素。系统只需增加软件来执行新的功能,就可以扩展系统的测量功能,并继续支持共用硬件平台,使得测量的速度及精度都可以提高。

(3)资源共享:通过网络技术可以充分利用各种物质(仪器设备)资源和人力(专家)资源,从而对各种被测系统进行更详细的分析,并作出准确的判断。

8-2　虚拟仪器硬件

一、虚拟仪器硬件的核心——数据采集系统

虚拟仪器的硬件担任信号的输入和输出工作。大多数的 GPIB 仪器、VXI 仪器、串口仪器等硬件仪器,其主要构成硬件是数据采集系统。数据采集的任务是采集被测信号并经 ADC(模数转换器)将其转换成数字量。由于被测对象的种类多,一般都要对进入 ADC 之前的被测量信号进行调理。因此,一个基于计算机的数据采集系统一般由信号调理电路、数据采集电路、计算机通信电路组成,其原理框图如图 8-2 所示,主要部分的作用介绍如下。

1.信号调理电路

信号调理一般包括放大、隔离、滤波、线性化处理等。

图 8-2　数据采集系统框架

信号放大、滤波的原理及作用在前几章已讲述。隔离的作用是将传感器信号同计算机信号隔开,保证系统安全和被测信号的准确。由于部分传感器的输入-输出特性的非线性会影响测量结果,故应先将非线性关系近似为线性关系,即线性化处理,有利于后续信号的处理,能提高测量的准确性。

2. 数据采集电路

数据采集电路是将被测的模拟信号转换为数字信号并送入计算机的输入通道,其核心是 ADC 电路,并附有控制软件。ADC 的基本参数有通道数、采样频率、分辨率和输入信号范围。

通道数是指能同时采集数据对象的个数,单通道数据采集原理和双通道数据采集原理参见第七章的 7-2 节微机测试系统简介。

采样是以一定的采样时间间隔 Δt 进行的,Δt 的倒数 $f_s = 1/\Delta t$ 称为采样频率,由于采样频率与被测信号频率有相同的量纲和值,故有时也使用 Hz(赫兹)作单位。根据采样定理,采样频率至少是被测信号最高频率的两倍才不至于产生波形失真。

分辨率是表示模拟信号的 ADC 位数,ADC 位数越多,分辨率越高,可区分的输入电压信号就越小。

输入信号范围,也称电压范围,由 ADC 能够量化的信号的最高电压与最低电压来确定。一般多功能 DAQ 卡提供多种可选范围来处理不同的电压,这样能将信号范围与 ADC 范围进行匹配,有效地利用分辨率,得到精确的测量信号。

现在市场上有通用的数据采集卡(DAQ 卡)产品,选用 DAQ 卡产品时还应注意以下几个特性:

(1)差分非线性度。理论上,当增加输入电压时,数字信号应相应增加,并呈线性关系,实际存在非线性误差。差分非线性度(differential non-linearity,简称 DNL)是度量最坏情况下的偏离误差。

(2)相对精确度。相对精确度是用来衡量最坏情况下偏离 DAQ 卡转换功能直线的量。

(3)停滞时间。对于那种被测信号经多路开关到放大器,再到 ADC 的采集电路,放大器必须能够跟踪多路开关的输出和停滞,以便 ADC 能准确工作,否则,ADC 就会把通道间的数据混淆,这期间放大器的停留时间称为停滞时间。对于性能好的 DAQ 卡,停滞时间应准确。

(4)噪声。数字信号的值与信号实际值的差异称为噪声。

(5)模拟输出。模拟输出电路为数据采集系统提供激励。D/A 转换器(缩写 DAC)的规格决定了输出信号的停滞时间、转换率和分辨率。停滞时间和转换率决定 DAC 输出信号的快慢程度。

(6)数字 I/O。数字 I/O 常用作 PC 机与数据采集系统的控制,产生测试信号与外围设备通信,其重要参数包括有效的数字线数、速率、源数字信号和驱动能力。

(7)定时 I/O。计数器/定时器线路在很多场合都有用,包括计算数字事件、数字脉冲定时和产生方波和脉冲信号。

(8)总线仲裁和高级系统的 DMA 传送。

例如,NI 公司生产的 16 位基于 PCI 总线 E 系列数据采集卡的性能指标有:

- 采样频率达 200kS/s (Sample /second,缩写 S/s);
- 16 个单端(single-ended)或 8 个差分(differential)模拟输入通道;
- 2 个精度达 12 位的模拟输出通道;
- 8 通道数字 I/O;
- 2 通道时间 I/O,支持模拟数字触发方式。

数据采集卡需要相应的驱动软件才能发挥作用,因此,与商品化 DAQ 卡配套的有数据采集卡驱动软件。商品化的驱动软件的主要功能有:DAQ 卡的连接、操作管理和资源管理,并且驱动软件隐含了低级、复杂的硬件编程细节,而提供给用户简明的操作使用界面,供用户在此基础上编写应用软件,减少用户编写驱动软件的工作。

二、基于 GPIB 接口的仪器硬件构成

GPIB(General Purpose Interface Bus)通用接口总线的推出将可编程仪器与计算机紧密地联系起来,使电子测量由独立的、传统的、用手工操作的单台仪器向组成大规模自动测量测试系统转变。

一个典型的 GPIB 测量系统由 PC 机、一块 GPIB 接口卡和若干台 GPIB 仪器通过标准 GPIB 电缆连接而成,一般一块 GPIB 接口板卡可带多达 14 台仪器。利用 GPIB 技术可以用计算机实现仪器操作和控制,实现自动测试,提高测量测试效率和准确性。另外,还可以很方便地扩展传统仪器的功能。因为仪器是同计算机连接在一起的,仪器测量的结果送入计算机处理,如果增加相应的分析处理算法,就相当于增加了仪器的功能。这样自动测量测试系统的规模在不断地扩展。

三、基于 VXI 总线的仪器硬件构成

VXI(VME Extensions for Instrumentation)总线是计算机用 VME 总线在仪器系统中的扩展,因其标准具有开放性,其模块可重复使用,其数据输入、输出能力很强,所以很快得到广泛应用。

基于 VXI 总线的虚拟仪器一般包括 VXI 总线计算机、VXI 机箱、零槽控制器和数据采集系统。VXI 总线计算机有外接式和嵌入式两种。外接式计算机常采用 IEEE488(GPIB)、MXI

等总线与 VXI 主机箱的零槽连接,实现计算机与仪器的通信和控制。嵌入式计算机既可作为配置多种接口的微机使用,也可以管理资源和零槽器件,外部配置显示器、键盘和鼠标器即可工作,不但体积小,而且便于组成高速系统,但价格较高,构成常规虚拟仪器平台时较少采用。

利用 VXI 总线可以更方便、快捷地组建虚拟仪器系统,提高测量测试速度和精度,缩短技术更新的周期。

8-3　虚拟仪器软件的开发平台及应用

一、概述

虚拟仪器的关键是软件,软件即仪器,软件开发至关重要。NI 公司、HP 公司、Techtronix 公司都开发了虚拟仪器设计软件平台,供用户开发不同应用软件,即多功能虚拟仪器。

NI 公司开发的面向仪器和测控过程的图形化开发平台 LabVIEW 和交互式 C/C^{++} 开发平台 LabWindows/CVI 是两种较普及的商品化开发环境,其特点是编程非常方便、人机交互界面好,具有强大的数据可视化分析和仪器控制能力,并提供与其他语言的接口以便实现低层操作和大量数据处理。以下重点介绍这两个软件产品。读者可访问网站——"http://www. Ni. com. "。

二、LabVIEW

LabVIEW 英文全称为 Laboratory virtual instrument engineering workbench,中文意思是实验室虚拟仪器工程平台。它采用了直观的前面板与流程图式的编程技术,使用图形语言(图形、图形符号、连线等)编程,界面直观形象,对无编程经验的工程师来说是极好的选择。

LabVIEW 集成了很多仪器硬件库,如 GPIB/VXI/PXI/基于计算机仪器、RS-232/485 协议、插入式数据采集、模拟 I/O、数字 I/O、时间 I/O、信号调理、分布式数据采集、图像获取和机器视觉、运动控制、PLC/数据记录等。

LabVIEW 的主要特点有:

(1)图形化的编程环境,采用"所见即所得"的可视化技术;

(2)内置程序编程器,采用编译方式运行 32 位应用程序,速度快;

(3)具有灵活的调试手段,编程者可在源代码上设置断点,单步执行程序;

(4)集成了大量的函数库;

(5)支持多种系统工作平台;

(6)开放式开发平台,提供 DDL、OLE 等支持;

(7)支持网络功能。

用 LabVIEW 设计虚拟仪器的方法和步骤有:

(1)建立方案;

（2）建立前面板；

（3）构建图形化的流程图；

（4）数据流程设计；

（5）构造模块和分清层次；

（6）启用图形编辑器编程。

三、LabWindows/CVI

LabWindows/CVI（C for Virtual Instruments）是一个用 C 语言构建虚拟仪器系统的交互式软件开发环境，能以模块化方式对 C 语言进行编辑、编译、连接和调试。

LabWindows/CVI 集成了 GPIB、RS-232、VXI 总线通信库、数据采集库和数据分析库及多种驱动程序，供编程者开发数据采集、测控系统等应用程序。

LabWindows/CVI 的主要特点有：

（1）集成开发平台。

（2）交互式编程方法。LabWindows/CVI 采用事件驱动方式和回调数据方式，对每一函数都提供一个函数面板以便用户选择参数，对变量提供变量声明窗口，这种交互式编程提高了程序的可视化和编程的效率及程序运行的可靠性。

（3）提供简单、直观的图形设计，并支持"所见即所得"可视化编程方法，让编程者快速编写用户界面、可视化数据显示。

（4）较好的兼容性及灵活的程序调试手段。

（5）具有功能强大的函数库，从底层的 VXI、GPIB、并口、数据集售卡、硬件控制到各种仪器驱动程序，从基本的数字函数、文件 I/O 到数据分析函数，应有尽有。

（6）强大的网络支持功能。

（7）提供各种测试、测量和控制模板供用户选用。

用 LabWindows/CVI 设计虚拟仪器的一般步骤是：

（1）设计一个图形化用户界面接口，系统自动生成头文件（*.h），并生成功能框架源程序文件（*.c）。

（2）创建工程文件，并添加相应的功能函数。

（3）生成可执行文件。

四、用 LabWindows/CVI 开发虚拟仪器软件功能实例

以开发一个信号发生器及分析仪为例，说明用 LabWindows/CVI 开发虚拟仪器的方法和步骤。

1. 仪器实现功能

本仪器将实现产生正弦信号、进行自相关分析、进行功率谱分析等主要功能。

2. 面板设计

根据仪器实现功能分析和传统仪器设计风格,将本信号发生器及分析仪设计成图 8-3 所示的用户界面(其中,A、B、C…L 等皆为控件标号),软件编程步骤为:

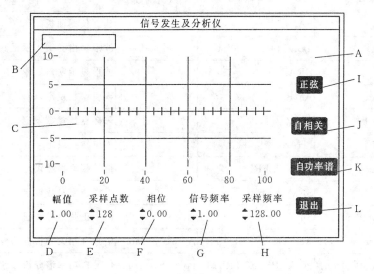

图 8-3　面板设计

· 启动 LabWindows/CVI 系统。

· 从菜单中选择【File】/【New】/【User Interface(＊.uir)...】系统生成一个含有面板 A 的空白用户图形界面,并设定此文件为 example.uir。

· 从菜单中选择【Create】/【Text Box】或点右键在弹出的快捷菜单中选择【Text Box】添加一个文本输出框 B,用于图形输出提示。

· 从菜单中选择【Create】/【Graph】或点右键在弹出的快捷菜单中选择【Graph】添加一个图形输出显示框 C,横轴为采样点数,纵轴为幅值,用于图形输出。

· 从菜单中选择【Create】/【Numeric】或点右键在弹出的快捷菜单中选择【Numeric】依次添加五个输入型数字控件 D、E、F、G、H,名称分别为幅值、采样点数、相位、信号频率和采样频率,这五个控件用于设定生成正弦信号和分析信号的参数。

· 从菜单中选择【Create】/【Command Button】或点右键在弹出的快捷菜单中选择【Command Button】依次添加四个按钮:正弦信号产生按钮 I、自相关分析按钮 J、自功率谱分析按钮 K 和退出按钮 L,分别用于产生正弦信号、进行自相关分析、进行自功率谱分析和退出程序,并设置各控件的属性(表 8-2)。

· 文件 example.uir 存盘后系统会自动生成头文件 example.h。

· 创建缺省控件事件。从菜单中选择【Code】/【Preferences】/【Default Control Events】在弹出的对话框中选择所需事件,本例中选择 EVENT　COMMIT 为点击事件按钮命令标号和

EVENT _ RIGHT _ CLICK 为点右键事件按钮命令标号。

表 8-2　控件属性表

标号	控件类型	名称	回调函数	功　　能	变量类型
A	Panel	PANEL		建立仪器面板	
B	Text Box	TEXTBOX		波形输出类型提示框	
C	Graph	GRAPH		波形显示窗口	
D	Numeric	AMP		幅值参数设定	Double
E	Numeric	NUM		采样点数参数设定	Int
F	Numeric	PHASE		相位参数设定	Double
G	Numeric	SIGNALFRE		信号频率参数设定	Double
H	Numeric	SAMPLEFRE		采样频率参数设定	Double
I	CommandBoutton	SINE	Sine	产生正弦信号按钮	
J	CommandBoutton	AUTOCORRELATE	AutoCorrelate	信号自相关分析按钮	
K	CommandBoutton	POWERSPECTRUM	PowerSpectrum	信号自功率谱分析按钮	
L	CommandBoutton	QUIT	Quit	退出系统	

· 生成源程序文件。从菜单中选择【Code】/【Generate】/【All Code...】进入源代码编辑窗口，在生成的源代码框架中选定程序开始时的面板（在本例中应选择 PANEL）以及终止程序的功能函数（本例中应选择 Quit），点击 OK 按钮之后，代码编辑器会自动创建程序的部分源代码程序（框架程序）文件 example.c。

3. 创建工程文件

创建工程文件 example.prj，并将 example.uir 、example.h 和 example.c 添加到工程文件中保存，这是 Windows 应用程序的要求。

4. 仪器功能设计

在框架源程序中需添加功能函数，才能实现仪器功能，函数选择应根据仪器的功能设计要求。以下分三步介绍仪器功能设计，首先介绍本仪器需采用的库函数，然后说明在源程序框架中添加调用库函数的方法，最后列出完整的程序清单。

1）本仪器需用的函数介绍

（1）SineWave 函数，功能是产生正弦信号。

函数定义：int status = SineWave (int n, double amp, double f, double * phase, double x[ ])

输入参数说明：

- 参数 n,int 类型,表示信号的采样点数;
- 参数 amp,double 类型,表示信号幅值;
- 参数 f,double 类型,表示信号频率;
- 参数 phase,double 指针类型,表示信号初相位。

输出参数说明:

- 参数 phase,double 类型,表示信号下一部分的相位;
- 参数 x[ ],一维 double 类型数组,表示信号离散序列值,由以下公式确定:

$$x_i = \text{amp} \times \sin\left(\frac{\pi}{180.0} \times (\text{phase} + f \times 360.0 \times i)\right) \quad (i = 0,1,2,\cdots,n-1) \quad (8\text{-}1)$$

(2) Correlate 函数,功能是进行自相关分析。

函数定义:

int status = Correlate (double x[ ], int n, double y[ ], int m, double rxy[ ])

输入参数说明:

- 参数 x[ ],double 类型,表示信号 1 离散序列值;
- 参数 n,int 类型,表示数组 x[ ]的长度;
- 参数 y[ ],double 类型,表示信号 2 离散序列值;
- 参数 m,int 类型,表示数组 y[ ]的长度。

输出参数说明:

- 参数 rxy[ ],double 数组类型,表示数组 x[ ]和 y[ ]的离散互相关运算值,rxy[ ]的值由以下公式确定:

$$rxy_i = \sum_{k=0}^{m-1} x_{k+n-1-i} y_k \quad (i = 0,1,2,\cdots,n+m-1) \tag{8-2}$$

其中, $y_j = 0$ (当 $j < 0$ 或 $j \geqslant m$); $x_i = 0$ (当 $j < 0$ 或 $j \geqslant n$)。

(3) 函数 AutoPowerSpectrum,功能是进行自功率谱分析。

函数定义:

int status = AutoPowerSpectrum (double x [ ], int n, double dt, double AutoSpectrum[ ], double ∗ df)

输入参数说明:

- 参数 x[ ],double 数组类型,表示信号离散序列值;
- 参数 n,int 类型,表示采样点数,n 必须是 2 的幂次方;
- 参数 dt,double 类型,表示时域信号的采样周期,dt=1/fs,fs 是采样频率。

输出参数说明:

- 参数 AutoSpectrum[ ],double 数组类型,表示自功率谱运算值,长度至少为 n/2,其值由以下公式确定:

$$AutoSpectrum = \frac{FFT(X) \times FFT*(X)}{n^2} \tag{8-3}$$

· 参数 df,double 指针类型,表示频率间隔。

2)在源程序文件中添加函数的方法

在源程序文件中添加函数的方法是:首先将编辑光标定在需添加函数处,然后在菜单中选择调用该函数的函数面板命令,在函数面板中选择所需的参数,确认后系统自动将函数及参数填写在该光标处。如需调用 GetCtrlVal( )函数,直接在菜单中选择【Labaray】/【User Interface 】/【Controls/Graphs/Strip Charts...】/【General Functions...】/【Get Control Value】命令,在弹出的功能函数窗口中添加相应的代码,然后在该窗口中选择【Code】/【Insert Function Call】命令将此函数添加进源程序。

将本仪器中所用函数及选择函数面板命令列入表 8-3。

表 8-3 函数及选择函数面板命令列表

函数名	功　能	启用函数面板命令
GetCtrlVal( )	参数获取	【 Labaray 】/【 User　　Interface 】/【 Controls/Graphs/Strip Charts...】/【General Functions...】/【Get Control Value】
ResetTextBox( )	设置文本框文本	【 Labaray 】/【 User　　Interface 】/【 Controls/Graphs/Strip Charts...】/【Text Boxes...】/【Reset Text Box】
SineWave( )	产生正弦信号	【Labaray】/【Advanced Analysis...】/【Signal Generating...】/【Sine Wave】
DeleteGraphPlot ( )	图形刷新	【 Labaray 】/【 User　　Interface 】/【 Controls/Graphs/Strip Charts...】/【Graph Plotting and Deleting...】/【Delete Graph Plot】
PlotY ( )	图形显示	【 Labaray 】/【 User　　Interface 】/【 Controls/Graphs/Strip Charts...】/【Graph Plotting and Deleting...】/【Polt Y】
MessagePopup ( )	弹出提示框	【Labaray】/【User Interface】/【Pop-up Panels...】/【Message/Prompt Popups...】/【Message Popup】
Correlate( )	自相关分析	【Labaray】/【Advanced Analysis...】/【Signal Processing...】/【Time Domain】/【Correlation】
AutoPowerSpectrum ( )	自功率谱分析	【 Labaray 】/【 Advanced　Analysis...】/【 Measurement...】/【Auto Power Spectrum】

3)在源程序中设计仪器功能

现在可以设计仪器功能,打开 example.c,可见自动生成的源程序,这是仪器功能框架。在源程序中添加相应的函数来实现仪器功能,添加函数的方法如上所述。以下程序是完整的程序清单,其中黑体语句为添加代码,其余为系统自动生成的源程序代码:

```
#include <analysis. h>
#include <ansi_c. h>
```

```
#include <cvirte. h>
#include <userint. h>
#include "example. h"
static int panelHandle;
double wave[32767];                                              /* 全局变量 */
int main (int argc, char argv[ ])                                /* 主函数体 */
{
  if (InitCVIRTE (0, argv, 0) == 0)
      return -1;                                                 /* out of memory */
  if ((panelHandle = LoadPanel (0, " example. uir", PANEL)) < 0)
      return -1;
  DisplayPanel (panelHandle);
  RunUserInterface ( );
  DiscardPanel (panelHandle);
  return 0;
}


int CVICALLBACK Sine (int panel, int control, int event,
          void * callbackData, int eventData1, int eventData2)
                                           /* 产生正弦信号的按钮功能函数体 */
{
  double samfre, sigfre, phase, amp;
  int num;
  GetCtrlVal (panelHandle, PANEL _ AMP, &amp);      /* 获取控件 AMP 设定的幅值参数 amp */
  GetCtrlVal (panelHandle, PANEL _ NUM, &num);/* 获取控件 NUM 设定的采样点数参数 num */
  GetCtrlVal (panelHandle, PANEL _ PHASE, &phase);
                                           /* 获取控件 PHASE 设定的相位参数 phase */
  GetCtrlVal (panelHandle, PANEL _ SIGNALFRE, &sigfre);
                                     /* 获取控件 SIGNALFRE 设定的信号点数参数 sigfre */
  GetCtrlVal (panelHandle, PANEL _ SAMPLEFRE, &samfre);
                                     /* 获取控件 SAMPLEFRE 设定的采样点数参数 samfre */
  switch(event)
  {
  case EVENT _ COMMIT:                                  /* 点击正弦信号按钮事件 */
      ResetTextBox (panelHandle, PANEL _ TEXTBOX, "正弦信号");      /* 波形显示提示 */
      SineWave (num, amp, sigfre/samfre, &phase, wave);            /* 生成正弦信号 */
      DeleteGraphPlot (panelHandle, PANEL _ GRAPH, -1, VAL _ IMMEDIATE _ DRAW);
                                                                    /* 刷新图形 */
```

```
        PlotY (panelHandle, PANEL_GRAPH, wave, num, VAL_DOUBLE, VAL_THIN_LINE, VAL
            _EMPTY_SQUARE, VAL_SOLID, 1, VAL_RED);              /* 正弦信号图形显示 */
    break;
    case EVENT_RIGHT_CLICK:                              /* 点击正弦信号按钮右键事件 */
        MessagePopup ("请选择", "幅值、采样点数、相位、采样频率和信号频率");      /* 显示提示框 */
        break;
}
return 0;
}


int CVICALLBACK AutoCorrelate (int panel, int control, int event,
        void * callbackData, int eventData1, int eventData2)
                                        /* 正弦信号的自相关按钮功能函数体 */

{
int num,i;
double * Cor;
switch(event)
{
case EVENT_COMMIT:
    ResetTextBox (panelHandle, PANEL_TEXTBOX, "自相关分析");
    GetCtrlVal (panelHandle, PANEL_NUM, &num);
    Cor=malloc(2 * num * (sizeof(double)));              /* 动态分配数组内存 */
    Correlate (wave, num, wave, num, Cor);               /* 进行自相关分析 */
    for (i= 0; i<2 * num; i++) { Cor[i]=Cor[i]/num; }
    DeleteGraphPlot (panelHandle, PANEL_GRAPH, -1, VAL_IMMEDIATE_DRAW);
    PlotY (panelHandle, PANEL_GRAPH, Cor, 2 * num, VAL_DOUBLE, VAL_THIN_LINE,
        VAL_EMPTY_SQUARE,VAL_SOLID,1,VAL_RED);           /* 显示自相关分析图形 */
    free(Cor);                                           /* 释放数组内存 */
    break;
    case EVENT_RIGHT_CLICK:
    break;
}
return 0;
}


int CVICALLBACK PowerSpectrum (int panel, int control, int event,
        void * callbackData, int eventData1, int eventData2)
                                    /* 正弦信号的自功率谱按钮功能函数体 */
```

```
{
double samfre,df, * AutoSpe;
int num;
GetCtrlVal (panelHandle, PANEL _ NUM, &num);                        /* 获取采样点数值 */
GetCtrlVal (panelHandle, PANEL _ SAMPLEFRE, &samfre);               /* 获取采样频率 */
switch(event)
{
case EVENT _ COMMIT:
    if(num %2)                                                     /* 判断是否为 2 的幂 */
    {
    DeleteGraphPlot (panelHandle, PANEL _ GRAPH, -1, VAL _ IMMEDIATE _ DRAW);
                                                                   /* 刷新图形 */
    MessagePopup ("注意","采样点数必须为 2 的幂");                    /* 显示提示框 */
    }
    else
    {
    ResetTextBox (panelHandle, PANEL _ TEXTBOX,"自功率谱分析");       /* 波形显示提示 */
    AutoSpe = malloc(num * sizeof(double));                        /* 动态分配数组 */
    AutoPowerSpectrum (wave, num, 1/samfre, AutoSpe, &df);         /* 进行自功率谱分析 */
    DeleteGraphPlot (panelHandle, PANEL _ GRAPH, -1, VAL _ IMMEDIATE _ DRAW);
                                                                   /* 刷新图形 */
    PlotY (panelHandle, PANEL _ GRAPH, AutoSpe, num/2, VAL _ DOUBLE, VAL _ THIN _
        LINE, VAL _ CEMPTY _ SQUARE, VAL _ SOLID, 1, VAL _ RED);
                                                                   /* 显示自功率谱分析 */
    free(AutoSpe);                                                 /* 释放数组内存 */
    }
    break;
case EVENT _ RIGHT _ CLICK:
    break;
}
return 0;
}
int CVICALLBACK Quit (int panel, int control, int event, void callbackData, int eventData1, int
eventData2)                                                        /* 终止功能函数体 */
{
switch (event)
{
```

```
    case EVENT_COMMIT:
        QuitUserInterface(0);                              /*终止程序*/
        break;
    case EVENT_RIGHT_CLICK:
        break;
    }
    return 0;
}
```

5. 编译运行

在 example.uir、example.h 和 example.c 任一窗口菜单中选择【Run】/【Debug example.exe】对程序进行调试运行,系统将生成如图 8-3 所示用户界面的虚拟仪器,部分运行结果见图8-4、图 8-5、图 8-6。

图 8-4 是产生正弦信号图,先选择幅值、采样点数、相位、信号频率和采样频率这五个控件参数,点击正弦按钮,即产生设定参数的正弦信号,并显示在图形输出窗口中。若在正弦按钮上点击右键,屏幕弹出一个提示框,提示所需选择的参数。

图 8-5 是正弦信号的自相关分析图,点击自相关按钮即显示正弦信号的自相关分析图形。

图 8-6 是正弦信号的自功率谱图,点击自功率谱按钮,如果采样点数为 2 的幂,则直接显示功率谱图,否则弹出提示框,提示所需的采样点数,确定后再显示功率谱图。

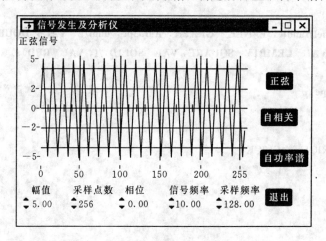

图 8-4 产生的正弦信号

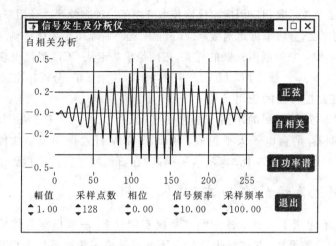

图 8-5　正弦信号的自相关分析

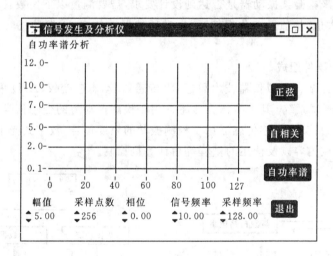

图 8-6　正弦信号的自功率谱分析

8-4　虚拟仪器应用

一、虚拟仪器的应用范围

虚拟仪器发展很快,在测量、检测、监控、计量、电信等方面应用广泛,现举两例。

1. 虚拟仪器在测量方面的应用

美国的维吉尼亚州技术公司应用虚拟仪器技术开发了一种光学测微计用来测量 MEMS(微机械系统)中硅晶片的厚度,分辨率可达到微米级。硅晶片是一种基本半导体材料。该系统使用数据采集卡输出模拟和数字信号来控制激光器的开关,用图像采集卡从 CCD 摄像机获得晶体的图像,用 PC-Step-4CX 卡控制 x、y 坐标。用 LabVIEW 开发的程序来显示、分析和控制。

2. 虚拟仪器在自控方面的应用

某石油学院的研究所研制的小型石油精炼实验系统,由一台 PC 机、十几台单回路调节器、两台可编程控制器、两台电子天平组成,用 LabVIEW 开发应用控制软件,与原 DOS 版系统相比,整个系统灵活性增强、功能增多、水平提高,在石油加工行业中得到了广泛的应用。

二、虚拟测试系统的应用实例

将虚拟仪器技术应用于工程机械的测试系统实例很多,一般根据具体要求进行相应的硬件和软件设计,完成检测要求,并作结果分析。下面以某机械测试系统为例说明虚拟仪器的开发应用。

该测试系统用来检验某振动器是否达到设计要求,需要测量以下参数:①振动器的振动幅度;②油压力的最大值、均值及变化规律;③振动器的振动频率;④发动机转速与振动的关系。为此,作如下设计。

1. 测试系统的硬件组成

根据检测要求并结合虚拟仪器技术思想,将传感器、动态应变仪、A/D 采集器与计算机组成如图 8-7 所示的测试系统。其中拉压力传感器用于检测振动力的变化信号,压力传感器用于检测液压系统的压力信号,位移传感器用于检测振动的幅度信号,数字式光电转速计用于测量发动机的转速。测试内容以及使用的量程等由计算机控制。

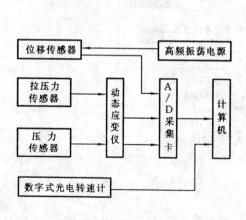

图 8-7　硬件系统框图

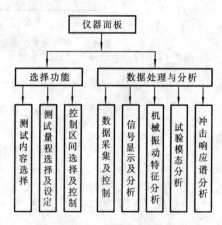

图 8-8　软件分层结构图

2. 测试系统的软件开发

软件是虚拟仪器的关键部分,本检测系统的软件由系统程序和应用程序两部分组成,用 Labwindows/CVI 作为开发工具编写功能模块,软件的主要分层结构如图 8-8 所示。

用户接口采用图形方式,极大地方便了用户,使用户可以像操作一台按键仪器一样选择测试功能,选择不同的数据处理方法和数据分析方法,使测试变得快捷、容易。

3. 测试结果及分析

振动器检测系统的部分测试结果见图 8-9 和图 8-10。图 8-9 是振动力随时间的变化波形,振动力的变化趋势类似不对称的三角形,上升速度慢,下降速度快,说明振动力变化不均匀。图 8-10 是油压随时间变化的波形,油压变化滞后振动力约 3ms,有一定的相关性,两者变化趋势相同,都显示该振动系统存在"冲慢退快"的情况。

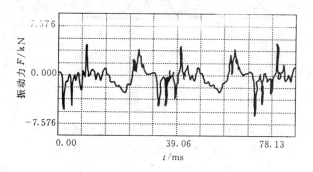

图 8-9　振动力变化过程

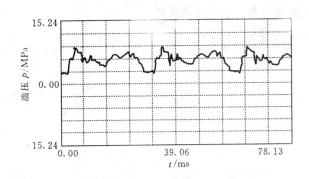

图 8-10　油压变化过程

图 8-11 给出振动力和振动能量的分布概率,显示振动 92% 分布在 ±1.57kN 范围内,正负不对称并含周期分量,而振动能量约 80% 分布在 30~1000Hz 之间,仅有约 20% 振动能量分布于 30~40Hz 之间,说明振动器能耗过高。若 60% 以上的振动能量分布在 30~40Hz 之间,则效率高,振动效果佳。

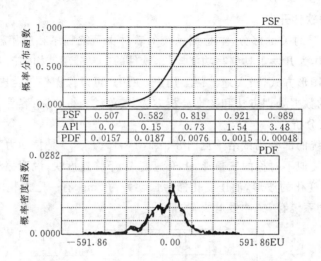

图 8-11   振动力高振能量分布图

习　题

8-1　什么是虚拟仪器？虚拟仪器与传统仪器比较有什么特点？

8-2　虚拟仪器有哪几种硬件构造形式？其核心技术是什么？

8-3　常用的软件开发工具 LabVIEW、LabWindows/CVI 的特点是什么？

8-4　试将 8-3 节的软件开发实例在微机上演示一遍。

8-5　试列举虚拟仪器在工程中的应用实例。

典型非电量参量的测量方法

9-1 振动测量

振动是指物体在其平衡位置附近的一种交变运动,可以用运动的位移、速度或加速度随时间的变化来描述。在这些变化的信号中,含有许多表征振动过程特征和振动系统特性的有用信息。振动测量就是检测振动变化量,将其转换为与之对应的,便于显示、分析和处理的电信号,并从中提取所需的有用信息。

一、振动测量的作用和类别

1. 振动测量的作用

机械振动是工程技术和日常生活中常见的物理现象。振动具有有害的一面,如振动破坏机器的正常工作,缩短机器的使用寿命,产生振动噪声等。振动也有可利用的一面,如可以进行振动输送、振动夯实、振动破碎、振动时效和振动加工等。为了兴利除弊,必须对振动现象进行测量和研究。

现代工业对各种高新机电产品提出了低振级、低噪声、高抗振能力的要求。因此,必须对它们进行振动分析、试验和振动设计,或者通过振动测量找出振动源,采取减振措施。

机械振动测试技术是现代机械振动学科的重要内容之一,它是研究和解决工程技术中许多动力学问题必不可少的手段。对许多复杂的机械系统,其动态特性参数无法用理论公式正确计算出来,振动试验和测量便是唯一的求解方法。

由于电子技术和计算机技术的应用,现代振动测试技术的应用已超出了经典机械振动的领域,已应用到各种物理现象的检测、分析、预报和控制中。如环境噪声的监测、地震预报与分析、地质勘查和矿藏探测、飞行器的监测与控制等。

2. 振动测量的类别

根据测量工作目的不同,振动测量主要有以下三类:

(1)振动基本参数的测量,即对振动着的结构或部件进行实时测量和分析,测量振动体上某点的振动位移、速度、加速度及振动频率等参数,便于人们识别振动状态和寻找振源。

(2)机械动力学特性参数的测量,即以某种激振力作用在被测对象上,使其产生受迫振动。同时测出输入激振力信号和振动响应信号,通过分析求取被测对象的固有频率、阻尼比、动刚度、振型等动态特性参数。这类测量又称"频率响应试验"或"机械阻抗试验"。

(3)机械动力强度和模拟环境振动试验,即按规定的振动条件,对设备进行振动例行试验,用以检查设备的耐振寿命、性能稳定性以及设计、制造、安装的合理性。

3. 振动的描述

振动的分类方法很多,按产生振动的原因可分为由初始激励引起的自由振动、由持续外部作用力引起的强迫振动和由振动系统内部的反馈作用激发的自激振动;按振动系统的结构参数特性可分为线性振动和非线性振动;按振动的规律可分为确定性振动和随机振动。

振动信号是一种典型的动态信号。描述振动量值随时间变化规律的函数,如正弦周期函数、复杂周期函数、非周期函数和随机函数,描述各类振动的特征参数,如平均值、峰值、有效值、幅值的概率密度函数、自相关函数、功率谱密度函数等已在第一章中作了介绍,本节不再赘述。

二、振动量的测量方法

振动量可以通过各种不同方法来测量。按测量过程的物理性质分,一般有机械式测量方法、电测方法和光测方法三类。其中,机械式测量方法由于响应慢、测量范围有限而很少使用。由于激光具有波长稳定、能量集中、准直性好的独特优点,因此光测方法中的激光测振技术已得到开发和应用,目前主要用于某些特定情况下的测振。现代振动测量中,电测方法使用得最普遍,技术最成熟。振动量电测方法通常是先用测振传感器检测振动的位移或速度、加速度信号并转换为电量,然后利用分析电路或专用仪器来提取振动信号中的强度和频谱信息。

1. 测振传感器的分类

电测法使用的测振传感器的分类方法很多。

按振动量转换为电量的原理不同,可分为电感式、电容式、电阻应变式、磁电式、压电式等类型。这些传感器的原理已在第三章中介绍。

根据测量参数的不同,测振传感器分为位移传感器、速度传感器和加速度传感器。

根据测量参考坐标的不同,测振传感器可分为相对式测振传感器和绝对式测振传感器。相对式测振是指测量振动体相对于固定基准的振动运动。相对式测振传感器又分接触式和非接触式两种,如电感式位移传感器、磁电式相对速度传感器等属接触式;涡流式位移传感器等属非接触式。绝对式测振传感器用来固定在被测物体上,测量相对于地球的绝对振动运动,因此又称为惯性式测振传感器。这类传感器在振动测量中普遍使用,如惯性式位移传感器、磁电式绝对速度传感器、压电式加速度传感器。以下简要介绍这类传感器的工作原理。

2. 惯性式测振传感器原理

测量绝对振动位移、速度和加速度的传感器属于惯性式传感器,它们的力学模型和数学模

型都相同。惯性式传感器在不同的工作频段内,通过不
同的物理转换原理可以得到与振动的位移、速度和加速
度成正比的输出。图 9-1 是用质量块、弹簧和阻尼器元
件表示的惯性式测振传感器的力学模型,传感器被固定
在振动体上。

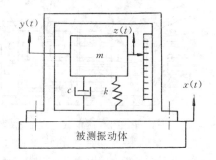

　　设 $x(t)$ 是被测的振动位移量,$y(t)$ 是质量块的绝对
位移量,而 $z(t)$ 是质量块相对于传感器壳体的位移量。
三者之间的关系为 $z(t)=y(t)-x(t)$,其中能检测到的
量是 $z(t)$。根据牛顿第二定律,列出质量块 m 的运动微
分方程为

图 9-1　惯性式测振传感器原理

$$m\ddot{y}(t) + c[\dot{y}(t) - \dot{x}(t)] + k[y(t) - x(t)] = 0 \tag{9-1}$$

若以 $x(t)$ 为输入量,以 $z(t)$ 为输出量,在上式中消去 $y(t)$,则得到由基础运动引起的受迫振动
运动方程:

$$m\ddot{z}(t) + c\dot{z}(t) + kz(t) = -m\ddot{x}(t) \tag{9-2}$$

设被测振动为谐波振动信号 $x(t)=x_0\sin\omega t$,则传感器的稳态响应可求得为

$$z(t) = z_0\sin(\omega t - \varphi_0) \tag{9-3}$$

其中,
$$z_0 = \frac{x_0(\omega/\omega_n)^2}{\sqrt{[1-(\omega/\omega_n)^2]^2 + 4\xi^2(\omega/\omega_n)^2}} \tag{9-4}$$

$$\varphi_0 = \arctan\frac{2\xi(\omega/\omega_n)}{1-(\omega/\omega_n)^2} \tag{9-5}$$

式中,ω_n 为传感器的固有频率;ξ 为阻尼比。

　　可见传感器的输出振幅 z_0 和相位差 φ_0 取决于被测振动频率 ω 与传感器固有频率 ω_n 之比
以及阻尼比 ξ 的大小。

　　(1)当 $\omega \gg \omega_n$,$\xi < 1$ 时,式(9-4)、(9-5)和(9-3)可以分别近似为

$$z_0 \approx x_0, \quad \varphi_0 \approx \pi, \quad z(t) = x_0\sin(\omega t - \pi) = -x(t)$$

此时,z_0 表达了被测振动幅值 x_0。因此,在这种条件下,该惯性系统可以作为振动位移传感器
使用。为了扩大测量的频率范围,通常取 $\omega \geqslant 2\omega_n$,$\xi = 0.7$。物理上可以利用电感式、电容式或涡
流式传感器原理,将 z_0 转换为电信号输出。结构上通常采用软弹簧和相当大的质量块 m,以得
到尽量低的固有频率 ω_n。这样,测量时质量块相对于惯性系几乎会处于静止状态。

　　(2)利用电磁感应原理,若将可动线圈作为质量块在与壳体相对固定的磁气隙中运动,则
转换的电动势信号将与相对运动速度 $\dot{z}(t)$ 成正比。在与惯性式位移传感器相同的条件下,即 ω
$\geqslant 2\omega_n$ 和 $\xi = 0.7$ 时,线圈输出的电动势信号也就表达了被测振动速度 $\dot{x}(t)$,此即惯性式速度
传感器原理。图 9-2 表示了这种速度计的结构。固定的磁铁与壳体形成磁回路,线圈与阻尼环、
弹簧组成在磁场中运动的惯性系。测量时传感器用螺纹紧固在被测体上。

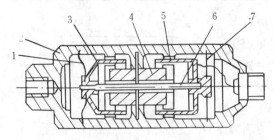

图 9-2　磁电式速度传感器

1—弹簧；2—壳体；3—阻尼环；

4—磁铁；5—线圈；6—芯轴；7—弹簧

(3) 当 $\omega \ll \omega_n$，$\xi = 0.7$ 时，式(9-4)可以近似地写为

$$z_0 \approx x_0 (\omega/\omega_n)^2 = \frac{1}{\omega_n^2} \cdot x_0 \omega^2$$

此时，z_0 正好与被测振动加速度 $\ddot{x}(t)$ 的幅值 $x_0 \omega^2$ 成正比，比例系数为 $1/\omega_n^2$。分析可知，相位差 φ_0 与 ω 也接近正比关系，可以消除由于相位畸变带来的测量误差。因此，该惯性系统在此条件下可以作为振动加速度传感器使用。在阻尼比 $\xi = 0.7$ 时，传感器测量范围一般为 $\omega \leqslant 0.4\omega_n$。物理上利用压电效应或应变效应将与 z_0 成正比的弹性力转换为电信号输出。图 9-3 所示为几种压电式加速度计的结构。使用时一般用双头螺栓将其固定在被测体的光滑平面上。

由振动传感器检测的振动信号，根据测量目的不同，可以送到不同的仪器中进行相应的分

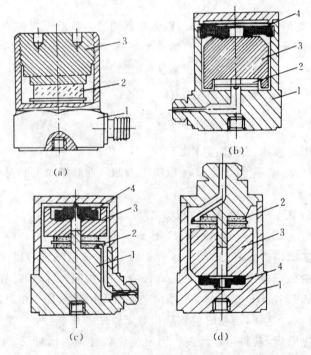

(a)

(b)

(c)

(d)

图 9-3　压电式加速度计

(a)基座压缩型；　(b)隔离压缩型；

(c)单端压缩型；　(d)倒置单端压缩型

1—基座；2—压电晶体；3—惯性质量；4—弹簧

析、处理,从中提取有用信息。

3. 振动测量仪

　　振动测量仪(或称振动计)是用来从振动信号中提取振动强度(振级)信息的仪器。图 9-4 是一台带前置电荷放大器的振动测量仪原理框图。输入是加速度传感器信号。由于速度、位移与加速度之间具有一次积分和两次积分的关系,在测量仪中带有两个积分器。转换不同输出档,可以得到与振动加速度或速度、位移成正比的电信号输出,供进一步分析或记录。另外,数字电压表通过真有效值(RMS)电路和峰值保持电路可以分别显示振动信号的有效值和峰值。

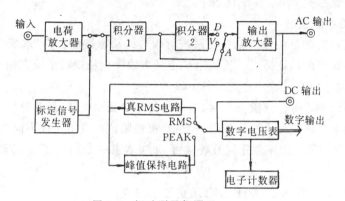

图 9-4　振动测量仪原理

4. 振动频谱分析

　　为了弄清振动产生的原因及影响,常常要进行信号频谱分析,即分析振动信号中的频率成分及各频率分量的强度。

　　频谱分析仪有模拟式和数字式两大类。

　　(1)模拟式频谱分析仪主要是采用各种模拟式滤波器从振动信号中逐次选出所需的频率成分来进行分析。各类模拟式频谱分析仪已在 7-1 节中介绍。

　　(2)数字式频谱分析方法主要是建立在快速傅里叶变换方法(FFT)的基础之上。数字式频谱分析仪包括数据采集和数据运算两个主要部分。检测的振动模拟信号经放大和抗频混滤波处理后,由采样电路采样和模数转换器转换为数字信号并送入存储器,至此,即完成数据采集过程。专用的 FFT 运算器将根据信号频谱的算法,对存入的数据进行运算并输出结果。频谱仪的原理框图如图 9-5 所示。

三、机械阻抗试验方法

　　机械阻抗试验是为求取机械系统动态特性参数而设计的一种试验方法。当机械系统结构复杂,无法用理论方法计算出动态特性参数时,用机械阻抗试验方法可以很方便地解决这个难题。此外,对简单的机械系统,也可以用试验获得的数据来对理论计算的结果进行补充和校正。

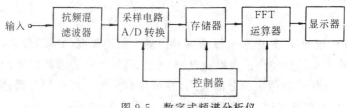

图 9-5　数字式频谱分析仪

(一)机械阻抗的概念和试验原理

1. 机械阻抗的概念

机械阻抗描述的是线性机械振动系统所固有的动态特性,它与系统所受的激振力和振动响应之间有着确定的函数关系。机械阻抗定义为线性机械振动系统在频域内的响应与激励之比,这与系统的频率响应函数的概念是一致的。

当机械系统输入一任意激振力时,其响应可以是振动位移、振动速度和振动加速度。为了清楚地表达由各类响应导出的机械阻抗数据,机械阻抗可以用几种不同的名称和符号来表示。设 $F(\omega)$、$Z_d(\omega)$、$Z_v(\omega)$、$Z_a(\omega)$ 分别为激振力 $f(t)$、位移 $z_d(t)$、速度 $z_v(t)$ 和加速度 $z_a(t)$ 的傅里叶变换,则

$K_d = H_d(\omega) = F(\omega)/Z_d(\omega)$ 称位移阻抗或动刚度;

$\alpha = 1/H_d(\omega) = Z_d(\omega)/F(\omega)$ 称位移导纳或动柔度;

$Z_m = H_v(\omega) = F(\omega)/Z_v(\omega)$ 称速度阻抗或机械阻抗;

$1/Z_m = 1/H_v(\omega) = Z_v(\omega)/F(\omega)$ 称速度导纳或机械导纳;

$A_m = H_a(\omega) = F(\omega)/Z_a(\omega)$ 称加速度阻抗或动态质量;

$I_n = 1/H_a(\omega) = Z_a(\omega)/F(\omega)$ 称加速度导纳或机械惯量。

此外,根据激振点和拾振点位置的不同,机械阻抗又有不同的称呼。若激振点和拾振点是系统中的同一点,则机械阻抗称为原点阻抗;若激振点和拾振点不是系统中的同一点,则机械阻抗称为跨点阻抗。

机械阻抗 $H(\omega)$ 一般是以频率为变量的复函数,可以表达为 $H(\omega) = |H(\omega)| e^{-j\varphi(\omega)}$,其中包含着系统的幅频特性 $|H(\omega)|$ 和相频特性 $\varphi(\omega)$。选择哪一种机械阻抗或导纳表达形式,主要取决于激振力的频率范围和研究问题的性质。实际试验中考虑到测量和分析的方便,多用位移导纳形式。

2. 机械阻抗试验原理

由于机械阻抗的物理意义明确,因此可以设计相应的试验方法来测取机械阻抗数据。

(1)根据定义,机械阻抗是系统在正弦激振力的作用下,稳态响应与激励的复数比。因此,可以对被测系统依次输入不同频率的正弦激振力 $f(t) = A\sin\omega t$,每次待响应稳定后,测取响应的幅值和相位。将所测得的响应幅值、相位与激励信号的幅值、相位进行比较,即可得到系统的

幅频特性$|H(\omega)|$和相频特性$\varphi(\omega)$。根据频率特性曲线可以估计系统的动态特性参数。这种方法是一种传统的试验方法,称正弦激振试验法。

(2)机械阻抗又可以从时域内系统的响应信号与激励信号的傅里叶变换之比得到。随着快速傅里叶变换算法和FFT分析仪的出现,对信号进行实时分析的能力得到极大提高。因此,只要同时测出系统在时域内的激励信号和响应信号,并送入分析仪完成傅里叶变换,即可得到所需的机械阻抗数据。

(二)激振信号和激振器

1. 激振信号

用于机械阻抗试验的激振信号的形式在理论上没有任何限制,但为了保证试验能取得满意的效果,一般要求激振信号应具有一定的强度和频率范围,信号容易获得、易于控制、重复性好。

常用的激振信号有稳态正弦信号、随机信号和瞬态信号三类。后两类又称为宽频带激振信号。

(1)机械阻抗试验中使用得最早、最普遍的激励信号是稳态正弦信号。由于每次激振时是单一频率的正弦激振力,因此能量集中、信噪比高、试验结果可靠。正弦信号可以由模拟信号发生器产生,信号处理也只需一般的模拟分析装置。现代数字化机械阻抗试验则采用数字步进正弦信号发生器,其频率范围和频率间隔由计算机控制。采用正弦信号激振时,频率须逐次改变,而且响应须达到稳态时才检测,因此试验周期较长。

(2)随机信号是一种宽带激振信号,一般由白噪声信号发生器产生。理论上白噪声在整个频率范围内具有连续、等值的功率谱。实际上使用时,由于其他配套仪器和设备的通频带有限,随机信号只能用来在有限的频率范围内激励系统。与正弦激振不同,随机激振力的一次激励,即可完成在所需频率范围内所有频率上的激振试验。

为了使随机信号激振试验能重复进行,工程上常采用人为设计的、重复性好的伪随机信号。伪随机信号可以通过伪随机信号发生器产生,或通过计算机产生伪随机码来得到。

(3)脉冲信号和阶跃信号都属于瞬态信号,在机械阻抗试验中常作为激励信号使用。给机械系统施加一冲击力和突然施加一恒定的负载,即可得到脉冲激振力和阶跃激振力。理想脉冲信号的频谱包含频域中的所有频率成分,且各频率分量的强度相同。实际的脉冲信号近似于半正弦波,其频率成分决定于脉冲持续时间τ,而高频成分的强度有所减弱。阶跃激振力的幅值也随频率增高而减小,这对高频区的激振不利。

当幅值恒定的正弦信号在选定的频率范围内,从低频到高频按线性时间规律作快速扫描输入时,也可以在数秒钟内实现对系统的宽频激振。这种激振方法称快速正弦扫描激振,属于瞬态激振范畴。该方法的试验结果与随机激振试验法的结果极为吻合,加之试验方法简单、费用较低,因此在工程中常常被采用。

2. 激振器

由信号源输出的各类激振电信号经功率放大后,需要通过一些执行装置转换为激振力信号,才能对机械系统进行激振。这类执行装置称激振器。对激振器的性能要求主要有:能在一定的频率范围内工作,输出力的波形不失真,具有一定的激振力幅值,能产生稳定的预加载荷等。

激振的方式有绝对激振和相对激振。绝对激振是将激振器安装在被测系统以外,使被测系统产生相对于地球的振动;而相对激振是将激振器安装在被测系统内某个部件上,使被激部分产生相对于该部件的振动。

常用的激振器有电动式激振器、电磁式激振器、电液式激振器和脉冲锤等。

(1)电动式激振器的结构如图 9-6 所示,按磁场的形成方法分永磁式和励磁式两种。永磁式一般为小型激振器;励磁式则一般为较大型激振器。驱动线圈与支承弹簧、顶杆连成一体,驱动线圈位于永磁铁或电磁铁所形成的高磁通密度的气隙中。当线圈通以激振信号电流时,所产生的交变电动力会通过顶杆输出激振力。电动式激振器的工作频率范围一般为 5~2000Hz。

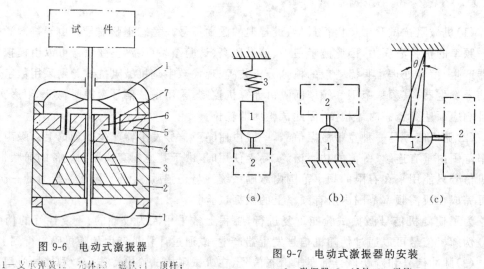

图 9-6　电动式激振器
1—支承弹簧;2—壳体;3—磁铁;4—顶杆;
5—磁极板;6—铁芯;7—驱动线圈

图 9-7　电动式激振器的安装
1—激振器;2—试件;3—弹簧

电动式激振器激振时,顶杆直接接触试件,常用于绝对激振方式。激振器的安装方法有图 9-7 所示的三种。预加载荷由本身的重力产生。预加载荷可以消除试件中某些非线性因素,如间隙、死区,还可以使支承弹簧在较理想的刚度条件下工作。应特别注意,激振器连同安装系统的固有频率应偏离激振频率,以免影响试件的振动。

(2)电磁式激振器是通过电磁铁的吸力产生激振力的,其组成如图 9-8 所示。它由铁芯、励磁线圈、力检测线圈和底座等元件组成。若铁芯和衔铁分别固定在两个试件上,或将其中一个试件作为衔铁,便可实现两者之间无接触的相对激振。激振力的频率上限约为 500~800Hz。

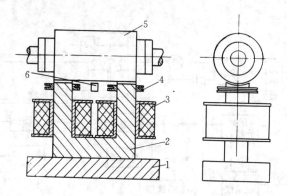

图 9-8　电磁式激振器
1—底座；2—铁芯；3—励磁线圈；4—力检测线圈；5—试件；6—位移传感器

　　励磁线圈除通有交变信号电流外，还通有直流电流。叠加的直流磁感强度可以改善激振力的波形和增大激振力的幅值，同时产生一恒定的预加载荷。

　　(3)对大型试件的激振，需要很大的激振力。为了增大激振力，可以用小型电动式激振器带动液压伺服阀来控制驱动液压缸的油路，从而使驱动活塞振动，输出很大的位移和激振力。这类由伺服控制系统和驱动液压缸组成的激振器称电液式激振器，其工作频率通常只在 0～100Hz 以内。

　　(4)图 9-9 所示的脉冲锤是进行冲击激振试验的设备。它是一个带力传感器的锤子，用来敲击试件进行激振。更换不同材料的锤头垫，可以激出具有不同持续时间的力脉冲，从而得到所要求的频带宽度。激振力的大小由配重块的质量和敲击加速度来调节。

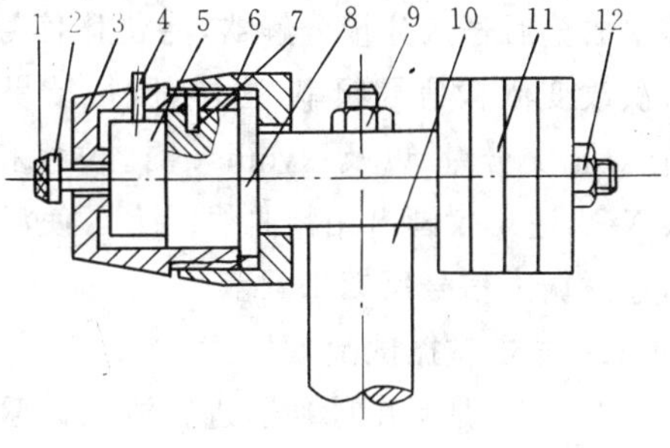

　　(三)典型机械阻抗试验

1. 机床频率响应试验

　　机床在切削加工过程中，受到切削力和其他动态力的激励，机床-工件-刀具组成的工艺系统会产生振动。振动所导致的工件和刀具之间的相对位移会影响加工精度和表面粗糙度。因此，研究该工艺系统的振动特性是非常必要的。

图 9-9　脉冲锤的结构
1—锤头垫；2—锤头；3—压紧套；4—力引出线；
5—力传感器；6—预紧螺母；7—定位销；8—锤体；
9—螺母；10—锤柄；11—配重块；12—螺母

　　图 9-10 所示的是一典型机床频率响应测试系统。试验中，将非接触式电磁激振器夹持在刀架上对模拟工件进行激振，这样可以模拟切削过程，使试验结果接近实际情况。

　　振荡器输出的正弦电信号经功率放大器放大后驱动激振器，产生交变激振力，用来模拟切

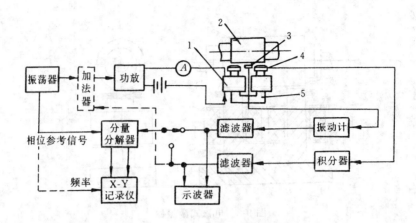

图 9-10　机床频率响应测试系统

1—主线圈；2—模拟工件；3—位移传感器；4—检测线圈；5—激振器

削力的动态分量。电池组叠加的直流电流产生预加载荷，用来模拟切削力的静态分量。激振力的频率范围由机床的动态频率范围决定，一般在 1000Hz 以内，对大型机床则更低些。交变激振力的大小可以根据机床在主谐振频率下激振点的振动幅值来确定，一般控制振幅在 5～10μm 左右。

　　电磁铁末端检测线圈所感应的电势经积分器后输出与激振力成正比的电压信号。振动位移用电容式传感器检测，经振动计输出有效值电压信号。激振力和位移信号经滤波器抑制其他频率成分后送入分量分解器，将位移信号分解成与激振力同相和正交的两个分量。在试验时，依次改变激振信号频率，这样，所得结果可以用 X-Y 记录仪绘出实频曲线（同相分量）和虚频曲线（正交分量）以及 Nyquist 图。位移和激振力信号还可以送入相位计，比较两者的相位后输入 X-Y 记录仪画出相频曲线。为了使激振力幅值在频率改变时保持不变，振荡器的输出电压通过激振力信号反馈来调节。

2. 冲击激振试验

　　图 9-11 是利用脉冲锤进行激振试验的典型系统。脉冲锤敲击被测试件产生激振力，激振力由脉冲锤中的力传感器检测。响应由加速度传感器检测。传感器输出信号经放大后输入磁带记录仪，然后经 FFT 分析仪分析处理，得到所需的结果并以频率响应图形或机械阻抗数据

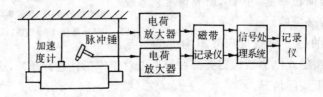

图 9-11　冲击激振试验系统

的形式输出。

图 9-11 中的被测试件是一大型转子,最大外径为500mm,两轴颈中心距为 2152mm,重量为 1171kg,试验时两端用钢丝绳悬吊起来。激振的脉冲锤锤头重 500g。试验结果得到的实频曲线、虚频曲线和幅频曲线如图 9-12 所示。分析可知,该转子有三阶固有频率,分别为 175Hz、240Hz 和 310Hz。

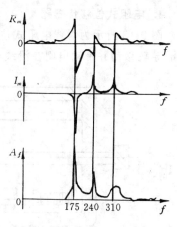

图 9-12　转子的幅频曲线

9-2　位　移　测　量

位移是指物体上某一点在一定方向上的位置变动,是一个向量。位移测量一般是在位移方向上测量物体的绝对位置或相对位置的变动量。位移测量包括线位移和角位移的测量。

位移测量在工程中应用很广。其中一类是直接检测物体的移动量和转动量,如检测机床工作台的位移和位置、振动的振幅、回转轴的径向和轴向运动误差、物体的变形量等;另一类是通过位移测量,特别是微位移的测量来反映其他物理量的大小,如力、压力、扭矩、应变、速度、加速度、温度等。此外,物位、厚度、距离等长度参数也可以通过位移测量的方法来获取。

一、位移测量方法分类

位移测量分模拟式测量方法和数字式测量方法两大类。

在模拟式测量方法中,能将位移量转换为电量的传感器主要有:电阻式传感器(电位器式和应变式)、电感式传感器(差动电感式和差动变压器式)、电容式传感器(变极距式、变面积式和变介质式)、电涡流式传感器、光电式传感器以及光导纤维传感器等。将上述传感器与相应的测量电路结合在一起,即组成工程中常用的测量仪表,如电阻式位移计、电感测微仪、电容测微仪、电涡流测微仪、光电角度检测器、电容液位计等。各种位移测量仪表的测量范围和测量精度各不相同,使用时应根据测量任务选择合适的测量方法和测量仪表。

数字式测量方法主要是指在数控机床和其他精密数控装置中,将直线位移或角位移转换为脉冲量输出的测量方法。常用的转换装置有感应同步器(直线型、圆型)、旋转变压器、磁尺(带状、线状、圆型)、光栅(直线型、圆型)和脉冲编码器等。上述转换装置的原理与应用将在其他相关课程中介绍。

根据传感器原理和使用方法的不同,位移测量还可分为接触测量和非接触测量两种方式。

二、常用位移传感器

各类传感器的转换原理已在第三章中讲述,下面仅介绍几种常用位移传感器的结构和应用情况。

1. 电阻式位移传感器

图 9-13 所示为滑线电阻式位移传感器的结构。测杆与被测物体接触,当物体有位移时,测杆沿导轨移动并带动电刷在滑线电阻上移动。若已将滑线电阻与传感器的精密无感电阻接入

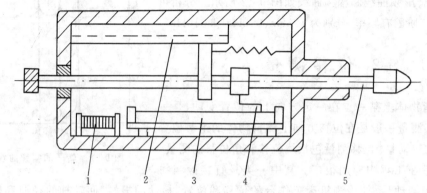

图 9-13　滑线电阻式位移传感器

1—无感电阻;2—导轨;3—滑线电阻;4—电刷;5—测杆

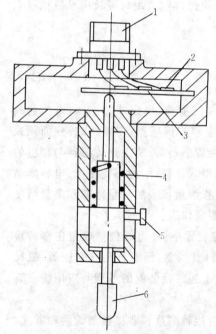

图 9-14　应变式位移传感器

1—引线插座;2—应变片;3—悬臂梁;

4—弹簧;5—调整螺钉;6—测杆

测量电桥的两个桥臂中并调平衡,则电刷的移动会使电桥失去平衡。此时由电桥输出电压的变化,即可换算出物体位移量的大小。该传感器的优点是可以测量几毫米至几十毫米的位移量,精度一般为 0.5%～1%。其缺点是由于存在滑动触点,工作的可靠性差;电阻会随温度变化产生误差。此外,传感器的动态特性受运动部件质量的限制,只能测量频率较低的位移信号。

图 9-14 所示的应变式位移传感器是利用应变效应来进行测量的。物体的位移通过测杆传到悬臂梁,使悬臂梁挠曲,产生应变。将应变片接入应变仪的电桥中,即可实现位移测量。这类传感器测量的位移较小,通常在几微米到几毫米之间。由于没有活动触点,响应速度较快。

2. 电感式位移传感器

常用的电感式位移传感器有螺管差动型(自感式)、差动变压器型(互感式)。测量方式有轴向测量和旁向测量两种。

图 9-15 所示为轴向测量式螺管差动型位移传感器的结构。测端接触被测物体,被测位移通过在测杆上端

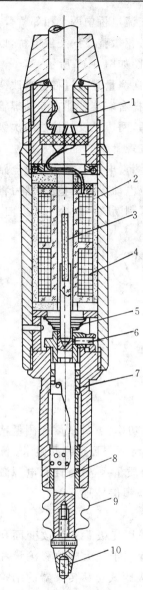

图 9-15 螺管差动型
位移传感器

1—引线；2—固定磁筒；
3—铁芯；4—差动线圈；
5—弹簧；6—防转销；
7—滚动导轨；8—测杆；
9—密封套；10—测端

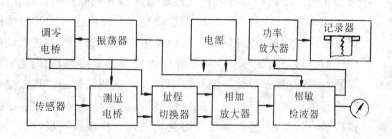

图 9-16 电感测微记录仪原理框图

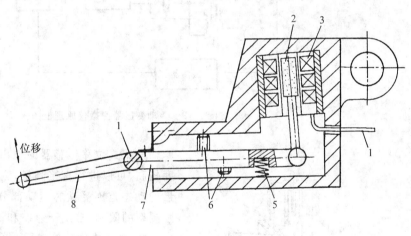

图 9-17 杠杆式差动变压器位移传感器

1—调节螺钉；2—铁芯；
3—线圈；4—导线；
5—弹簧；6—限位螺钉；
7—杠杆；8—测杆

固定的柱形铁芯,改变差动线圈的自感。将两个差动线圈分别接入交流电桥中两个相邻桥臂,则电桥输出的电压幅值就反映了被测物体的位移量。测量电路采用带相敏整流的交流电桥,以便能正确判断位移的方向。与传感器配套的电感测微记录仪原理框图如图 9-16 所示。

图 9-17 所示为旁向测量式差动变压器型位移传感器的结构。旁向测量是通过杠杆来改变位移传递方向的,测杆的工作角度还可以通过调节螺钉进行调整。杠杆右端连着能在差动螺管变压器内移动的铁芯。变压器骨架上绕有三组线圈,中间是初级线圈,两边是反相接法的次级线圈,线圈都通过导线与测量电路相连。被测物体的位移改变铁芯在螺管中的位置,从而使线圈的互感量发生变化。为了反映位移方向,差动变压器测微仪常用的测量电路是差动整流电路和相敏检波电路。差动整流电路是先把两个次级线圈极性相反的感应电动势分别整流,然后将整流后的电流或电压信号叠加输出。根据输出信号的幅值和极性即可判断位移的大小和方向。图 9-18 是采用相敏检波方案的差动变压器测微仪原理框图。

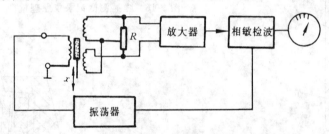

图 9-18　差动变压器测微仪原理框图

电感式位移传感器的输出功率大,灵敏度和测量精度较高,可以进行直接测量,测量下限可达到几微米。测量的动态范围受铁芯运动部分质量-弹簧特性和电源激励频率的限制,常用于静态和低频信号测量。

3. 电容式位移传感器

电容式位移传感器一般采用变极距式和改变面积式,前者用于微位移测量,后者用于较大的位移测量和转角测量。图 9-19 是一种变极距式位移传感器的结构图。测量时,传感器上的电极作为定极板,被测金属物体或固定在被测物体上的金属板作为动极板。变极距式位移传感器的测量范围不大,并有较大的非线性度,可采用差动式测量方法或在测量电路中进行非线性补偿。这种传感器常用于振动的位移测量。

电容式测微仪常采用电桥型调幅电路、谐振电路和

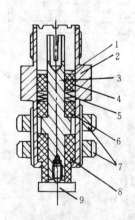

图 9-19　变极距电容式位移传感器
1—弹簧卡圈;2—壳体;3—电极座;
4、6、8—绝缘衬套;5—盘形弹簧;
7—螺母;9—电极

调频电路。图 9-20 是采用调频方式的电容测微仪原理框图。电容式传感器作为外接振荡器的一个选频元件,被测位移量为调制信号,通过电容式传感器来调制振荡器输出信号的频率。该调频信号与本机振荡器输出信号经混频器差频后,输出频率为$(f_0 \pm \Delta f)$的调频信号,该信号经限幅放大,由鉴频器还原成与位移信号对应的电压信号,再通过功率放大器,由表头显示出来。

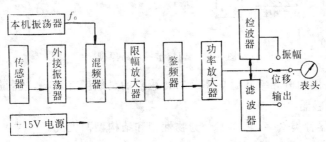

图 9-20　电容测微仪原理框图

电容式位移传感器结构简单,可靠,灵敏度高,动态特性好,能实现非接触测量。但由于连接导线的寄生电容影响,其测量精度不太高。

4. 电涡流式位移传感器

电涡流式位移传感器是利用线圈与金属导体之间的电涡流效应来实现位移测量的,因此,一般要求被测体为导体。图 9-21 所示为电涡流式位移传感器的结构图。探头是固定在端部的扁平线圈,使用时,传感器通过螺纹联接固定在测量位置上,测量端部与被测表面相距一个原始间距,一般为 1mm 左右。

电涡流测微仪的电路形式,决定于传感器转换的电参数。传感器变化的电参数

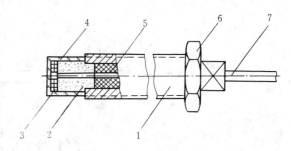

图 9-21　电涡流式传感器
1—壳体;2—框架;3—线圈;4—保护套;
5—填料;6—固定螺母;7—电缆

有线圈的 Q 值、等效阻抗和等效电感,相应的测量电路则有 Q 值测量电路、电桥电路和谐振电路。目前电涡流式传感器配用的谐振电路有调幅式、调频式和调频调幅式三种,其中调幅式电路稳定性最好,调频式电路结构最简单,从灵敏度和测量范围来看,则以调频调幅式为最佳。

图 9-22 所示为调幅谐振电路原理框图。传感器与电容 C 组成一并联谐振回路,并由等幅振荡器提供电源。当谐振频率与振荡电源频率相同时,输出电压 e 最大;测量时,位移 δ 的变化使 LC 回路失谐,阻抗减小,致使输出电压的幅值改变,成为频率不变的调幅波。该调幅波经阻抗变换、高频放大、检波解调和滤波后输出与被测位移 δ 对应的电压信号。

电涡流式位移传感器灵敏度高、测量范围大、抗干扰能力强、能实现非接触测量,但由于被

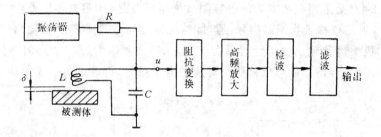

图 9-22　调幅谐振电路原理

测体的形状、材料表层的电导率和磁导率都对传感器的灵敏度有影响,故测量精度不高。

5. 光纤位移传感器

光纤位移传感器种类繁多,总体上分为物性型和结构型两大类。

图 9-23 所示为几种物性型光纤位移传感器的形式。图(a)表示被测位移改变了光纤的长度,光纤长度变化会引起光纤直径及光纤内应力的变化,从而输出相位变化的测量光。若用另一束光纤传输相位不变化的参考光,将测量光与参考光相干涉,根据干涉后的输出光强就可以测出位移的大小。图(b)是利用位移引起光纤弯曲,增加了传输损耗,使输出光强发生变化。同

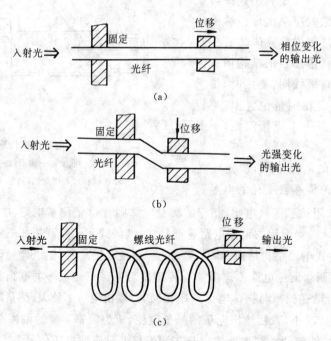

图 9-23　物性型光纤位移传感器

样将测量光与光强不变的参考光相比较,即可测出位移的大小。图(c)是利用螺旋形光纤的变形来测量位移,它综合了前两种形式,使输出光的光强和相位均发生变化。这种形式不需要较大的外力就能使光纤产生位移和变形,故测量的灵敏度较前两种形式高。

图 9-24 所示为几种结构型光纤位移传感器形式。传感器由发射光纤和接收光纤通过不同的耦合方式组成,被测位移量作为调制信号对耦合到接收光纤中的光强进行调制,这样,接收光纤输出的光强变化即可反映位移的变化情况。图(a)是发射光纤和接收光纤端面耦合型位移传感器。当两支光纤端面靠得非常近时,入射光几乎无损失地传入接收光纤中;当两支光纤端面距离增加时,传入接收光纤的光通量便会减少,实现了光强的调制。通过探测器可以检测到光强的变化。图(b)是一种遮光调制型光纤位移传感器,在两支光纤之间利用遮光板的位移调制光强。图(c)是反射式光强调制位移传感器,发射光纤传输的光射向被测物体,反射光由接收光纤收集,送到光探测器中,反射光强将随光纤探头与被测物体表面之间的距离而变化。

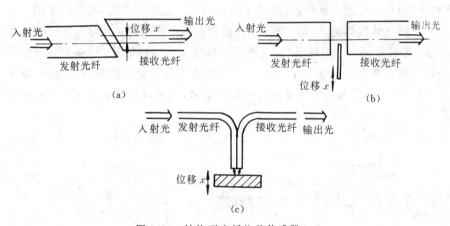

图 9-24　结构型光纤位移传感器

光纤位移传感器发展很快,其测量范围、测量精度、灵敏度等都能满足各种测量要求。特别是光纤位移传感器能在电磁干扰严重、空间狭小、易燃易爆等恶劣环境下使用,这是其独特的优点。光纤位移传感器的缺点是稳定性还不太好,在实际使用中,提高其稳定性是一个很关键的问题。

三、位移测量的工程应用举列

1. 回转轴误差运动测量

回转轴误差运动是指在回转过程中回转轴线偏离理想轴线而出现的附加运动。在理想回转状况下,回转轴线应始终与一固定直线(理想轴线)重合,即只允许回转轴线绕理想轴线运动,其余五个自由度都应受到限制。但实际上,由于轴颈、轴承、轴承支承孔的制造误差,轴承静、动载荷的变化以及磨损、热变形等原因,回转轴线本身的空间位置是在不断变化的,即其余五个自由度产生了附加的误差运动。许多精密回转轴,如精密机床主轴、大型高速动力机组转子等,由于回转轴的误差运动,会使加工的零件精度超差或出现设备运转故障等。因此,测量回转轴误差运动具有很重要的现实意义,例如,可以根据测量结果分析加工误差、诊断设备的故障等。

回转轴误差运动一般是通过测量回转轴在其余五个自由度上的位移变化来反映的,根据对回转轴的具体回转精度要求,可以选择其中若干自由度来进行测量。

(1)回转轴沿径向的误差运动信号一般会有与回转频率一致的基频成分和其他高次谐频成分。引起基频误差运动的原因主要是由于回转轴质量不平衡产生的受迫振动,它对回转轴影响最大,一般都需要精确地测定基频误差运动的幅值和相位信息。产生其他谐频误差运动的原因很多,如摩擦,轴承油膜涡动、油膜振荡,滚动轴承的制造缺陷等。

回转轴的径向误差运动可以通过测量回转轴某些敏感垂直断面内的轴心相对于支承孔轴线(理想轴线)的运动轨迹来反映,该轨迹是断面内的一条平面曲线,它描述了两个平动自由度的误差运动。测试装置如图 9-25(a)所示,在断面互成 90° 的 x、y 方向上各安装一个电涡流式位移传感器。另外可用一个传感器,检测表示相位基准的脉冲信号。传感器检测的位移信号经放大后送入双通道基频检测仪。在基频检测仪中,信号可以通过跟踪滤波电路,滤掉其他高次谐波信号,保留与回转频率一致的基频误差运动信号;也可以直接输出含有各种频率成分的误差运动信号。

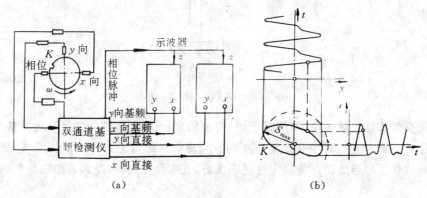

图 9-25 回转轴径向误差运动的测量
(a)轴心轨迹测试装置; (b)示波器上合成的轨迹

将 x、y 两路时域信号同时输入电子示波器中,在示波器内,两个方向的位移信号将被合成为一平面曲线(称作李沙育图形),该曲线表达了轴心运动的轨迹。信号合成的情况如图 9-25(b)所示。当 x、y 为幅值相等、相位差为 90° 的两个基频信号时,合成的轨迹图形将是一个圆,说明不平衡质量引起的受迫振动在各向是相同的;当合成的轨迹图形为一椭圆时,说明由于轴的弯曲刚度在各向不相同,导致各向振幅也不相同。可见,轴心运动轨迹的图形不同,它所表达的回转轴误差运动的特征也不同,由此可以诊断出回转轴的各种缺陷。表 9-1 列出了几种轴心运动轨迹图形及其所对应的缺陷。

表 9-1　轴心运动轨迹图形及其对应的缺陷

缺　陷	时　域	x、y 轨迹	诊　断
不对中			典型的严重不对中
油膜涡动			与不平衡相似,而且涡动频率较小,小于轴转速的 0.5 倍
摩擦			接触产生花状,它叠加在正常的轴心轨迹上
不平衡或轴弯曲			椭圆的 x、y 显示

　　(2)对回转轴轴向的误差运动,可以采用图 9-26 所示的方法测量。图(a)所示的测量方案是用来监测某汽轮机转轴不正常的轴向运动,以防止推轴承被损坏,避免转子和定子之间的摩

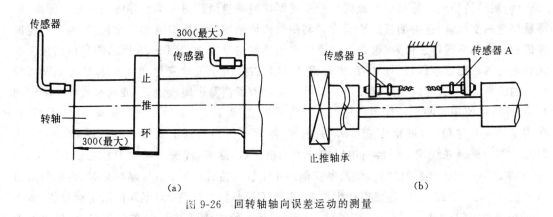

(a)　　　　　　　　　　　　　　　　(b)
图 9-26　回转轴轴向误差运动的测量

擦。根据需要和机器的结构情况,可以将位移传感器放置在轴端或轴肩处,为了测量准确、及时,传感器应尽量靠近止推环。图(b)是测量汽轮机转轴由于各部分受热不均匀而产生的差胀。用固定安装在机壳上的两个位移传感器来分别测量图示轴上不同部位的位移量,即可得到差胀值。

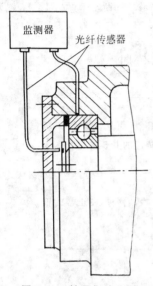

图 9-27　轴承间隙监测系统

2. 轴承工作状况监测

轴承部件是机器的重要部件之一,其工作状态直接影响回转轴的运转精度和轴承的使用寿命。例如,由于温升不均匀,轴承外座圈会在机壳中卡死,影响滚道承载区的正常循环,因此,应随时监测轴承与机壳之间的间隙是否合适。轴承所处的位置通常在机器内部,所需检测的间隙非常小,在机器外部一般是很难测量到这种间隙变化情况的。图 9-27 所示为利用光纤位移传感器深入机壳内部进行测量的方案。一支光纤位移传感器安装在机壳上,对准轴承外座圈,监测外座圈与机壳间的间隙变化。另一支光纤传感器安装在轴的端部,测量转速并提供相位基准信号。传感器的输出信号经监测器处理,可以获得轴承工作状态的数据。

3. 厚度测量

厚度的测量与控制在工业生产中有着重要的应用。例如,在轧钢、纺织、造纸等工业生产过程中,为了保证产品质量,必须对产品的厚度进行在线和非接触式的测量与控制。

厚度测量所用的传感器种类很多,一类测厚方法是直接利用厚度参数来调制传感器的输出信号,如低频透射式电涡流测厚方法、超声波测厚方法、核辐射测厚方法等。这类检测传感器都由信号发射源和探测器两部分组成,测量时,通过厚度的变化来改变探测器接收信号的强弱或快慢,最后转换成与输出信号成线性关系的厚度绝对量值。另一类测厚方法是相对测厚,即测量厚度的变化量。这类测量方法通常是利用位移传感器先测量厚度的变化量,然后与给定厚度值相加得到实际厚度值,如极距变化型电容传感器测厚方法。图 9-28 所示的利用高频反射式涡流传感器测量金属板厚的方法也是相对测厚方法。由于板厚变化,电涡流传感器到金属板表面的距离会不同,导致测厚仪输出电压值变化。为了消除金属板上、下波动和表面不平整的影响,测厚仪使用了两个特性相同的电涡流传感器 L_1 和 L_2,对称地放置在金属板上、下两侧。在测量给定板厚值时,调整传感器 L_1 的位置,使两个传感器到金属板表面的距离 $x_1+x_2=2x_0$,x_0 为传感器在线性工作区内给定的一个距离常数,这样,传感器输出的总电压 $U_1+U_2=2U_0$。将 $2U_0$ 与比较电压叠加后,使测厚仪偏差指示仪表指针指零。当板厚变化时,传感器输出总电压变为 $2U_0±\Delta U$,ΔU 使仪表产生偏摆,表示了板厚的变化量。对不同的给定板厚值,调整 L_1 的位置总可以满足 $x_1+x_2=2x_0$ 的要求。因此,板厚给定值可以由 L_1 的位置来给定。由偏差

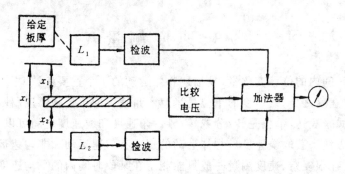

图 9-28　高频涡流测厚仪原理

值和给定值的代数和,即可得知实际板厚。

4. 物位测量

工程中的物位测量是指工业生产过程中的液位、散粒料位的测量。其测量目的主要是按生产工艺要求监视或控制容器内的物位变化。测量物位的仪表形式有很多种:有简单的直读或直接显示的装置,如玻璃液位计、浮子式液位计等;有通过常用传感器将物位转换为电量输出的电测仪表;也有一些用于特殊测量场合的,利用声、光转换原理的测量方式。

图 9-29 是一种利用浮子敏感液位,并通过电位器式位移传感器将液位变化量转换为电量来进行测量的浮子式油量计。浮子的上、下移动通过杠杆带动电刷移动,将电位器的电阻值分为 R_x 和 R_y。在电源稳定和其他电阻不变的情况下,R_x、R_y 值的大小将决定通过线圈 Ⅰ 和线圈 Ⅱ 中电流的大小。在结构上使线圈 Ⅰ 和线圈 Ⅱ 固定在同一转轴上并处在同一磁场中。由于两个线圈的电流方向相反,因而能产生不同方向的转动力矩,其合力矩将带动指针摆动,指示当前的液位。当液位降到一定位置时,通过微动开关接通信号灯报警。

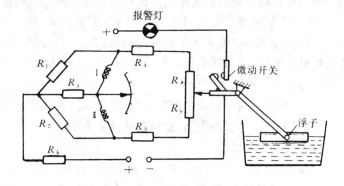

图 9-29　浮子式油量计原理

9-3 速度测量

速度是单位时间内的位移变化量,是描述物体运动的一个重要参数。相对于线位移和角位移,有线速度和角速度之分。线速度的单位是米/秒,角速度的单位是弧度/秒,在工程中角速度还常用转速的形式来表达,单位是转/分或转/秒。角速度和线速度之间可以互相转换,工程中常通过测转速的方法来获取线速度。物体运动的规律有匀速运动和非匀速运动。对非匀速的一般运动,规律往往很复杂,速度测量一般只能测定在某段时间内的平均速度。由于位移、速度和加速度之间的内在联系,物体的瞬时速度还可以通过位移的微分和加速度的积分方法来获取。

速度测量在工程中的应用很多,如振动速度测量,生产流程中速度参数监测,交通工具行驶速度测量,自动控制系统中速度反馈信号的获取。在分析设备承受的动载荷、计算旋转机械的功率、计算设备的生产率时,也都要测量速度参数。

一、速度测量方法分类

速度可以采用不同的方法来测量。这些方法往往都是先将速度转换成其他物理量,然后设法测定转换后的物理量。如电测法是根据某些物理原理将速度转换为电量来测量的。转换后的物理量与速度之间最好应有确定的线性关系。

根据速度测量时信号的特征,速度测量方法可分为模拟式、计数式和同步式三类。

模拟式测量方法,是利用与速度成一定关系的某种连续变化的物理量来反映速度的大小。例如,离心式转速计中,离心力与转速平方成正比;对动圈式磁电速度传感器,在恒定磁场中作直线运动或旋转运动的线圈感应电动势的大小与线圈的线速度或角速度成正比。

计数式测量方法,是设法数出在一定时间内由运动物体发出的周期性信号的数目。如电容式转速传感器、涡流式转速传感器、磁阻式磁电转速传感器、光电式转速传感器等,都是将转速变换成周期的电脉冲信号输出,然后用计数器对脉冲进行计数来测定转速。这类速度计都是数字显示,适于中、高速度的测量。

同步式测量方法,是一种利用频率比较的测速方法,即把与被测物体运动速度对应的频率同已知的频率进行比较,求出运动速度的大小,如频闪式测速方法。这种方法对被测物体没有力的干扰,可用于中、高速测量和微型机械的速度测量。

此外,平均速度还可以采用测量运动距离和运动时间(两者相除)的方法求取。如在 1-5 节中介绍的用互相关技术检测板材运动速度;又如在公路交通系统中,也常采用图 9-30 所示的用相隔一定间距的两根橡皮管式传感器检测汽车行驶速度。当汽车轮胎压到橡皮管上时,管内空气压力增加,通过管端安装的波纹管发出记时信号。

按物理原理分,速度测量方法有机械式、电气式、光电式、光学式等。通常当速度较高,且要

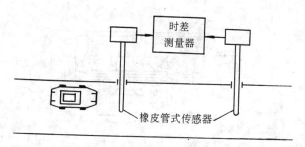

图 9-30 用传感器检测车速

求远距离测量时,都采用电气式测量方法。

二、常用速度测量装置

1. 离心式转速计

离心式转速计是利用旋转体的离心力作用来测量转速的,其原理如图 9-31 所示。在测量转速时,回转轴通过轴端安装的测头与被测轴作无滑动的接触,同被测轴一起回转。由于离心作用,质量块的位置随转速变化,经活套、杠杆、扇齿轮副带动指针在刻度盘上显示出转速数值。分析可知,由于质量块的位移量与回转轴角速度 ω 的平方成正比,因此,刻度盘的刻度是不均匀的。离心式转速计可用于测量 30~18000r/min 或更高的转速,指示精度可达 1%。

2. 动圈式磁电速度传感器

根据电磁感应原理,可动线圈在固定磁场中运动时,线圈中产生的电动势将与线圈的运动速度严格地成正比。线圈的运动形式有直线运动和旋转运动。

在 9-1 节中(图 9-2)介绍了惯性式磁电线速度传感器,该传感器检测的是物体运动的绝对速度。图 9-32 是一种用来测量相对线速度的磁电式传感器,与绝对式速度传感器不同的是,线圈在磁场中的运动是由与线圈连在一起的顶杆推动的。测量时,传感器壳体固定在一个试件上,顶杆顶住另一个试件,两个试

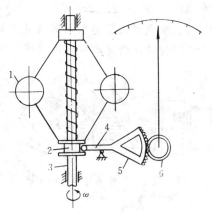

图 9-31 离心式转速计原理
1—质量块;2—活套;3—回转轴;
4—杠杆;5—扇齿轮;6—小齿轮

件之间的相对运动速度通过传感器转换为相应的电压输出。该传感器主要用于测量振动系统的相对振动速度,在测量电路中设置积分和微分环节,也可以测量相对振动位移和振动加速度值。

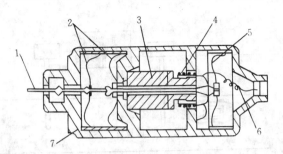

图 9-32　磁电式相对速度传感器

1—顶杆；2—弹簧片；3—磁铁；4—线圈；5—弹簧片；6—引出线；7—壳体

当线圈在恒定磁场中作旋转运动时，其感应的电动势与转速成正比。此时，该传感器的工作原理与直流发电机相同，称作直流测速发电机，它是检测转速最常用的传感器之一。与一般直流发电机不同的是，测速发电机输出电压在额定转速内与转速严格地成线性关系，而且电压灵敏度高。测量时，测速发电机的转子直接安装在与被测转轴同轴的位置上，转轴旋转时，测速发电机电枢中感应的交变电动势通过换向器和电刷输出直流电压。由于采用了电刷结构，电刷摩擦会引起测量误差。此外，环境温度变化会使绕组电阻变化，电枢中的电流会产生附加磁场，这些因素都会引起测量误差。为了减少以上影响，定子应采用高性能的永久磁铁，使磁路足够饱和，负载电流应限制在较小的范围内。

测速发电机的测速范围最高可达 10000r/min，信号可以远传，除了能测量稳定转速外，还可指示瞬时转速情况和发出控制信号。

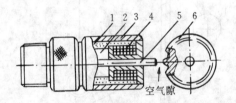

图 9-33　开式磁电转速计的结构

1—导磁体；2—磁钢；3—壳体；
4—线圈；5—芯轴；6—齿轮

3. 磁阻式磁电转速传感器

磁阻式磁电转速传感器是用计数方法测量转速的，其转换原理如 3-6 节中所述。根据磁路的结构形式，传感器分开磁路式和闭磁路式。图 9-33 是开磁路式磁电转速传感器的结构，主要由磁钢、感应线圈以及由导磁材料制成的芯轴和齿轮组成的。测量时，将齿轮安装在被测转轴上，芯轴端对准齿顶并留有一定气隙。磁回路通过芯轴、空气隙、齿轮、外层空气后回到磁钢闭合，当齿轮转动时，由于空气隙发生周期性变化，导致磁路的磁阻产生周期性改变，线圈的感应电动势也产生周期性变化。测量输出电压信号的频率，即可换算成转速。开式传感器结构简单，但由于磁力线要经过外层空气，空气磁阻大，因此输出信号小；另外，当被测对象振动大时，测量也会受到影响。

闭磁路式磁电转速传感器能很好地克服开式结构的缺点，一种闭式磁电转速计的结构如图 9-34 所示。其特点是将能产生空气隙周期变化的内、外齿轮安装在一个机体上；磁回路全部在传感器壳体内部，不经过外层空气；内部磁路都由导磁材料制成，磁阻小。因此，传感器的输出信号大,而且不会受被测体振动的干扰。测量时,传感器通过芯轴联接直接安装在被测转轴上,磁回路由导磁体、内齿圈、感应线圈、空气隙、外齿轮回到磁钢闭合。芯轴转动时,内、外齿相对的空气隙发生周期性变化,从而使磁通变化,在线圈内感应出周期性电动势。

4. 光电式转速传感器

光电式测速方法也是属于计数式测量方法,它是通过光电效应将速度转换成与之对应的脉冲电信号,然后测量在标准单位时间内与速度成正比的脉冲信号的个数。

光电式转速传感器是常用的转速测量装置之一。由于光电测量方法对被测体和传感器本身都没有扭矩损失,因此能测量中、高转速,最高可测 25000r/min。按光信号的传播方式,光电式转速传感器分直射型和反射型两种。

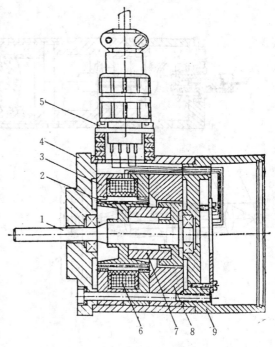

图 9-34 闭式磁电转速计结构
1—芯轴;2—外齿轮;3—内齿圈;4—端盖;
5—接线座;6—线圈;7—磁钢;8—导磁体;9—壳体

直射型光电转速传感器的工作原理很简单,在被测转轴上装一个有均匀分布齿或孔的光调制盘,让光源从齿隙或孔中穿过,直接投射到光敏元件上产生脉冲电信号。如 3-12 节中介绍的光电数字转速表。

反射型光电转速传感器的工作原理如图 9-35(a)所示。在被测转轴上涂有黑白相间的标记,传感器内光源 1 发出的光线经透镜 3 和半透明膜片 4,有一部分反射光通过透镜 2 聚焦在转轴的标记上。当光束照射到白色标记上时,产生反射光,反射光再经过透镜 2 后一部分会穿过半透明膜片 4,经透镜 5 聚焦在光电管 6 上产生电脉冲信号。当转轴以某种速度转动时,根据标记的等分数和单位时间内输出的脉冲数即可求出转速。电信号一般都送到数字测量电路中进行处理和自动计数、显示。图 9-35(b)是反射型光电转速计的结构。

5. 数字式测速仪

图 9-36 是可与计数式速度传感器配套的数字测量电路原理框图,测量电路与各类计数式传感器配在一起,即组成数字式测速仪。

计数式速度传感器输出的信号经放大、整形电路后,形成理想的矩形脉冲信号,再经过门电路至计数器,计数的结果经译码后在显示器上显示出来。计数时间取决于门电路的开启时间,门电路的开关由控制器根据所选择的时基进行控制。时基是由分频器将石英晶体振荡器输

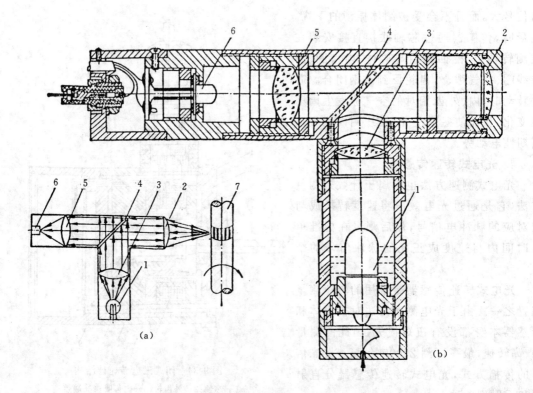

图 9-35　反射型光电转速计的原理和结构

(a)原理图；　(b)结构图

1—光源；2、3、5—透镜；4—半透明膜片；6—光电管；7—被测轴

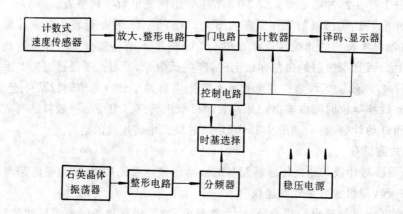

图 9-36　数字式测速仪原理框图

出的脉冲波进行分频得到的。如石英振荡器输出 100kHz 脉冲波,分频器可将它分为 0.1～60 秒的各种不同时间间隔的脉冲波。如果希望测定每分钟的转速,就选择 60 秒时间间隔;若求每秒钟的转速,则选择 1 秒时间间隔。门电路关闭后,关闭前进入计数器的脉冲总数将在显示器上停留一个适当时间,以便观测和记录。其后控制电路发出复原信号,使计数器、译码器、显示器和时基选择器全部恢复到待测位置,此时,显示器的显示值为零。接着控制器又打开门电路,重复上述计数过程。

6. 频闪测速仪

频闪测速仪是一种利用同步式测量方法测转速的装置。其基本组成如图 9-37(a)所示,包括一个能以一定频率发光的闪光管,一个用来点燃闪光管的闸流管触发器,一个频率可调的振荡器,一个用来控制和调节闪光频率的闪光控制环节,频闪次数可以在 100～150 000 次/min 内调节。

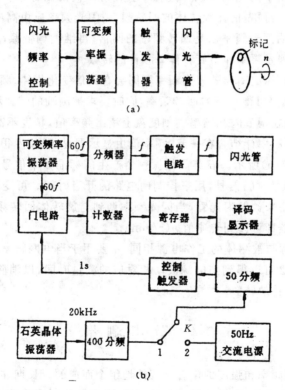

图 9-37　频闪测速仪

(a)频闪测速仪的基本组成;　(b)数字式频闪测速仪原理框图

频闪测速法是利用人的视觉暂留作用来测量转速的。测量时,先在旋转物体上画上一个标记或按不同等分画上标记,将仪器的闪光灯管对着旋转着的标记照射。当闪光频率调节到与被测轴每秒钟转速相同或为其整倍数、整分数时,就可以看到不同的、静止的标记图像,据此可以判断转速的大小。例如,在旋转体上标记为一个白点,当闪光频率与每秒钟转速相同时,由于视觉暂留作用,白点看上去似乎静止不动,显示出一个稳定的白点图像。若连续地调节闪光的频率 f 值,设被测转速为 n 转/分,则会出现不同的标记图像:

当 $f=n/60$ 时,如上所述,会看到静止的一个标记;

当 $Kf=n/60$ 时($K=2,3,4,\cdots$),所看到的标记图像同上;

当 $(1/m)f=n/60$ 时($m=2,3,4,\cdots$),会看到 m 个静止的标记,沿转动圆周均匀分布;

当 $(H/G)f=n/60$ 时(G、H 没有公约数),会看到 G 个静止的标记,沿转动圆周均匀分布;

当 $f>n/60$(略大一点)时,会看到标记逆旋转方向缓慢移动;

当 $f<n/60$(略小一点)时,会看到标记顺旋转方向缓慢移动。

从以上分析可知,由于闪光频率调节过程中会出现不同的图像,稍有不慎,便会出现判断错误。正确的方法应该是:预先估计旋转体的回转频率;闪光频率应由高向低连续调节,当出现两个静止的标记时,说明闪光频率已是回转频率的两倍;再继续调低频率,当第一次出现一个静止标记时,则此时的闪光频率即为旋转体每秒钟的转数。

当标记不止一个时,标记图像随闪光频率不同会有其他变化规律。频闪测速法利用了视觉暂留作用,因此不宜测量 20Hz 以下的回转频率,同时要求被测轴的转速稳定。

老式频闪测速仪是在调节闪光频率的刻度盘上读出频率值,精度不高。新型频闪测速仪是将闪光测速技术与数字频率计结合在一起,频率值由显示器显示,精度很高。数字式频闪测速仪的原理框图如图 9-37(b)所示。石英晶体振荡器产生的标准频率信号经两级分频器和控制触发器后得到 1 秒的测量时间信号,用来控制门电路的开启时间。可变频率振荡器的频率经 60 分频后通过触发电路来触发闪光管,当闪光频率调到与旋转体回转频率一致,即观察到标记图像静止时,由显示器即可读到转速值 n(r/min)。

50Hz 外接交流电源与被测体的工作电源相同,主要用于当电网频率波动较大时保持相对频率一致,即通过开关 2 可以得到与电源波动相对应的测量时间,以消除测量误差,使测量结果仍为电源稳定时每分钟的转数。

9-4　噪声测量

噪声是由许多不同频率和强度的声音无规律地组合而成的。长期在噪声环境中工作和生活的人,会发生语言听力障碍、中枢神经受损等疾病。噪声作为三大公害之一,已引起了世界各工业国的高度重视。机电设备产生的噪声,不仅会影响操作者的身体健康,而且还会增加操作失误。此外,一定频率和声压级的噪声还会影响高精度机电产品的工作性能。因此,噪声是评价机电产品性能的主要指标之一。

一、噪声的度量

噪声是振动能量在空气中的传播,是声波的一种,具有声波的一切特性。和声音一样,噪声的强弱采用声压级、声强级和声功率级来评价。工程中还常常作噪声的频谱分析,并据此寻找噪声源和设法控制噪声。

1. 声压和声压级

声波是一种具有疏密变化的纵波。空气中有声波传播时的波动压强与没有声波传播时的静压强之差值称为声压强,简称声压,用 p 表示。一般声压是指一段时间内波动声压的均方根值,即有效声压。

工程中为了评价的方便,常采用一种相对量值来衡量声压,即声压级 L_p。声压级的数值等于声压 p 与基准声压 p_0 比值的常用对数乘以 20,单位为分贝(dB),即

$$L_p = 20\lg(p/p_0) \quad \text{dB} \tag{9-6}$$

基准声压 p_0 定为 $20\mu\text{Pa}$,是指人耳刚能听到的 1000Hz 纯音的声压,又称为听阈声压。人的听觉范围从 $20\mu\text{Pa}$ 至 10^4Pa,相当于声压级 $0\sim130\text{dB}$。

2. 声强和声强级

噪声的强弱还可以用声波的能量来评价。在声音传播方向上,单位时间内通过单位面积的声能量称声强,用 I 表示,单位是瓦/米^2(W/m^2)。在声场中,不同点处的声强是不同的,它与离开声源的距离平方成反比。

声强级 L_I 也是一种相对量值,等于声强 I 与基准声强 I_0 的比值取常用对数再乘以 10,单位为分贝(dB),即

$$L_I = 10\lg(I/I_0) \quad \text{dB} \tag{9-7}$$

基准声强 $I_0 = 10^{-12}\text{W/m}^2$,又称听阈声强。

3. 声功率和声功率级

声功率也是用来评价声波能量的。与声强不同,它是声源在单位时间内辐射出来的总能量。对声源来说,声功率是恒量,与测量环境无关。声功率用 W 表示,单位是瓦(W)。

声功率级 L_W 是声功率 W 与基准声功率 W_0 的比值取常用对数再乘以 10 的值,单位仍为分贝(dB),即

$$L_W = 10\lg(W/W_0) \quad \text{dB} \tag{9-8}$$

基准声功率 $W_0 = 10^{-12}\text{W}$。

4. 响度和响度级

声压级相同而频率不同的声音听起来不一样响。为了用人的主观感觉来评价噪声的强弱,引出了一个与声强、频率和波形都有关的物理量,称作响度 N。响度的单位是"宋"(Sone)。规定频率为 1000Hz、声压比听阈声压大 40dB 的纯音所产生的响度为 1 宋,且声压级每增加 10dB,响度增加 1 宋。

响度的相对度量是响度级 L_N，单位为"方"(phon)。以 1000Hz 的纯音作为基准声音，若某噪声听起来与该纯音一样响，则该噪声响度级的方值就等于该纯音声压级的分贝值。例如，某噪声听起来与声压级为 85dB 的纯音一样响，则该噪声的响度级就为 85 方。

利用与基准声音相比较的试验方法，以频率和声压级为坐标，找出响度相同的点，就可以画出等响度曲线。等响度曲线是许多声学测量仪器设计的依据。

5. 噪声的频谱

噪声中包含着许多强度不同、频率不同的声音。不同频率成分的噪声，产生的原因不同，影响也不一样。仅仅测量噪声的总强度，还不足以了解噪声的频率成分、产生原因及其影响。

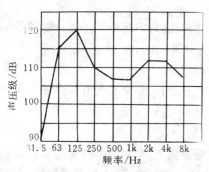

图 9-38　某动力机器的倍频程噪声频谱

因此，还必须了解噪声的强度随频率分布的情况，即噪声的频谱。

由于声音的频率范围较宽，为了分析方便，在整个可闻声的频率范围内(20Hz～20kHz)，可按倍频程或 1/3 倍频程带宽将频率划分成若干个频率带。频率带上、下限频率的几何平均值，即 $f_0 = \sqrt{f_1 f_2}$ 称该频带的中心频率。如按倍频程带宽划分，整个可闻声的频率只划分为 10 段。表 5-1 列出了这 10 个频带的中心频率和频率范围。这样，只需在这为数不多的频带内进行噪声强度分析就可以了。

以各频带中心频率为横坐标，以该频带对应的声压级(或声强级、声功率级)为纵坐标绘制出的图形称噪声频谱。图 9-38 为某动力机器的倍频程频谱。从图中可以很清楚地了解到占主导地位的噪声频率成分，从而为噪声分析和噪声控制提供重要依据。为了准确地寻找噪声源，有时需要采用更窄的频带宽度来分析噪声的频谱。

二、常用噪声测量仪器

声压信号是空气或其他媒质的振动信号，一般要先用传声器将其转换为电压信号，然后送入声级计就可以进行声级的测量。若再配一组带通滤波器，则可以进行噪声的频谱分析。测量和分析的结果可用电平记录仪或磁带记录仪记录下来。

1. 传声器

传声器是一种声-电转换装置，根据其工作原理可分为电容式、压电式、动圈式和永电体式。其中，电容式传声器的性能最好，常与精密声级计配套使用。压电式和动圈式传声器的性能次之，适合与普通声级计配套使用。图 9-39 为电容式传声器的原理图。接收声压信号的是一张拉紧的金属振膜，它相当于变极距式电容传感器的动极板。定极板是图中的背极。在背极上开有若干个阻尼孔，在壳体上开有毛细孔，其作用是抑制振膜的共振振幅和防止振膜破裂。电容两极板上加有直流极化电压 e_0。声压 p_i 变化使振膜振动,从而导致电容传感器的电容量发生变化。从输出端即可取出相应变化的电压信号 e_y。

噪声测量仪器的频率响应特性、灵敏度、测量精度等一般都取决于传声器,因此,传声器的性能对噪声测量结果起着重要的作用。

2. 声级计

传声器输出的交变电压信号要经过放大、衰减、计权、检波等处理。将上述处理电路与传声器、指示器、电源结合在一起,即组成测量声压的声级计。常用的声级计分普通声级计和精密声级计两种。

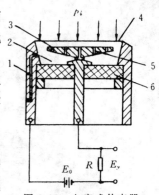

图 9-39　电容式传声器

1—毛细孔；2—内腔；3—背极；
4—振膜；5—阻尼孔；6—绝缘体

精密声级计的工作频率范围为 $20\sim12500\mathrm{Hz}$,整机灵敏度小于 1dB,其工作原理如图 9-40 所示。传声器输出的电压信号先经过适当衰减和输入电压放大后,送入计权网络(选择不同的计权档可以得到不同的声级量);然后再经过输出衰减和放大,

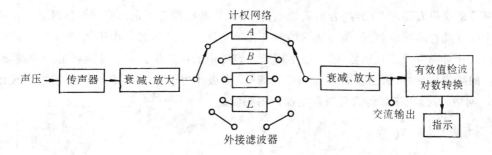

图 9-40　声级计工作原理框图

送入均方根值检波器得到相应的声压级,转换成分贝值后由表头显示。对信号进行两级衰减和放大处理,是为了适应不同量级信号的测量,同时也能提高信噪比。输出放大器的交流信号还可以直接送入其他记录器或频谱分析设备。有的声级计还备有外接滤波器插孔,便于用其他滤波器来进行频谱分析。如果增加一个模/数转换器,则测量结果可以用数字显示出来。

声级计中的计权网络是根据等响度曲线设计的一组具有不同滤波能力的滤波线路。它主要是通过模拟人耳对不同声音的响应来对不同频率的声音信号进行不同程度的衰减。声级计中通常设有 A、B、C 三个计权网络,其计权特性如图 9-41 所示。

A 网络是模拟人耳对 40 方纯音的响应,它使信号的低频和中频段(1000Hz 以下)有较大的衰减。这与人耳对高频声音敏感,对低频声音不敏感的感觉近似,这样,声级计的读数能表达人耳对噪声的感觉。用 A 网络测得的声级来代表噪声的强弱,称为 A 声级,用 L_A 表示,单位记作 dB(A)。

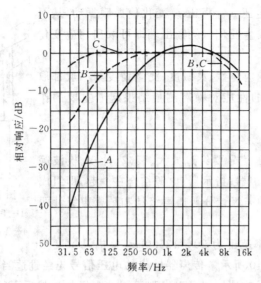

图 9-41　A、B、C 计权特性曲线

　　B 网络是模拟人耳对 70 方纯音的响应,它使信号的低频段有一定的衰减。C 网络是模拟人耳对 100 方纯音的响应,它使所有频率的声音几乎程度一样地通过。由于 B 声级和 C 声级不能表征人耳对噪声的主观感觉,故一般不用来评定噪声的声压级。但在传声器的校准,粗略判断噪声的频率成分时,需测量 B 声级和 C 声级。C 声级还用于噪声的频谱分析。有的声级计还设有 D 网络,专门用来评价人耳对航空噪声的感觉。

三、机床噪声测量

（一）机床噪声源及噪声标准

1. 机床噪声源

　　根据振源的属性,机床噪声一般分为三类,即结构噪声、流体噪声和电磁噪声。

　　结构噪声由机床内各种运动部件,如齿轮、轴、轴承、离合器、皮带、凸轮等运动时的冲击、摩擦、不平衡运转所引起。箱体、罩壳等部件受激发也会产生二次空气声。

　　流体噪声是指机床中的液压、润滑、冷却系统和气动装置所产生的噪声。其原因是液体、气体的流量和压力的急剧变化所引起的冲击使管路、壳体等产生振动;液压系统的空穴和涡流现象引起的振动等。

　　电磁噪声是由于电机嵌线槽数的组合不平衡,绕组节距、转子与定子间空隙不均匀以及电源的电压不稳定所产生的高次谐波;由于磁致伸缩所引起的铁芯振动等。

2. 机床噪声标准

　　由于机床在各工业部门中使用广泛,加之机床朝着高速化、高效化、大功率强力切削和精密化方向发展,因此,机床噪声标准已成为各国关注的重要问题。

我国国家标准(GB9061—88)把噪声列为金属切削机床质量检验指标之一。标准规定,机床在空运转时,高精密机床的噪声声压级不得超过 75dB(A);对精密机床和普通机床,声压级在 85dB(A)为合格品,83~85dB(A)为一等品,81~83dB(A)以下为优等品。对噪声级的测量方法,国家也制定了相应的专业标准。

世界上许多国家对机床的整机噪声标准一般都不作统一规定,而是由制造厂家与用户协商确定,以利于产品的竞争。国际标准化组织(ISO)从保护职工的听力出发,根据在噪声环境下工作的时间,规定了不同的噪声容许标准(ISO1999)。

(二)机床噪声声压级测量

国家标准规定,测定机床总噪声水平以声压级测量为主,即按(ZB J50 004—88)标准测量机床噪声的声压级 dB(A)。

1. 测点布置

测点位置和测点数的选择原则,是使所测得的声压级能客观地反映机床噪声给工作环境和操作者所带来的影响。各国标准的规定大同小异,主要内容是:(参见图 9-42)

(1)测量外迹距离机床外迹投影面 1m;若机床外形尺寸不足 1m 时,距离可缩短为 0.5m。

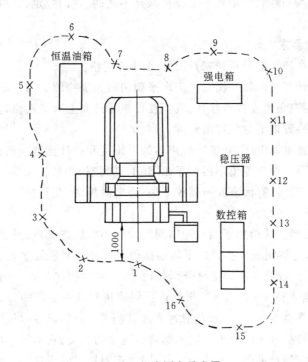

图 9-42 机床测点示意图

(2)测量外迹应圈进各种辅助设施,如电气柜、液压箱、操作台等。辅助设施远离机床时应单独测量。

(3)测点应在外迹上离地平面1.5m处,相当于人耳位置高度。相邻测点间距为1～1.5m。为了避免漏测噪声级最大的点和利于确定噪声的方向,测点数目应足够多,一般应多于5个点。

(4)测点应包括操作位置和操作者常到的位置。

2. 测量条件

测量的环境条件和机床的工作状态,对机床噪声的测量结果都有影响。为此,一般对测量条件作如下规定:

(1)为了减小反射声对测量结果的影响,要求机床外表面距四周声反射表面有一定的距离,一般不少于2m。

(2)应预先测量背景噪声,即包括仪器本身在内的周围环境噪声。各国都规定在机床噪声测量位置上测得的背景噪声应比机床噪声低10dB(A),否则应适当进行修正。

(3)机床应处于正常安装和使用状态。测量时,机床应由冷态逐步达到正常工作温度。应选择机床产生最大噪声时的切削参数或在规定的生产率状态下进行测量。

(4)机床在空运转、加载和切削状态下噪声级是不同的。我国规定,以机床空运转时的测量值作为机床噪声水平。

3. 测量仪器使用要求

测量机床噪声的声压级应采用精密声级计 A 计权网络。

(1)测量时,声级计的传声器在测点上应水平朝向机床噪声源。为了消除操作者身体引起的反射声影响,可利用三角架支撑声级计。气流在传声器外壳上形成涡流,会产生附加噪声,可在传声器前安装防风装置以消除气流的影响。

(2)测量前,应检查电源电压,并校准传声器的灵敏度和指针读数。测量结束后,必须重新校准传声器的指针读数。两次差值不得大于1dB(A),否则所测数据无效。

常用的声级计校准方法有活塞发声器校准法、静电激振法、互易校准法和置换法等。

4. 测量数据处理

声级计分快、慢两档。快档用于测量随时间波动较小的稳态噪声;慢档用于测量波动大于4dB的噪声。测量时,应读出表头指针的平均偏摆值。用慢档测量偏摆大于4dB的噪声时,观察时间不应少于10s。读数值视不同情况分别处理:当指针偏摆在3dB以内时,读数值取上、下限的平均值;当指针偏摆在3～10dB时,平均声压级应按标准中给定的公式进行计算;当指针偏摆超过10dB时,应视为脉冲噪声,改用脉冲声级计测量。数显读数也应参照上述情况处理。

声压级的测量与被测机床的周围环境和测量距离密切相关。在不同环境下,测量结果会产生差异。采用声功率级测量可以克服这个缺点,因为声源辐射的声功率是一个恒量,能客观地表征机床噪声源的特性。我国相应也制定了声功率级测量方法的国家标准。近些年来,国外又在研究声强的测量方法,研制了相应的声强探头和测试仪器,以期取代较繁琐和需要特殊测量环境的声功率级测量方法。

（三）机床噪声频谱分析

一般而言,噪声中各种频率成分都对应着机床中某个具体的噪声源。因此,频谱分析是识别机床噪声源的一种重要方法。

1. 机床噪声频谱测量方法

目前国内外主要采用声压级信号来分析机床噪声频谱,其测量条件与前述声压级测量条件相同。

（1）当不具备所需的频谱分析仪器时,可以利用声级计中 A、B、C 三档计权网络的读数 L_A、L_B 和 L_C 粗略地估计声压级频谱的特征。根据三个网络的滤波特性,当 $L_A = L_B = L_C$ 时,表明噪声中高频成分较突出;当 $L_C = L_B > L_A$ 时,表明中频成分略强;当 $L_C > L_B > L_A$ 时,则表明低频成分占主导地位。一般机床噪声多以中、高频成分为主。

（2）声级计与滤波器、记录仪结合在一起,即可组成频谱分析仪。常用的仪器组合如图9-43所示。对稳态的宽带机床噪声,可选用倍频程和1/3倍频程滤波器。要求分析精度高时,可选用恒百分比带宽和恒带宽、窄带滤波器频谱分析仪。对脉冲噪声,还可选用实时频谱分析仪。为了客观地反映噪声中所有频率成分的强度,测量时声级计不采用计权网络,而将旋钮对准线性档 L 位置。

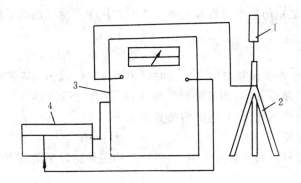

图 9-43　噪声频谱分析仪器的组合示意图
1—传声器；2—三角架；3—频率分析仪；4—电平记录仪

2. 机床噪声源分析

机床噪声主要是机件的冲击、摩擦和其他交变力引起振动而产生的。通过计算可以求出各声源的频率特性,如轴的回转频率、各级传动齿轮的啮合频率、由轴的回转频率与齿轮啮合频率相互调制而产生的上下边频、轴承的噪声频率、电动机的噪声频率等。此外,由于机件具有一定的质量、弹性和阻尼,噪声源的发声频率还与机件的固有频率有关。通过理论计算或激振试验,可以求出它们的频率响应特性。将所掌握的机床各声源频率特性与噪声频谱图中的主要峰值相对照,即可初步确定各峰值所对应的主要声源。

某卧式镗铣床在空运转和主轴达到最高转速($n=1036$r/min)的情况下噪声最大,此时整机的噪声频谱如图 9-44 所示。从图中可以看出,在整个频率范围内,630 至 3000Hz 之间噪声的幅值较大。其中有几个明显的尖峰,如 685Hz、960Hz、1165Hz、1370Hz 和 2740Hz 等。通过对

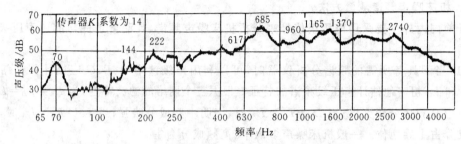

图 9-44　镗铣床整机噪声频谱($n=1036$r/min)

机床各级传动齿轮啮合频率的计算和分析比较,可以初步确定主要噪声源是变速箱和主轴箱中的弧齿锥齿轮。为了进一步验证分析结果,还可以采取分段分析方法,如可以逐级断开各传动链分别进行评价测量。找出主要噪声源后,采取针对性措施,消除有缺陷零部件的噪声影响,从而降低整机的噪声水平。

机床噪声测量方法中的基本原则和基本要求也适用于其他机电设备的噪声测量。

四、声强测量及其工程应用

声强 I 是在垂直于声音传播方向上单位时间内通过单位面积的声流能量。由于声强具有指向性特征,是一个矢量,同时对测量环境要求不高,因此,声强测量的工程应用范围很广,如可用于声源定位、声功率测量、材料的声学参数测量等。

1. 声强的测量方法

(1)根据声强定义导出的测量方法中,可以采用声压传感器来测量声强。

由声强的定义,有

$$I = \frac{能量}{面积 \times 时间} = \frac{力 \times 距离}{面积 \times 时间} = 声压 \times 速度$$

在声音传播的 r 方向上,声强可以用下式来描述:

$$I_r = \frac{1}{T} \int_0^T p(t) v_r(t) \mathrm{d}t \qquad (9\text{-}9)$$

式中,T 为测量时间;$p(t)$ 为瞬时声压;$v_r(t)$ 为媒质质点在 r 方向上的瞬时速度。

根据声场理论,质点的瞬时速度可以通过测量声压值近似得到,即

$$v_r = -\frac{1}{\rho \Delta r} \int (p_A - p_B) \mathrm{d}t \qquad (9\text{-}10)$$

式中，p_A、p_B 为在 r 方向上相距 Δr 的 A、B 两点处的声压值；Δr 为间距，应比声波中最短的波长小许多；ρ 为媒质密度；负号表示质点由声压值大的 B 点向声压值小的 A 点流动。

若取 $p(t)$ 为 A、B 两点的平均声压，$p(t)=(p_A+p_B)/2$，则式（9-9）可化为

$$I_r = -\frac{1}{2T\rho\Delta r}\int_0^T\left[(p_A+p_B)\int(p_A-p_B)\mathrm{d}t\right]\mathrm{d}t \tag{9-11}$$

根据式（9-11）设计的声强计原理框图如图 9-45 所示。将 A、B 两传声器获取的信号分别经过放大、A/D 转换和滤波后，两者相加得到 $p(t)$，两者相减并积分得到 $v(t)$。最后对 $p(t)$ 和 $v(t)$ 的乘积进行平均处理，即得到声强 I_r。

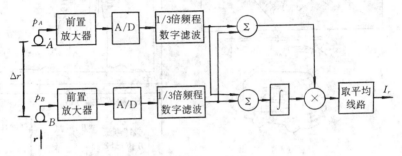

图 9-45　声强计原理框图

（2）声强还可以用在 r 方向上相距 Δr 的两点处声压值的互功率谱密度函数来求取，称为互功率谱声强测量法。该方法要求配用能进行 FFT 分析的信号处理机，间距 Δr 亦应小于声波中最短的声波波长。此外，要求传声介质的动力学特性是线性、各向同性的；无粘性、无介质流动；无其他声源干扰。

2. 声强测量的工程应用举例

图 9-46 是利用声强测量的定向特性进行环境噪声监测和分析的示意图。在工厂密集区，往往存在着许多噪声源。环境保护部门需要找出主要噪声源，并对其进行监测和控制。图（a）表明，通过环境保护测量车上的声强测量系统，在 ±90° 的方位内对声场进行定向测量，结果发现主要噪声源集中在 −52° 方位的 A 声源和 −30° 方位的 B 声源处。图（b）是根据声场测量数据，按频率、幅值和方位画出的三维声强谱图。图中可明显见到，在 −52° 方位上，频率在 450Hz 和 600Hz 附近有最大的突峰，这是 A 声源造成的。为了进一步分析 A 声源的性质，提供寻找具体噪声源的依据，图（c）单独显示了 −52° 方位上的声强谱，可知主要峰值有 400Hz、452Hz 和 610Hz。图（d）是在方位坐标上分析 450Hz 噪声分量的情况，表明 A、B 声源分别对该频率噪声的影响。其中，A 声源占总声强的 40%，是噪声控制的主要目标。

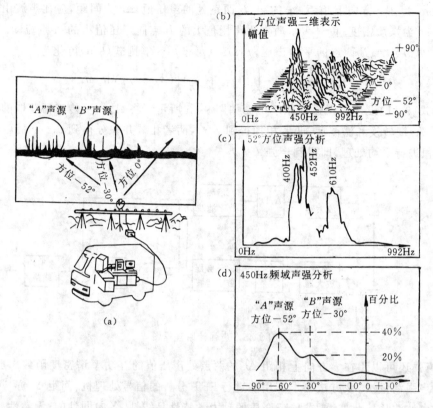

图 9-46　环境噪声的监测与分析

9-5　温度测量

温度是表征物体冷热程度的物理量。在工业生产、工业自动化过程和各种机电一体化技术及产品中,温度是测量和控制的重要参数之一。

一、温标及测温方法分类

1. 国际实用温标和国际温标

衡量温度的标准尺度称温标。各种各样温度计的示值都是由温标决定的。

在温度计的发展史上,曾采用过几种温标,如摄氏温标、华氏温标、列氏温标和国际实用温标。随着生产和科学技术的发展,需要进一步完善和统一温标。1968 年国际计量委员会在以往国际温标的基础上,提出了 1968 年国际实用温标,简称 IPTS—68。我国自 1973 年 1 月 1 日起正式采用 1968 年国际实用温标。

1968 年国际实用温标有国际实用开尔文温度和国际实用摄氏温度。国际实用开尔文温度用 T 表示,单位是开尔文(K);国际实用摄氏温度用 t 表示,单位是摄氏度(℃)。两种温度的换算公式为

$$t(℃) = T(K) - 273.15K \tag{9-12}$$

国际实用温标不断地接受评定,第 18 届国际计量大会和第 77 届国际计量委员会决定自 1990 年 1 月 1 日开始,国际上正式采用国际温标(ITS—90)。国际温标同时定义国际开尔文温度 $T(K)$ 和国际摄氏温度 $t(℃)$,两者之间的换算关系同式(9-12)。我国将有计划、分阶段、逐步地实施国际温标(ITS—90)。

2. 测温方法分类

工业生产中广泛应用着各种测温方法。各种方法的测温原理、所用的感温元件、测量电路和使用方法都不尽相同,各种方法都有自己的特点和一定的使用范围。

(1)按测温原理和所用的感温元件不同,测温方法分为膨胀式、压力式、电阻式、热电式和辐射式五大类。

膨胀式温度计有玻璃温度计和双金属温度计,见图 9-47。玻璃温度计是利用玻璃感温包内的测温物质(水银、酒精、甲苯、煤油等)热胀冷缩的原理来进行温度测量的。温度值用刻度显示,测温范围为 $-200 \sim 600℃$。双金属温度计是采用膨胀系数不同的两种金属片牢固地粘合在

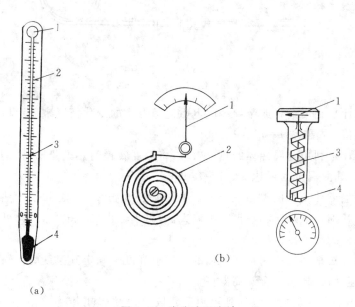

(a)

(b)

图 9-47　膨胀式温度计

(a)玻璃液体温度计　　　　　(b)双金属温度计

1—膨胀室;2—刻度;　　　　1—指针;2—盘形双金属片;

3—毛细管;4—温包　　　　3—螺旋形双金属片;4—轴承

一起作为感温元件,温度变化时,通过金属片的弯曲变形带动指针来指示相应的温度。其测温范围一般为—80～600℃。

　　压力式温度计是由温包、毛细管和弹簧管组成的一个封闭系统,里面充满感温物质,见图9-48。温包放入被测介质中,当温度发生变化时,封闭系统中的压力随之变化,通过弹簧管的变形带动指针指示相应的温度。其测温范围为—80～500℃。

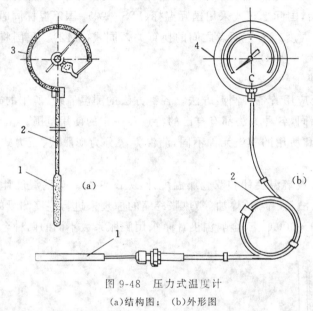

图 9-48　压力式温度计
(a)结构图；　(b)外形图
1—温包;2—毛细管;3—弹簧管;4—表头

　　电阻式温度计是利用金属或半导体的电阻值随温度的变化情况来显示相应的温度值。其输出信号是电阻值,测温范围一般在—200～600℃。

　　热电式温度计是利用金属导体的热电效应,将温度转换为热电势输出。热电势的大小反映被测温度的高低,其测温范围可达—271～1800℃。

　　以上几类测温方法所用的测温仪器,结构简单、使用方便、性能可靠、价格便宜,在工业生产中广泛应用。特别是电阻式和热电式测温方法,由于输出的是电量,因此可以通过导线从被测场所引出进行遥测和遥控。

　　辐射式测温方法是通过检测被测物体的热辐射强度来确定其温度的。辐射式测温法的测温范围宽、响应速度快,特别适合于高温测量。

　　此外,近些年来一些新技术也用到了测温领域,如光纤温度传感器、胶膜热电管温度测量仪等。

　　(2)按测温元件是否与被测物体接触,测温方法分为接触式测温方法和非接触式测温方法。

接触式测温法是将测温元件与被测物体直接接触,使两者进行热交换,达到热平衡后,测温元件的输出即为被测物体的温度值。使用膨胀式、压力式、电阻式和热电式温度计测温,都属于接触式测温方法。

在某些测温现场条件受到限制的情况下,如高温、腐蚀环境,被测物体处在运动状态,被测物体的热容量小等情况下,不允许测温元件直接接触被测物体,则可采用非接触式测温方法,如采用辐射式测温方法。

二、电阻式温度计

电阻式温度计的感温元件有金属丝制成的热电阻和半导体材料制成的热敏电阻两类。感温元件配上引出导线和显示仪表即组成了电阻式温度计。

1. 金属热电阻温度计

图 9-49 所示为电阻温度计的基本组成,其关键部件是热电阻。按热电阻的构造不同,分普通热电阻和铠装热电阻。

(1)普通热电阻由电阻体、保护套管和接线盒等主要部件组成,结构如图 9-50 所示。其中,对电阻体的要求最高。电阻体由电阻丝和专用的骨架组成。

有许多金属材料可以用来制造有实用价值的热电阻丝。一般对热电阻丝的要求是:材料的电阻温度系数和电阻率要大,热容量要小;在测温范围内,物理和化学性质稳定;电阻随温度的变化最好呈线性关系;有良好

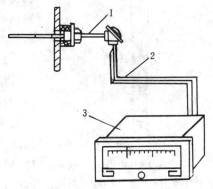

图 9-49　电阻温度计的组成
1—热电阻;2—连接导线;3—显示仪表

的复制性,容易加工,价格便宜等。现在工业上广泛应用的有铂电阻和铜电阻,其次有铁、镍等金属丝制成的电阻。低温或超低温测量时还用到铟、锰、碳等材料。

工业用的热电阻是由国家统一按标准生产的标准化热电阻。它们具有规定的 0℃电阻值 R_0 和电阻温度系数,有一定的允许误差,有统一的电阻-温度关系表,有统一生产的配套仪表。标准化铂电阻(型号为 WZP)一般用 0.03~0.07mm 的裸体铂丝绕制而成。其 R_0 值有 46Ω 和 100Ω 两种,与之相应的电阻-温度关系表也有两种,分别用分度号 Pt_{50} 和 Pt_{100} 表示。配套的显示仪表和其他二次仪表也按相应的分度号选用。标准化铜电阻(型号为 WZC)是用直径为 0.1mm 的漆包铜丝绕制而成。其 R_0 值为 53Ω,分度号为 Cu_{50}。铜电阻仅适合于在 150℃以下的低温段使用,温度过高时易氧化。

电阻体的骨架用绝缘性能好、膨胀系数小、耐高温的材料制作,如云母、石英、陶瓷、玻璃、塑料、胶木等。铂电阻的骨架,在 500℃以下常用云母或玻璃制成,在 500℃以上常用石英制作。铜电阻的骨架则用塑料或胶木制作。铂电阻的骨架一般做成长平板形,铜电阻的骨架则一般做成圆柱形。

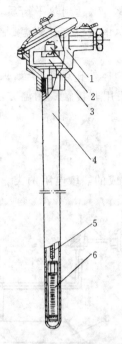

图 9-50　热电阻的结构

1—接线盒；2—接线柱；3—接线座；
4—保护管；5—绝缘子；6—电阻体

（2）铠装热电阻是将金属保护管、绝缘材料和电阻体三者组合在一起经冷拔、旋锻加工而成的新型热电阻，其结构见图 9-51。与普通热电阻相比，铠装热电阻的测温时间响应快，时间常数小，抗冲击性能好，使用寿命长，而且测量头可以向任意方向弯曲。

（3）热电阻测量电路一般为电桥，即将热电阻作为一个桥臂接入桥路中，电桥的输出由表头显示。热电阻接桥方式有图 9-52 所示的两线制和三线制两种。两线制接法简单，但热电阻引线全部接入一个桥臂中，易产生附加电阻，引起测量误差。因此，应使引线电阻值大大低于 R_0 值。三线制接法将两条引线电阻分别加到相邻两桥臂中，测量时可以自行补偿，消除由附加电阻引起的测量误差。

2. 半导体电阻温度计

用半导体材料制成的热敏电阻，除了具有抗腐蚀、灵敏度高、响应快等优点外，而且体积小，制造工艺简单，价格便宜，可以制成各种形状，如珠形、杆形、圆形、薄片形等。图 9-53 所示为用珠形热敏电阻作感温元件的半导体点温计，常用来在现场测量 $-50 \sim 350 ℃$ 范围内的"点"温、表面温度和快速变化的温度。点温计的工作原理如图 9-54 所示。热敏电阻 R_t 与 R_1、R_2、R_3 组

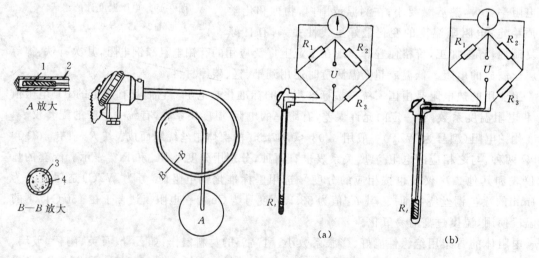

图 9-51　铠装热电阻

1—电阻体；2—金属套管；3—引出线；4—绝缘材料

图 9-52　热电阻测量线路

(a)两线制接线方式；　(b)三线制接线方式

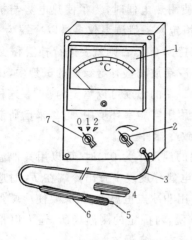

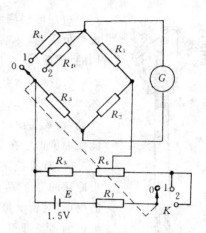

图 9-53　半导体点温计

1—显示仪表；2—调整旋钮；3—连接导线；

4—笔套；5—感温元件；6—测量笔；7—切换开关

图 9-54　半导体点温计的工作原理

成电桥，R_4 为电桥输出校准电阻，R_6 为电桥输入电压调节电位器。先置开关 K 在位置 1 上，调节 R_6 使电表 G 的指针指到满刻度。测量时，转换开关 K 到位置 2 上，由于此时 $R_t \neq R_4$，电桥偏离初始状态，指针显示值即可表达由 R_t 检测到的温度值。

由于半导体热敏电阻的电阻值随温度变化呈非线性关系，而且温度较高时电阻变化率很小，热稳定性也差，因此测温范围有限，但在日常生活的温度计量方面该温度计得到了广泛应用，如用于家电产品、办公自动化产品、汽车产品等的温度测量和自动控制。

三、热电偶

热电偶是应用很普遍的一种接触式温度传感器，测量精度高，测温范围宽，能进行远距离和多点测量。热电偶传感器的工作原理见 3-9 节。

1. 热电偶的基本类型

工业上通常选用一些热电性能好、物理和化学性能稳定、便于加工的金属材料来制造有实用价值的热电偶。目前已标准化的热电偶有铂铑-铂热电偶（型号 WRP，测温范围 0～1300℃）、镍铬-镍硅热电偶（型号 WRN，测温范围 0～900℃）、镍铬-考铜热电偶（型号 WRK，测温范围 0～600℃）和铂铑 30-铂铑 6 热电偶（型号 WRR，测温范围 300～1600℃）。

热电偶的外形各式各样，但基本结构都相同，主要由热电极、绝缘套管、保护套管和接线盒等组成。图 9-55 所示为普通型工业热电偶的结构。同电阻式温度计一样，热电偶也可以做成铠装式。

2. 热电偶冷端温度补偿办法

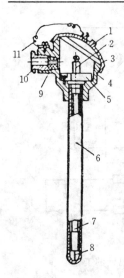

图 9-55　普通热电偶
结构

1—盖;2—接线柱;
3—盖的密封圈;
4—接线盒;5—接线座;
6—保护管;7—绝缘管;
8—感温元件;
9—出线孔密封圈;
10—出线孔螺母;
11—链条

由热电偶测温原理可知,使用热电偶时,为了使热电势与被测温度成单值关系,冷端温度应保持恒定。一般测温仪多是以冷端为 0℃ 时刻度的,因此,使用时应使冷端保持为 0℃,否则就要进行补偿和校正。

(1)冷端冰点恒温法,即将冷端放在盛有绝缘油的试管中,试管放入冰水混合的保温容器中,这样,冷端的温度可以恒定为 0℃。这种方法精度高,但现场使用不方便,一般用于实验室环境中。近年来已研制出一种能使温度恒定在 0℃ 的半导体致冷器件。

(2)计算校正法,即当冷端的温度不为 0℃ 时,可以用其他温度计测出冷端的温度 T_0,然后从该热电偶分度表中查出冷端在 T_0 时应该加上的校正值。由此可知,还可以采用非冰点恒温方法,只要使冷端保持一个恒定的温度即可。为了使用方便,对固定的测温场所,还可以根据校正值,将仪表先行调零,但这样会存在一定误差。

(3)补偿导线法,即将冷端用引出导线延长至温度波动很小的地方,再接入测量仪表。引出导线称补偿导线,它可以用廉价的金属制成,但要求在 0～100℃ 范围内与所连热电偶材料具有相同的热电性能,使用时极性不能接错,否则会有测量误差。

(4)补偿电桥法,即在热电偶测温回路中串联一补偿电桥,如图 9-56 所示。补偿电桥的桥臂电阻为 R_1、R_2、R_3(由电阻温度系数小的锰铜丝绕制)和 R_{Cu}(由电阻温度系数大的铜丝绕制),热电偶冷端和电桥处于相同的温度环境中。若电桥在 0℃ 时已调平衡,则 a、b 两点的电位相等,电桥对热电偶的测量结果不会有影响;当冷端温度升高时,热电偶会产生附加热电势 ΔE_t。与此同时,电桥也会由于 R_{Cu} 阻值增大而产生不平衡电位差 ΔE_{ab}。ΔE_t 与 ΔE_{ab} 极性相反,设计时,可以使 $\Delta E_t = \Delta E_{ab}$,这样,电桥的电位差正好补偿了由于冷端温度变化所引起的测量误差。

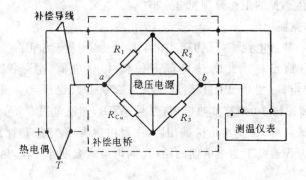

图 9-56　补偿电桥法

3. 热电偶测量线路

图 9-57 表达了几种常用的基本测温线路。图(a)用于测量某点温度;图(b)是测两点间温差的线路,两支同型号的热电偶反向串联,则仪表的示值即为 T_1 和 T_2 的差值;图(c)和图(d)则是将几支同型号的热电偶的正、负极依次串联或正、负极分别并联在一起来测几点的平均温度;图(e)所示线路是在测量回路中接入与热电偶电动势极性相反的基准电动势,用以测量温度的偏差值。以上测温线路都采用与热电偶配套的动圈式仪表显示温度值。

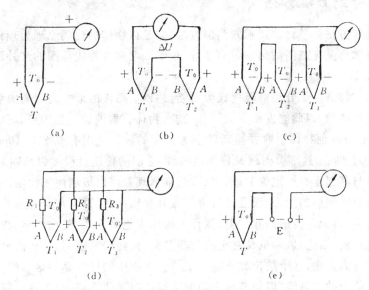

图 9-57　基本测温线路

图 9-58 是利用与热电偶配套的电子电位差计组成的自动测温显示系统原理。热电偶产生

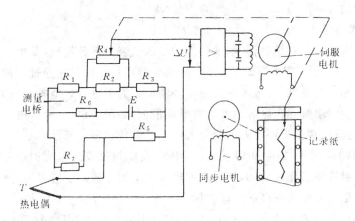

图 9-58　自动电子电位差计测温系统

的热电势与测量桥路输出的已知电位差反向串接相比较,产生一个极性可正、可负的差值电压 ΔU,经放大后驱动伺服电机正转或反转。伺服电机一方面驱动记录装置的记录笔运动,另一方面也带动桥路中滑线电阻的触点移动,使电位差逐渐与热电势平衡,直至 $\Delta U = 0$,伺服电机停止转动。当热电势又发生变化时,系统则重复上述过程,实现自动测量和记录。这种自动平衡式测量仪表,响应快、精度高、能连续记录,在工业生产和科研工作中应用广泛。

四、热辐射式测温方法

热辐射式测温方法是一种非接触式测温方法,它是以物体的热辐原理为理论依据的。常用类型有用于高温和可见光范围的热辐射温度计、用于低温和红外线范围的红外测温仪。

1. 热辐射原理

任何受热物体都有一部分热能转变成辐射能,并以电磁波的形式向四周辐射。不同的物体是由不同的原子组成的,因此能发出不同波长的波。物体辐射波长的范围可以从 γ 射线一直到无线电波,其中能被其他物体吸收并重新转变为热能的波长范围有 $0.77\sim40\mu m$ 的红外线和 $0.4\sim0.77\mu m$ 的可见光。这部分射线又称作热射线,它们的传递过程称为热辐射。发热物体放出辐射能的多少与其温度有一定的关系,因此,热辐射现象可以被利用来测温。

物体不仅具有热辐射的能力,而且还具有吸收外界辐射热的能力。若物体能吸收落在该物体上的全部辐射能,而无任何透射和反射,则称该物体为绝对黑体,简称黑体。物体的辐射能力与其吸收能力成正比,因此,黑体也具有全波长辐射能力。经研究表明,黑体的全辐射能量与其绝对温度的 4 次方成正比,这个结论称全辐射定律。工程中的材料都不是黑体,它们只能吸收和辐射部分波长范围的辐射能,但仍遵循全辐射定律。与黑体比较,对工程材料还要考虑一个表明不同辐射能力的折算系数,即黑度 $\varepsilon(\varepsilon<1)$,通常用实验方法测定。

根据全辐射定律设计的测温仪表有测量高温和可见光范围的全辐射高温计,以及测量低温和红外线范围的红外测温仪。

2. 全辐射式高温计

全辐射式高温计由辐射感温器、辅助装置和显示仪表三部分组成,其中主要部件是辐射感温器。图 9-59 所示为国产 WFT-202 型辐射感温器的结构。辐射能通过物镜聚焦在由多对热电偶串联而成的靶形热电堆上,被转换为热电势输出。为了更有效地吸收辐射热能,每对热电偶的热端在靶心位置上都焊在涂有铂黑的瓣形镍箔上,如图 9-60 所示。热电堆前装有补偿光栏,用来补偿热电偶冷端由于环境温度变化而引起的示值误差。补偿光栏是一组均匀分布的、由双金属片控制的遮光片,如图 9-61 所示。当环境温度超过设计温度时(一般为 20℃),双金属片的弯曲变形会带动遮光片移动,使射入的辐射能增加。辅助装置主要是一些冷却、防护装置。显示仪表一般为动圈式或自动平衡式仪表。

全辐射式高温计通常用来测量 $100\sim2000$℃范围内的温度,其结构简单,使用方便,性能稳定,输出电信号可以远传,对被测量没有干扰。但由于仪表的分度是以黑体的辐射能与温度

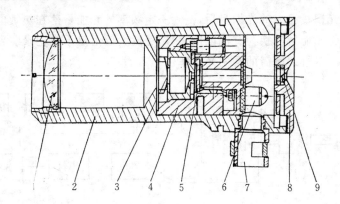

图 9-59　WFT-202 型辐射感温器结构

1—对物透镜；2—外壳；3—补偿光栏；4—座架；

5—热电堆；6—接线柱；7—穿线套；8—盖；9—目镜

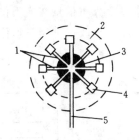

图 9-60　热电堆结构

1—热电偶；2—云母环；3—靶心；

4—烤铜箔；5—引出导线

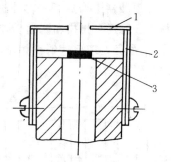

图 9-61　补偿光栏原理

1—遮光片；2—双金属片；

3—热电堆

之间的关系进行分度的，测量非绝对黑体时，示值温度将低于被测真实温度，因此，还要考虑被测体的黑度 ε 进行换算。

若用光敏电阻代替热电堆，则可制成光电式辐射高温计。因光敏电阻有一定的敏感光谱区间，所以该温度计又称为部分辐射高温计。

3. 红外测温仪与红外热像仪

红外测温仪的原理与辐射高温计相同。其辐射感温器又称红外探测器，能将红外辐射能转化为电能。按转换原理分，探测器有热探测器和光子探测器。热探测器的感温元件有热电堆和热敏电阻；光子探测器的感温元件是光敏电阻。由于红外测温仪具有光谱选择性，因此属于部分辐射温度计。

图 9-62 是热敏电阻红外测温仪的工作原理框图。被测体的热辐射由光学系统聚焦，通过

由两块扇形动、定光栅板组成的光栅盘后,变为一定频率的光能量落在热敏电阻探测器上。热敏电阻接入电桥,将光能量转换为交流电压信号,经放大后由显示或记录装置输出。调制电路控制动光栅板转动,以得到所需的调制光频率。

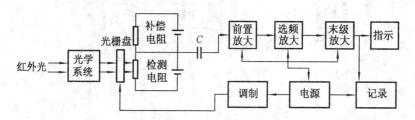

图 9-62 热敏电阻红外测温仪

红外热像仪是在红外测温仪的基础上发展起来的一种新型测温仪器,它能将被测物体的温度分布情况转换成可视的二维热能图像,其工作原理如图 9-63 所示。与红外测温仪不同,热像仪的红外探测器中增加了一对能进行垂直和水平扫描的光学机械扫描器,扫描器在平面内对被测物体进行逐点扫描和测温。探测器将扫描获取的物体温度分布信息变换为按时序排列的电信号,信号经处理后送到视频显示器中显示出热能图像。红外热像仪可用于物体表面温度场的探测和研究。

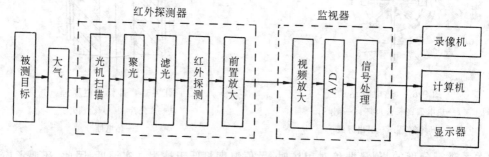

图 9-63 红外热像仪原理框图

20 世纪 70 年代以来,红外测温技术和红外热像诊断技术在工程中得到愈来愈广泛的应用,取得了很好的效果。

五、机床温升测量

机床在加工过程中,所消耗的能量大部分转变为热能,分布到工件、刀具、切屑及机床的各个部位上。由于热源分布不均匀和机床结构的复杂性,在机床中将形成各部位温升不均匀的温度场,从而引起机床的热变形。统计表明,在现代机床加工工件的制造误差中,由热变形引起的误差比例高达 50% 以上。因此,对高精度机床、自动机床及数控机床来说,机床的热稳定性显得非常重要。测量机床温升及其分布,可以帮助找出主要热源,以便采取散热措施或提供改进机床设计的依据。

测量机床温升时,应先初步估计机床的主要热源,以主要热源所在部位以及对机床精度影响较大的热变形部件作为实测对象。例如,普通车床的主轴箱是主要热源,主轴箱与床身的热变形对机床几何精度影响较大,因此,测温点主要选在这两个部件上。

对机床箱体、床身等外表面的测温点,可手持半导体点温计进行测量;也可以用热电偶检测,将热电偶的热端用各种焊、粘或加压方法固定到测温点处,使其与表面等温部分紧密接触。对机床内部的测温点,可预先埋置热电偶或其他热敏元件进行测量,测温点应尽量选在静止部件上,并注意连线的保护和绝缘。对有些内部测点,如主轴轴承、摩擦离合器等,还可以采用光纤辐射测温技术,用光导纤维将热辐射信号引出机外送入探测器中进行测量。对回转体温度的测量,则需要采用一些专门的方法将热电势从回转体上引出,如可以采用遥测发射装置、滑环与电刷装置、旋转变压器等。

多点测量时,应在测温点处标注编号并绘制相应的记录草图。测量时,采用多路转换开关依次对各点进行测量。一种多点数字电压表可以巡回检测 40 路 0~60V 电压,并以数字输出至打印机打印出结果。40 路巡回检测一次,仅需 8s 的时间。微机测温系统在机床测温中也得到了应用,以微处理器为中心,配以多路转换开关电路、A/D 转换电路、数据处理软件和采样控制软件等,就可组成一套微机测温系统。

对机床各部位的温升分布情况,通常可用温度场来描述。机床在升温过程中,各点的温度是随时间而变化的,在此期间内实测的温度场称不稳定温度场。当热源的发热量与散热量达到动态平衡时,各部位便停止升温,这时的温度场称稳定温度场。此时,机床热变形达到某一稳定值,称热平衡状态。机床达到热态稳定所需的时间称热平衡时间。一般认为,机床温升低、温度分布均匀、热平衡时间短,则该机床的热态特性好。

测量从机床的冷态开始,采用空运转方式升温。测量的时间间隔通常为 10min 至 1h,一般在测量开始时间隔短些。可预先估计被测机床的热平衡时间,并作为观测时间,测量工作至无显著温升时结束。根据测量数据,可以绘制出各测点的温升-时间关系曲线和机床热平衡时的等温曲线图。图 9-64 为某车床在 600r/min 的转速下,运转 4h 后各测点的温升及根据插入法画出的等温曲线。从等温曲线图中可以清楚地看到,主轴的前轴承为主要热源,温升达 40.3℃;后轴承为次要热源,温升为 25.6℃。

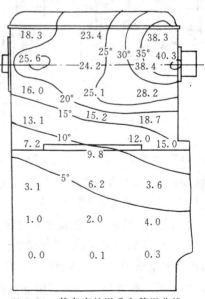

图 9-64　某车床的温升和等温曲线

车床主轴箱和床身的温度场还可直接用热像仪进行测量和显示。

六、切削温度测量

切削或磨削产生的大量热能除了引起机床和工件的热变形外,还会导致工件表层金相组织发生变化,产生烧伤、裂纹;使刀具温度升高,使用寿命下降,产生加工误差。因此,对切削温度进行测量和监控是必要的。此外,通过切削温度的测量,还可以对切削热的产生机理、切削温度的分布规律进行研究。

1. 用热电偶法测量切削温度

用热电偶测量切削温度是一种常用的方法,根据热电偶电极的构成方式,可分为人工热电偶法、半人工热电偶法和自然热电偶法。

人工热电偶法是直接将热电偶热端埋入工件表面层或埋入刀具切削刃附近的刀面进行测量。这种方法可以用来测量工件、刀具的温度分布,但有一定的测量误差。

半人工热电偶法是利用一种金属丝与工件构成热电偶或用金属丝与刀具构成热电偶。将金属丝埋入工件或刀具的测温点处,可以测量工件或刀具的温度分布情况。

自然热电偶法是直接将刀具和工件作为热电偶的两极,用来测量刀具与切屑接触处的平均温度。图 9-65 表示了用自然热电偶法测量车削温度的一种装置。从旋转的工件上引出热电

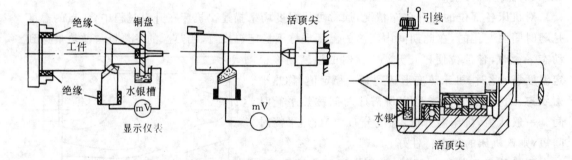

图 9-65 用自然热电偶法测车削温度

势需要采用集流环装置。由于用炭刷和铜环组成的固体集流环会产生附加热电势和增加接触电阻,图示装置采用了水银槽集流和带有水银槽的活顶尖。水银槽集流可以减少发热和接触电阻,但水银蒸气有毒,应注意密封。

2. 用红外测温技术测量磨削温度

为了测量磨削温度,以往的做法是在工件表面预埋热电偶来测量。这种方法不但操作困难,而且测量结果只能表达磨削区的平均温度,不能得到磨削交界面的最高温度。现在,用红外测温技术可以很方便地解决磨削测温问题。

图 9-66 所示为用具有光子探测器的红外测温仪直接测量磨削火花的温度。由于磨削火花

的温度与磨削区的温度之间存在着密切的联系，两者随磨削条件改变的变化规律也是一致的，因此，可以用火花温度信号对磨削温度进行在线测量和对工件表面的磨削质量进行在线监控。

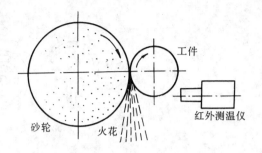

9-6　压力测量

工程中流体介质对容器、管道及其他元件的压力是一个需要经常检测的物理量。压力测量在

图 9-66　用红外测温仪测量磨削温度

液压、气压传动与控制中，在液压元件和系统性能试验及其他一些领域中都有十分重要的应用。压力也是反映流体本身状态的一个很重要的参数。

工程中习惯上称的压力概念实际上是物理学中的压强，即气体或液体介质垂直作用在单位面积上的作用力。压力的单位为帕(Pa)，$1Pa=1N/m^2$。介质垂直作用在容器单位面积上的全部压力(包括大气压)称绝对压力，绝对压力值与大气压力值之差称为表压力。工程中压力测量多采用表压力作为指示值，当表压力为负值时，又称为真空度。

一、压力敏感元件

压力测量与力测量有许多共同之处。各种压力计和压力传感器多采用弹性变形法，将压力先转换为位移量。能感知压力的弹性元件称压力敏感元件。压力传感器中的敏感元件都是一些特定形式的弹性元件(如图 9-67 所示)，常用的有弹簧管、膜片和波纹管三类。此外，使用时也有将两个弹性元件组合在一起，构成组合式弹性敏感系统。在被测流体的压力作用下，这些元件将产生位移或应变。

1. 弹簧管

弹簧管又称波登管，它利用管的曲率变化或扭转变形将压力变化转换为位移量。常用的弹簧管类型有 C 型、螺线型、麻花型及螺旋型等。弹簧管的截面均做成非圆形，如椭圆形和扁圆形。管的一端密封，一端开口。当管内通以被测流体时，在压力的作用下，管的截面力图变为圆形，但由于管的外表面和内表面的长度都不会改变，这样势必会使管的自由端产生位移。自由端位移与作用压力在一定范围内呈线性关系。

2. 膜片

膜片是用弹性材料制成的圆形薄片，主要形式有平膜片、波形膜片和悬链式膜片。应用时，膜片的边缘刚性固定，在压力作用下，膜片的中心位移和膜片的应变在小变位时均与压力近似地成正比。两个膜片边缘对焊起来，构成膜盒；几个膜盒连接起来，可以构成膜盒组以增大输出位移。

3. 波纹管

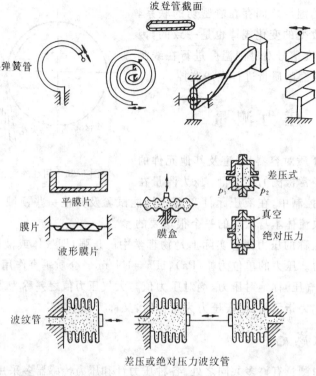

图 9-67 弹性压力敏感元件

波纹管是一种表面上有许多同心环状波纹的薄壁圆筒。波纹有单层和多层之分,波纹管有无缝和有缝两类。制造波纹管的材料为弹性比较好的合金材料,如磷青铜和铍青铜。波纹管作为压力敏感元件,使用时应将开口端焊接于固定基座上并将被测流体通入管内。在流体压力的作用下,密封的自由端会产生一定的位移。在波纹管弹性范围内,自由端的位移与作用压力呈线性关系。

二、常用压力传感器

1. 膜片应变式压力传感器

图 9-68(a)为平膜片应变式压力传感器示意图。它利用粘贴在平膜片表面的应变片,来感测膜片在流体压力作用下产生的局部应变。对于周边固定,一侧受均匀压力 p 作用的平膜片,其径向应变 ε_r 和切向应变 ε_t 的分布规律如图 9-68(b)所示。由应变分布图可知,在膜片中心,切向应变与径向应变相等且取最大正值;在离膜片中心 $0.58R$ 处,径向应变由正值转变为负值;在膜片边缘,径向应变达到最大负值,而切向应变为零。根据上述应变分布的特点,按图(a)来布置应变片,并接成全桥形式,则可得到最大的电量输出。

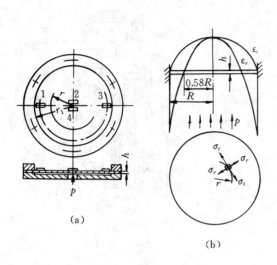

(a)

(b)

图 9-68 膜片应变式压力传感器

(a)示意图； (b)应变分布图

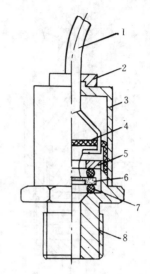

图 9-69 固态压阻式压力传感器

1—电缆；2—引线帽；3—外壳；4—绝缘支架；

5—锁紧螺钉；6—杯状硅膜片；7—绝缘胶圈；8—基座

有一种特殊的膜片，它是用 N 型半导体材料单晶硅做成的硅片。利用集成电路工艺，按一定晶轴方向和应变规律，在硅片上的相应部位扩散一层 P 型杂质。这种导电 P 型层形成的条形或栅形电阻称为扩散型半导体应变片，它是利用压阻效应工作的。由于这种应变片与基底硅片互相渗透，紧密结合在一起，因此称为固态压阻式传感器。它可以根据需要制成杯形膜片和长方条形膜片等。

图 9-69 是固态压阻式压力传感器的结构示意图。它由外壳、基座、杯状硅膜片和引线等部分组成。由于采用了集成电路的扩散工艺，硅片的有效面积可以做得很小，直径甚至达到零点几毫米。这种传感器的频率响应特性好，灵敏度也高，可用来测量脉动频率达几十千赫的局部区域压力。由于半导体材料对温度的敏感性，采用这种传感器测量时应注意温度补偿。

2. 压电式压力传感器

压电式压力传感器利用压电晶片作为力-电转换元件。按感知压力的方式，压力传感器可分为膜片式和活塞式两种。

图 9-70 所示为膜片式压电压力传感器。承压膜片受到的压力直接传送到压电晶片上，膜片还起到密封和产生预压的作用。压电式压力传感器可以测量几百帕到几百兆帕的压力；外形尺寸也可以做得很小，直径可小到几毫米。由于膜片质量很小，压电晶片的刚度很大，使传感器的固有频率高达 100kHz 以上，因此，此类传感器专门用于动态压力测量。为了提高传感器的灵敏度，压电晶片可以采用多片并联或串联的层叠结构。

压电式压力传感器可以配用电荷放大器，也可以配用电压放大器。在配用电压放大器时，

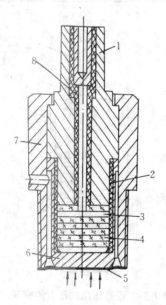

图 9-70　膜片式压电压力传感器

1、3—电极;2、8—绝缘层;4—压电晶片堆;

5—膜片;6—顶压筒;7—壳体

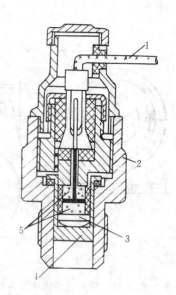

图 9-71　活塞式压电压力传感器

1—导线;2—壳体;3—砧盘;

4—活塞;5—晶片

中间应加入阻抗变换器。

　　图 9-71 是活塞式压电压力传感器的结构示意图。测量时,传感器用螺纹旋在测孔上,流体压力通过活塞和砧盘作用在压电晶片上。

　　3. 其他压力变送器

　　在工业生产中,对静态过程压力的监测和控制,广泛应用着各类压力变送器。与压力传感器一样,它们也是一种将压力转换为电量,能实现信号远传的装置。结构上,压力变送器通常由各种弹性元件和各种位移传感器组合而成。

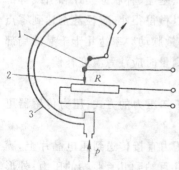

　　图 9-72 是一种电阻式压力变送器,它是在 C 形弹簧管压力表内附加一个滑线电阻而组成的。测量压力时,弹簧管的自由端移动,通过传动机构,一面带动指示指针转动,一面带动电刷在电阻器上滑行,使被测压力值的变化转换为电阻值的变化,并传至显示仪表。

　　图 9-73 是一种电感式压力变送器,它由 C 形弹簧管压力表和差动式电感传感器组成。弹簧管自由端的位移带动铁心在螺管线圈内移动,改变两个差动式线圈的自感,导致负载电

图 9-72　电阻式压力变送器

1—传动机构;2—电刷;3—C 形弹簧管

阻输出电压的变化,从而反映被测压力的变化。

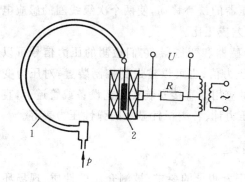

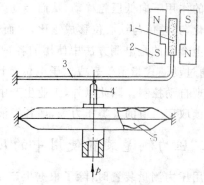

图 9-73　电感式压力变送器

1—C 形弹簧管;2—铁心

图 9-74　霍尔式压力变送器

1—霍尔元件;2—磁铁;3—杠杆;

4—顶杆;5—膜盒

　　霍尔式压力变送器的原理如图 9-74 所示。变送器由膜盒、顶杆、杠杆、霍尔元件、磁铁和恒定工作电源组成。霍尔元件固定在杠杆的一端,放在两对磁极相对的磁铁中间。当被测压力为零时,霍尔元件处在两磁极中间对称的位置上,由于霍尔元件两个半部通过的磁通量大小相等、方向相反,所以总的输出电势为零。当被测压力不为零时,膜盒的变形通过顶杆使杠杆产生位移,这时,霍尔元件偏离平衡位置,有电势输出。所产生的霍尔电势与压力成正比,霍尔电势的极性还可以反映压力的正、负。

　　测量压力差可以采用各种形式的差压变送器。图 9-75 是一种利用差动式变极距电容传感器原理的电容式差压变送器。被测压力 p_1、p_2 分别作用于左、右两片隔离膜片上,通过硅油将压力传送给测量膜片。测量膜片作为活动极板,在压差作用下向低压方向鼓起,从而导致与两个固定极板间的电容量一个增大、一个减小,测量差动电容的变化,即可得知差压的数值。图 9-76 是另一种膜片式差压变送器。当高压流体和低压流体分别进入高压腔和低压腔时,膜片

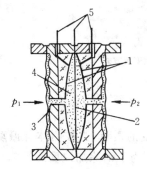

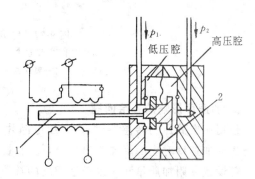

图 9-75　电容式差压变送器

1—固定电极;2—测量膜片;3—隔离膜片;

4—硅油;5—电容引出线

图 9-76　膜片式差压变送器

1—铁心;2—膜片

在压差的作用下向低压腔移动,从而带动差动变压器的铁心移动,使两个次级线圈的感应电势发生变化,其差值与铁心位移成正比,因而也与压差成正比。

以上介绍的是电测方法中使用的各种压力传感器和变送器,它们检测的压力信号可以远传,并通过动圈式指示仪表或电子电位差计显示压力值;也可以输送到控制装置,对压力变化过程实现自动控制。除此以外,工业生产中还大量应用着直接安装在工艺设备或管道上,直接显示和读取压力值的各类压力表,如各类液柱式压力计、各类指针显示的弹性压力表等。

三、压力测量装置使用中的几个问题

使用压力测量装置时,除了根据生产工艺对压力测量的要求、被测介质的性质、现场环境和经济适用等条件合理地选择测量装置的量程、精度、种类和型号外,还应注意以下使用中的问题。

1. 压力传感器的安装问题

压力传感器在被测管道上的安装一般有图 9-77 所示的两种方式,即压力敏感元件与测压点周围壁面齐平的"齐平"安装方式和通过接管将介质引出的管道-容腔安装方式。这两种安装方式在测静态压力时,测量结果不会因安装方式不同而异。但在测动态压力时,对管道-容腔安装方式来说,在整个测量装置的动态特性中还应考虑管道和容腔的动态影响,如管道的频率特性、管道中介质的质量、管道的弹性、介质在管道和容腔中的能量损失和相位滞后等所带来的影响。

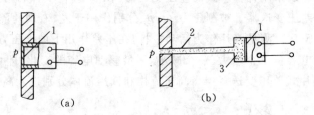

图 9-77　传感器的安装方式
(a)"齐平"安装方式;　(b)管道-容腔安装方式
1—膜片;2—管道;3—容腔

2. 加速度影响的补偿问题

使用压电式压力传感器时,由于压电晶片本身有一定的质量,当被测体有振动时,就会产生与振动加速度对应的附加输出信号,使测量产生误差。为了消除加速度的影响,可以在传感器内部设置一附加质量和一组极性相反的补偿压电晶片,如图 9-78 所示。

3. 压力测量装置的标定问题

压力是生产过程中的重要参数,也是一个安全指标,为了保证测量结果的准确性和确保安全生产,对压力测量装置应定期进行检查和标定。

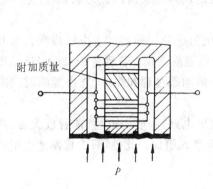

图 9-78　用附加质量补偿加速度的影响

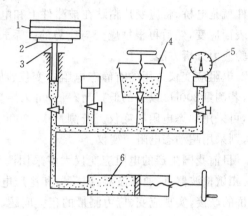

图 9-79　活塞式压力计示意图
1—砝码;2—托盘;3—活塞;4—油杯;
5—被校压力表;6—手摇泵

　　压力测量装置的静态指标一般采用图 9-79 所示的活塞式压力计来进行标定。它是通过标准砝码的重力所产生的标准压力来对测量装置进行标定的,因此称为静重比较法。若已知活塞、托盘的质量 m_1(kg)、砝码的质量 m_2(kg)、活塞承压的有效面积 A(m^2)以及重力加速度 g(m/s^2),则产生的标准压力为

$$p = \frac{(m_1 + m_2)g}{A} \quad \text{Pa} \tag{9-13}$$

　　对压力测量装置的动态标定还必须借助于动态实验方法,即给测量装置输入一个脉冲、阶跃或正弦变化的压力源,然后测量其响应过程,从而得到输出和输入之间的动态关系。目前,使用最普遍的方法是阶跃压力信号输入法,产生阶跃压力信号的装置有快速阀门装置和激波管。快速阀门装置用于液体介质;激波管用于气体介质。各类阶跃压力信号发生装置的工作原理大致上相同,即当压力悬殊的两个容腔之间突然贯通时,在容积小的低压容腔内会得到一个压力基本恒定的阶跃信号,而被标定的传感器预先与低压容腔接通。

9-7　应变、应力测量

　　在工程中,尤其是在机械工程中,应变、应力测量甚为重要。通过应变、应力测量,可以验证工程的设计和施工质量,为安全运行提供数据;可以分析和研究零件、机构或结构的受力状态和工作状态,验证设计计算的正确性,确定整机工作过程的负载谱和物理现象的机理。因此,对发展结构和机器的设计理论、保证安全运行以及实现自动检测、自动控制都具有重要的作用。

应变、应力测量系统中的重要环节是电阻应变仪,而电阻应变仪中必不可少的首当其冲的构件就是电桥。将应变片粘贴在被测件上和电阻应变仪以及相关仪器构成测试系统,测量构件的表面应变,然后再根据应变与应力的关系式,确定该构件表面的应力状态,这是一种常见的实验应力分析方法。

电阻应变仪常用的有静态电阻应变仪、动态电阻应变仪和超动态电阻应变仪等几种。例如,若测量200Hz以下的低频动态量,可采用静态电阻应变仪。若测量0～2000Hz范围的动态量,可采用动态电阻应变仪。若测量0～20000Hz的动态过程和爆炸、冲击等瞬时动态变化过程,则采用超动态电阻应变仪。

目前我国生产的电阻应变仪大多采用调幅放大电路,一般由电桥、前置放大器、功率放大器、相敏检波器、低通滤波器、振荡器和稳压电源等单元组成。此处,只着重阐述电阻应变片与电桥的联接,实现应变、应力测量的相关问题。

（一）电阻应变仪的电桥特性

电阻应变仪多采用交流电,电源由载波频率供电,四个桥臂均为电阻,调平原理如图9-7所示。其电桥基本运算分析公式与直流电桥（如图9-2所示）具有相似的形式,即电桥的输出电压为

$$u_y = \frac{R_1 R_3 - R_2 R_4}{(R_1 + R_2)(R_3 + R_4)} u_0 \tag{9-14}$$

当采用全桥联接时,并令各桥臂原电阻值相等,即 $R_1 = R_2 = R_3 = R_4 = R$,所产生的电阻变化量分别为 ΔR_1、ΔR_2、ΔR_3、ΔR_4,且考虑到电阻变化量 ΔR 远小于 R,即 $\Delta R \ll R$,可忽略电阻变化量 ΔR 的高次项,且式(9-13)可写成

$$u_y = \frac{u_0}{4} \left(\frac{\Delta R_1}{R} - \frac{\Delta R_2}{R} + \frac{\Delta R_3}{R} - \frac{\Delta R_4}{R} \right) \tag{9-15}$$

当各桥臂应变片的灵敏度 S 相同时,$\frac{\Delta R_i}{R} = S\varepsilon_i$,则式(9-15)可写成

$$u_y = \frac{u_0 S}{4} (\varepsilon_1 - \varepsilon_2 + \varepsilon_3 - \varepsilon_4) \tag{9-16}$$

则对前面所述的半桥单臂、半桥双臂、全桥联接的工作方式（参阅图9-4）,其输出电压也可如表9-2所示。

表9-2　电阻应变仪电桥工作方式和输出电压

工作方式	半桥单臂	半桥双臂	全桥
应变片所在桥臂	R_1	R_1, R_2	R_1, R_2, R_3, R_4
输出电压	$\frac{1}{4} u_0 S\varepsilon$	$\frac{1}{2} u_0 S\varepsilon$	$u_0 S\varepsilon$

以上电桥的特性又称电桥的加减特性,在应变、应力测量中非常有用。

（二）电阻应变片的布片和接桥方法

电阻应变片的布片和接桥方法,对于提高输出灵敏度和消除不需要因素的影响,保证测量质量有很大的关系,应引起足够的重视。应变片的布片和接桥方法应根据测量的目的和对载荷分布的估计而定。在测量复合载荷作用下的应变时,还应利用应变片的布片和接桥方法来消除相互影响因素。表 9-3 列举了轴向拉伸（或压缩）载荷下应变测量时应变片的布片和接桥方法。

表 9-3　轴向拉伸（压缩）载荷下的布片和接桥方法组合图例

序号	受力状态简图	应变片的数量	电桥组合形式		温度补偿情况	电桥输出电压	测量项目及应变值	特点
			电桥形式	电桥接法				
1		2	半桥式		另设补偿片	$u_y = \frac{1}{4} u_0 S \varepsilon$	拉（压）应变 $\varepsilon = \varepsilon_i$	不能消除弯矩的影响
2		2			互为补偿	$u_y = \frac{1}{4} u_0 S \varepsilon (1+\gamma)$	拉（压）应变 $\varepsilon = \frac{\varepsilon_i}{1+\gamma}$	输出电压提高到 $(1+\gamma)$ 倍,不能消除弯矩的影响
3		4	半桥式		另设补偿片	$u_y = \frac{1}{4} u_0 S \varepsilon$	拉（压）应变 $\varepsilon = \varepsilon_i$	可以消除弯矩的影响
4		4	全桥式			$u_y = \frac{1}{2} u_0 S \varepsilon$	拉（压）应变 $\varepsilon = \frac{\varepsilon_i}{2}$	输出电压提高一倍且可消除弯矩的影响

续表

序号	受力状态简图	应变片的数量	电桥组合形式 电桥形式	电桥接法	温度补偿情况	电桥输出电压	测量项目及应变值	特点
5	R_2 R_1 $F \leftarrow \quad \rightarrow F$ R_4 R_3	4	半桥式	R_1 R_2 R_3 R_4 a b c	互为补偿	$u_y = \frac{1}{4} u_0 S \varepsilon (1+\gamma)$	拉(压)应变 $\varepsilon = \dfrac{\varepsilon_i}{1+\gamma}$	输出电压提高到$(1+\gamma)$倍,且能消除弯矩的影响
6	$F \leftarrow \quad \rightarrow F$ $R_2(R_4)$ $R_1(R_3)$	4	全桥式	R_1 R_2 R_4 R_3 a b c d		$u_y = \frac{1}{2} u_0 S \varepsilon (1+\gamma)$	拉(压)应变 $\varepsilon = \dfrac{\varepsilon_i}{2(1+\gamma)}$	输出电压提高到$2(1+\gamma)$倍,且能消除弯矩的影响

表中符号说明:

S——应变片的灵敏度;u_0——供桥电压;γ——被测件的泊桑比;ε_i——应变仪测读的应变值,即指示应变;ε——所需测量的机械应变值。

从表中可以看出,不同的布片和接桥方法对灵敏度和温度补偿情况的影响是不同的。一般应优先选用输出电压大、能实现温度补偿、粘贴应变片方便和便于分析的方案。

关于在弯曲、扭转和拉(压)、弯、扭转复合等其它典型载荷下,应变片的布片和接桥方法可参阅有关书籍和资料。

(三)在平面应力状态下主应力的测量

一般平面应力场内的主应力,其主应力方向可以是已知的,也可以是未知的。

(1)已知主应力方向。对于承受内压力的薄壁圆筒形容器的筒体,系处于平面应力状态下,其主应力方向是已知的,贴片和接桥如图 9-80 所示,只需要在沿两个互相垂直的主应力方向上各粘贴一片应变片,另外再采取温度补偿措施,可以直接测出应变 ε_1 和 ε_2,随后可按下式计算出主应力:

$$\sigma_1 = \frac{E}{1-\gamma^2}(\varepsilon_1 + \gamma \varepsilon_2) \tag{9-17}$$

$$\sigma_2 = \frac{E}{1-\gamma^2}(\varepsilon_2 + \gamma \varepsilon_1) \tag{9-18}$$

(2)主应力方向为未知。对于主应力方向为未知的复杂平面应变测量,一般采用应变花,常用的应变花有直角形应变花、等边三角形应变花、T-△形应变花以及双直角形应变花等几种。用应变花可以测量某测点三个方向的应变,然后按已知公式可求出主应力的大小和方向。

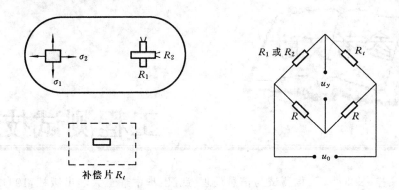

图 9-80　用半桥单臂电桥测量主应变

常用的几种应变花的结构原理及其主应力计算公式可查有关书籍或参考文献[12]。

应变、应力测量是一项细致而复杂的工作,有关测点的选择,提高应变测量精度的措施等内容可参阅有关书籍或参考文献[3]。

习　　题

9-1　利用惯性式测振传感器测量振动位移、速度、加速度时,应如何考虑传感器的参数和选择物理转换元件?

9-2　说明振动测量仪的工作原理。

9-3　简述机械阻抗试验的原理。

9-4　举例说明绝对激振方法和相对激振方法。

9-5　列出能将位移量转换为电量输出的各种位移传感器。

9-6　说明用光纤传感器测量位移的原理。

9-7　用电涡流式传感器如何测量金属板材的厚度?

9-8　举例说明计数式速度测量方法的原理。

9-9　为什么要进行噪声测量?

9-10　简述精密声级计的工作原理。

9-11　对噪声进行频谱分析有何意义?

9-12　简述声强的定义及测量方法。

9-13　举例说明什么是接触式测温和非接触式测温。

9-14　热电阻的接桥方式有几种?各有何特点?

9-15　简述热电偶冷端温度补偿的方法。

9-16　什么是全辐射高温计和部分辐射温度计?

9-17　弹性压力敏感元件有哪些类型?其敏感压力的原理是什么?

9-18　简述应变式、压电式、电阻式、电感式、电容式、霍尔片式压力电测方法的原理。

参考文献

工程测试技术基础

1　卢文祥,杜润生.工程测试与信息处理.武汉:华中理工大学出版社,1994.

2　黄长艺,卢文祥.机械制造中的测试技术.北京:机械工业出版社,1981.

3　严普强,黄长艺.机械工程测试技术基础.北京:机械工业出版社,1985.

4　杨叔子,杨克冲.机械工程控制基础(第三版).武汉:华中理工大学出版社,1993.

5　石来德,袁礼平.机械参数电测技术.上海:上海科学技术出版社,1983.

6　蔡其恕.机械量测量.北京:机械工业出版社,1984.

7　刘迎春.传感器原理、设计与应用.长沙:国防科技大学出版社,1992.

8　李良贸,张以民.常用测量仪表实用指南.北京:计量出版社,1988.

9　周泽存,刘馨媛.检测技术.北京:机械工业出版社,1993.

10　张策,高斯脱.机床试验的原理和方法.北京:机械工业出版社,1986.

11　寇惠,韩庆大.故障诊断的振动测试技术.北京:冶金工业出版社,1989.

12　曾光奇等.纺织工程测试技术.武汉:华中理工大学出版社,1990.

13　张福学.传感器电子学.北京:国防工业出版社,1991.

14　虞和济,宋利明.故障诊断的热像技术.北京:冶金工业出版社,1992.

15　周生国.机械工程测试技术.北京:北京理工大学出版社,1993.

16　严钟豪,谭祖根.非电量电测技术.北京:机械工业出版社,1988.

17　张江陵.电子计算机磁盘存贮器.北京:国防工业出版社,1984.

18　郭平欣等.电子计算机外部设备原理.北京:国防工业出版社,1984.

19　M. Thomas, G. Beckwith. Mechanical Measurements, 2nd Ed. , Addison-Wesley Publishing pany,1978.

20　刘普寅,吴孟达. 模糊理论及应用. 国防科技大学出版社,1998.

21　刘君华. 智能传感器系统. 西安电子科技大学出版社,1999.

22　Benoit E,Foulloy L. Symbolic Sensors. IMEKO TC7 int,Symp on AIMAC'91,Kyoto, Japan,1991,131～136.

23　洪文学等. 模糊温度传感器. 传感器技术,1998(2).

24　韩广应等. 影碟机原理与维修. 电子工业出版社,1997.

25 张江陵,金海. 信息存储技术原理. 华中理工大学出版社,2000.

26 林正盛. 虚拟仪器技术及应用. 微型机及应用,1997(8).

27 路林吉,饶家明. 虚拟仪器讲座. 电子技术,2000(1),2000(2),2000(3),2000(4),2000
    (5),2000(6).

28 李晓维. 虚拟仪器技术分析. 电子测量与仪器学报,1996-10(3).

29 刘君华,白鹏,贾惠芹,阎晓艳. 虚拟仪器编程语言 LabWindwos/CVI 教程. 北京:电子
    工业出版社,2001.

30 马松龄,谷立臣. 虚拟仪器技术在工程机械测试系统中的应用. 振动、测试与诊断,2000-
    20(6).

31 1999 Instrument and Automation Catalogue. National Instruments,1999.

32 LabWindows/CVI Advanced Analysis Library Reference Manual. February 1998 Edi-
    tion, National Instruments. http://wwww.natinst.com.

图书在版编目(CIP)数据

工程测试技术基础/曾光奇　胡均安　主编.—武汉:华中科技大学出版社, 2002年3月

ISBN 978-7-5609-2668-1

Ⅰ.工… Ⅱ.①曾… ②胡… ③卢… Ⅲ.工程测试-自动检测 Ⅳ.TB22

中国版本图书馆 CIP 数据核字(2008)第 005270 号

21 世纪高等学校

机械设计制造及其自动化专业系列教材　　　　曾光奇　胡均安　主编

工程测试技术基础　　　　　　　　　　　　　　卢文祥　主审

责任编辑:钟小珉　　　　　　　　　　　　　　封面设计:潘　群

责任校对:蔡晓瑚　　　　　　　　　　　　　　责任监印:张正林

出版发行:华中科技大学出版社(中国·武汉)

　　　　武昌喻家山　　邮编:430074　　电话:(027)81321915

录　　排:华中科技大学出版社照排室

印　　刷:武汉鑫昶文化有限公司

开本:787mm×960mm　1/16　　印张:19.75　　　　　字数:360 000

版次:2002年3月第1版　　　印次:2017年1月第17次印刷　定价:36.00元

ISBN 978-7-5609-2668-1/TB·52